高等职业教育数控技术专业教学改革成果系列教材

机床数控技术基础

邵泽强　王晓忠　主　编
沈丁琦　陈震乾　副主编
　　王　猛　主　审

电子工业出版社
Publishing House of Electronics Industry
北京·BEIJING

内 容 简 介

本书是为了适应现代职业教育体系建设,为了中高职衔接和中等、高等职业技术教育改革发展的需要而编写的数控技术、机电一体化技术、数控设备应用与维护专业规划教材之一。本书主要内容包括:数控机床的概念及组成、数控系统的插补原理与刀具补偿原理、典型数控系统、数控机床常用位置检测装置、数控机床伺服系统、常用数控机床可编程控制器、数控机床的机械结构、柔性制造系统等。本书采用国家最新标准,突出实践性、实用性和先进性。

本书可作为机械类、机电类、数控类等专业的通用教材,也可作为相关技术人员的参考书。

未经许可,不得以任何方式复制或抄袭本书之部分或全部内容。
版权所有,侵权必究。

图书在版编目(CIP)数据

机床数控技术基础/邵泽强,王晓忠主编. --北京:电子工业出版社,2013.8
高等职业教育数控技术专业教学改革成果系列教材
ISBN 978-7-121-20809-6

Ⅰ.①机… Ⅱ.①邵…②王… Ⅲ.①数控机床—高等职业教育—教材 Ⅳ.①TG659

中国版本图书馆 CIP 数据核字(2013)第 137104 号

策划编辑:朱怀永
责任编辑:朱怀永   特约编辑:徐 堃
印　　刷:北京虎彩文化传播有限公司
装　　订:北京虎彩文化传播有限公司
出版发行:电子工业出版社
　　　　　北京市海淀区万寿路 173 信箱　邮编　100036
开　　本:787×1 092　1/16　印张:14　字数:358 千字
版　　次:2013 年 8 月第 1 版
印　　次:2020 年 7 月第 9 次印刷
定　　价:29.00 元

凡所购买电子工业出版社图书有缺损问题,请向购买书店调换。若书店售缺,请与本社发行部联系,联系及邮购电话:(010)88254888,88258888。
质量投诉请发邮件至 zlts@phei.com.cn,盗版侵权举报请发邮件至 dbqq@phei.com.cn。
本书咨询联系方式:(010)88254608。

前　言

本书是为了适应现代职业教育体系建设,为了中高职衔接和中等、高等职业技术教育改革发展的需要而编写的数控技术、机电一体化技术、数控设备应用与维护专业规划教材之一。书中借鉴了德国"双元制"职业教育相关教材的先进理念,针对高职数控技术、机电一体化技术、数控设备应用与维护专业教学对象的实际情况来编写。

本书是根据教育部制定的数控技术专业技能型紧缺人才培养培训工程教改方案,结合作者多年的工程实践和教学经验编写而成。教材力求突出通俗易懂,删繁就简,注重实用性和先进性。

本书共分8章,主要介绍了机床数控原理与数控系统的基础知识,包括数控机床的工作原理、柔性制造技术、数控程序的编制基础和输入、数控系统的插补原理与刀具补偿原理、数控系统的硬件和软件、伺服系统的检测元件、数控机床的伺服驱动系统和典型数控系统简介等。

本书可作为数控技术、机电一体化技术、数控设备应用与维护等专业通用教材,也可作为职业培训教材或相关技术人员的参考书。

本书由江苏联合职业技术学院无锡机电分院邵泽强和王晓忠担任主编,江苏联合职业技术学院无锡机电分院沈丁琦、无锡立信中等专业学校陈震乾(第8章)担任副主编,江苏联合职业技术学院镇江分院沈宝国(第3章)、朱和军(第5章),以及苏州工业园区工业技术学校强锋参与编写。全书由邵泽强统稿,王猛审阅。

在本书编写的过程中,得到了相关领导的关心和大力支持;并且参阅了国内外同行的书籍,编者在此一并致谢!

本书编写时虽力求严谨完善,但疏漏错误之处在所难免,请广大读者批评指正。
E-mail:szq650212@sina.com

编　者
2013年3月

目 录

第1章 数控机床的概念及组成 ·· 1

  1.1 数控机床的产生与发展 ·· 1
    1.1.1 数控机床的产生 ·· 1
    1.1.2 数控机床的发展概况 ·· 1
    1.1.3 数控系统的发展史 ·· 2
    1.1.4 我国数控机床发展概况 ·· 5
    1.1.5 数控机床的发展趋势 ·· 5
  1.2 数控机床的概念及组成 ·· 6
    1.2.1 数控机床的概念 ·· 6
    1.2.2 数控机床的组成 ·· 6
  1.3 数控机床的种类与应用 ·· 8
    1.3.1 按机床运动轨迹分类 ·· 8
    1.3.2 按伺服系统类型分类 ·· 10
    1.3.3 按工艺用途分类 ·· 11
    1.3.4 按数控系统功能水平分类 ·· 11
    1.3.5 按所用数控装置的构成方式分类 ·· 12
  1.4 数控机床加工的特点及应用 ·· 13
    1.4.1 数控机床加工特点 ·· 13
    1.4.2 数控机床的应用 ·· 13
  1.5 先进制造技术 ·· 14
    1.5.1 快速原型法 ·· 14
    1.5.2 虚拟制造技术 ·· 16
    1.5.3 柔性制造系统(FMS) ·· 17
    1.5.4 柔性制造单元(FMC) ·· 18
  1.6 思考与练习 ·· 18

第2章 数控系统的插补原理与刀具补偿原理 ·· 19

  2.1 概述 ·· 19
    2.1.1 插补的概念 ·· 19
    2.1.2 常用插补方法 ·· 19
  2.2 逐点比较插补法 ·· 20
    2.2.1 逐点比较法直线插补 ·· 20

2.2.2　圆弧插补 ··· 25
2.3　数字积分插补法 ·· 32
　　2.3.1　DDA 的基本原理 ·· 32
　　2.3.2　DDA 直线插补 ·· 33
　　2.3.3　DDA 圆弧插补 ·· 36
2.4　数字增量插补法 ·· 39
　　2.4.1　插补周期的选择 ·· 39
　　2.4.2　数据采样插补原理 ··· 40
2.5　刀具补偿原理 ··· 41
　　2.5.1　刀具长度补偿原理 ··· 42
　　2.5.2　刀具半径补偿原理 ··· 42
2.6　进给速度和加减速控制 ·· 45
　　2.6.1　进给速度计算 ··· 46
　　2.6.2　进给速度控制 ··· 47
　　2.6.3　加减速控制 ·· 48
2.7　思考与练习 ·· 53

第 3 章　数控系统 ··· 54

3.1　典型数控系统介绍 ·· 54
　　3.1.1　发那科(FANUC)系统 ·· 54
　　3.1.2　西门子(SINUMERIK)数控系统 ··· 56
　　3.1.3　华中(HNC)数控系统 ··· 58
3.2　经济型数控系统的组成 ·· 59
　　3.2.1　数控系统结构及功能 ·· 59
　　3.2.2　微机系统 ··· 60
　　3.2.3　外围电路 ··· 60
　　3.2.4　软件结构 ··· 61
3.3　标准型数控系统 ·· 62
　　3.3.1　标准型数控系统的基本组成 ·· 62
　　3.3.2　标准型数控系统的模块功能 ·· 62
3.4　开放式数控系统 ·· 63
　　3.4.1　开放式数控系统的基本特点 ·· 63
　　3.4.2　开放式数控系统的体系结构 ·· 64
3.5　数控系统中的通信接口 ·· 64
　　3.5.1　典型数控系统简介 ··· 65
　　3.5.2　CNC 装置的组成 ··· 66
　　3.5.3　软件组成 ··· 71
　　3.5.4　CNC 装置的优点 ··· 72

目 录

   3.5.5 CNC 装置的功能 …………………………………………… 73
 3.6 思考与练习 …………………………………………………………… 75

第 4 章 位置检测装置 ………………………………………………………… 76
 4.1 旋转编码器 …………………………………………………………… 77
   4.1.1 旋转编码器的分类和结构 ……………………………… 77
   4.1.2 光电旋转编码器的工作原理 …………………………… 78
   4.1.3 绝对式编码器 …………………………………………… 79
 4.2 光栅尺 ………………………………………………………………… 80
 4.3 旋转变压器和感应同步器 …………………………………………… 82
   4.3.1 旋转变压器 ……………………………………………… 82
   4.3.2 感应同步器 ……………………………………………… 85
 4.4 磁栅 …………………………………………………………………… 88
   4.4.1 磁栅的结构 ……………………………………………… 88
   4.4.2 磁栅的工作原理 ………………………………………… 89
 4.5 思考与练习 …………………………………………………………… 90

第 5 章 数控机床伺服系统 …………………………………………………… 91
 5.1 数控机床驱动系统的概念 …………………………………………… 91
   5.1.1 伺服系统的概念 ………………………………………… 91
   5.1.2 对伺服驱动系统的要求 ………………………………… 91
   5.1.3 伺服驱动系统的组成 …………………………………… 92
   5.1.4 伺服驱动系统的分类 …………………………………… 93
   5.1.5 伺服驱动系统的工作原理 ……………………………… 93
   5.1.6 伺服驱动系统电机类型 ………………………………… 96
 5.2 数控机床的进给驱动系统 …………………………………………… 97
   5.2.1 步进电机驱动的进给系统 ……………………………… 97
   5.2.2 直流伺服进给驱动 ……………………………………… 102
   5.2.3 交流伺服电机驱动的进给系统 ………………………… 107
 5.3 数控机床的主轴驱动系统 …………………………………………… 109
   5.3.1 直流主轴驱动 …………………………………………… 109
   5.3.2 交流主轴驱动 …………………………………………… 111
 5.4 思考与练习 …………………………………………………………… 114

第 6 章 数控机床可编程控制器 ……………………………………………… 115
 6.1 概述 …………………………………………………………………… 115
   6.1.1 PLC 的产生与发展 ……………………………………… 115
   6.1.2 PLC 的基本功能 ………………………………………… 115

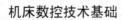

  6.1.3 PLC 的基本结构 ……………………………………………………………… 117
  6.1.4 PLC 的规模和几种常用名称 …………………………………………………… 120
 6.2 数控机床用 PLC ……………………………………………………………………… 121
  6.2.1 PLC …………………………………………………………………………… 121
  6.2.2 PLC 的工作过程 ……………………………………………………………… 123
 6.3 FANUC PLC 指令系统 ……………………………………………………………… 125
  6.3.1 继电器触点 …………………………………………………………………… 125
  6.3.2 继电器线圈指令 ……………………………………………………………… 125
  6.3.3 计时器 ………………………………………………………………………… 125
  6.3.4 计数器 ………………………………………………………………………… 127
  6.3.5 数学运算 ……………………………………………………………………… 128
  6.3.6 比较指令 ……………………………………………………………………… 130
  6.3.7 位操作指令 …………………………………………………………………… 131
  6.3.8 数据移动指令 ………………………………………………………………… 135
  6.3.9 数据表格指令 ………………………………………………………………… 139
  6.3.10 数据转换指令 ………………………………………………………………… 142
  6.3.11 控制指令 ……………………………………………………………………… 142
 6.4 SIMATIC 系列可编程控制器简介 …………………………………………………… 146
 6.5 思考与练习 …………………………………………………………………………… 149

第 7 章 数控机床的机械结构 ……………………………………………………………… 150

 7.1 概述 …………………………………………………………………………………… 150
 7.2 数控机床的主传动系统和主轴部件 ………………………………………………… 150
  7.2.1 对主传动系统的要求 ………………………………………………………… 150
  7.2.2 主传动的变速方式 …………………………………………………………… 151
  7.2.3 主轴部件 ……………………………………………………………………… 152
 7.3 数控机床的进给传动系统 …………………………………………………………… 155
  7.3.1 数控机床对进给传动系统的要求 …………………………………………… 155
  7.3.2 进给传动机构 ………………………………………………………………… 157
 7.4 数控机床的自动换刀系统 …………………………………………………………… 167
  7.4.1 自动换刀装置的形式 ………………………………………………………… 167
  7.4.2 带刀库的自动换刀系统 ……………………………………………………… 170
  7.4.3 刀具交换装置 ………………………………………………………………… 173
  7.4.4 机械手 ………………………………………………………………………… 174
 7.5 数控机床的辅助装置 ………………………………………………………………… 176
  7.5.1 数控回转工作台 ……………………………………………………………… 176
  7.5.2 分度工作台 …………………………………………………………………… 177
  7.5.3 排屑装置 ……………………………………………………………………… 180

目 录

7.6 数控机床开机调试 …………………………………………………………… 181
7.7 数控系统的维护与维修 ………………………………………………………… 183
    7.7.1 维修工作人员的基本条件 ………………………………………………… 183
    7.7.2 在维修手段方面应具备的条件 …………………………………………… 184
    7.7.3 维修前的准备 ……………………………………………………………… 184
    7.7.4 现场维修 …………………………………………………………………… 184
    7.7.5 数控系统的故障诊断方法 ………………………………………………… 184
    7.7.6 数控系统的常见故障分析 ………………………………………………… 186
7.8 思考与练习 ……………………………………………………………………… 188

第8章 柔性制造系统 ………………………………………………………………… 189

8.1 概述 ……………………………………………………………………………… 189
    8.1.1 FMS 的产生与发展 ………………………………………………………… 189
    8.1.2 FMS 的分类 ………………………………………………………………… 191
    8.1.3 FMS 的特点 ………………………………………………………………… 192
    8.1.4 FMS 的柔性 ………………………………………………………………… 192
8.2 FMS 能量流 ……………………………………………………………………… 193
    8.2.1 加工系统的配置与要求 …………………………………………………… 194
    8.2.2 加工系统中常用加工设备介绍 …………………………………………… 195
    8.2.3 加工系统中的刀具与夹具 ………………………………………………… 196
    8.2.4 加工系统的监控 …………………………………………………………… 198
8.3 FMS 中的物流 …………………………………………………………………… 201
    8.3.1 物流系统的输送装置 ……………………………………………………… 202
    8.3.2 物流系统的物料装卸与交换装置 ………………………………………… 204
    8.3.3 物流系统的物料存储装置 ………………………………………………… 204
    8.3.4 物流系统的监控 …………………………………………………………… 204
8.4 FMS 中的质量控制 ……………………………………………………………… 206
8.5 FMS 实例 ………………………………………………………………………… 206
8.6 计算机集成制造系统 …………………………………………………………… 208
    8.6.1 CIM 概念的发展 …………………………………………………………… 208
    8.6.2 CIMS 的实施效果 ………………………………………………………… 210
    8.6.3 在我国推行 CIMS 技术的思考 …………………………………………… 210
8.7 思考与练习 ……………………………………………………………………… 212

参考文献 ………………………………………………………………………………… 213

第 1 章　数控机床的概念及组成

1.1　数控机床的产生与发展

随着社会生产和科学技术的不断进步,各类工业新产品层出不穷。机械制造产业作为国民经济的基础,其产品日趋精密、复杂,特别是宇航、航海、军事等领域所需的机械零件,精度要求更高,形状更为复杂,且往往批量较小,加工这类产品需要经常改装或调整设备,普通机床或专业化程度高的自动化机床无法适应其要求。同时,随着市场竞争日益加剧,生产企业迫切需要进一步提高生产效率,提高产品质量及降低生产成本。在这种背景下,一种新型的生产设备——数控机床应运而生。它综合应用了电子计算机、自动控制、伺服驱动、精密测量及新型机械结构等多方面的技术成果,形成了今后机械工业的基础,并指明了机械制造工业设备的发展方向。

1.1.1　数控机床的产生

数控机床的研制最早是从美国开始的。1948 年,美国帕森斯公司(Parsons Co.)在完成研制、加工直升机桨叶轮廓用检查样板的加工机床任务时,提出了研制数控机床的初步设想。1949 年,在美国空军后勤部的支持下,帕森斯公司正式接受委托,与麻省理工学院伺服机构实验室(Servo Mechanism Laboratory of the Massachusetts Institute of Technology)合作,开始数控机床的研制工作。经过 3 年的研究,世界上第一台数控机床试验样机于 1952 年试制成功。这是一台采用脉冲乘法器原理的直线插补三坐标连续控制系统铣床,其数控系统全部采用电子管元件,其数控装置的体积比机床本体还要大。后来经过 3 年的改进和自动编程研究,该机床于 1955 年进入试用阶段。此后,其他一些国家(如德国、英国、日本、苏联和瑞典等)相继开展数控机床的研制开发和生产。1959 年,美国克耐·杜列克公司(Keaney & Trecker)首次成功开发了加工中心(Machining Center),这是一种有自动换刀装置和回转工作台的数控机床,可以在一次装夹中对工件的多个平面进行多工序的加工。但是,直到 20 世纪 50 年代末,由于价格和其他因素的影响,数控机床仅限于航空、军事工业应用,品种多为连续控制系统。直到 20 世纪 60 年代,由于晶体管的应用,数控系统进一步提高了可靠性,且价格下降,一些民用工业开始发展数控机床,其中多数为钻、冲床等点定位控制的机床。数控技术不仅在机床上得到实际应用,而且逐步推广到焊接机、火焰切割机等,使数控技术的应用范围不断地扩展。

1.1.2　数控机床的发展概况

数控机床的核心就是 CNC 系统(简称数控系统)。从自动控制的角度看,数控系统就是一种轨迹控制系统,其本质是以多执行部件(各运动轴)的位移量为控制对象,并使其协调运动的自动控制系统,是一种配有专用操作系统的计算机控制系统。

1.1.3 数控系统的发展史

自从 20 世纪 50 年代世界上第一台数控机床问世至今,已经历 50 余年。数控机床经过了 2 个阶段和 6 代的发展历程。

(1) 第 1 阶段是硬件数控(NC)

第 1 代 1952 年的电子管;

第 2 代 1959 年晶体管(分离元件);

第 3 代 1965 年小规模集成电路。

(2) 第 2 阶段是软件数控(CNC)

第 4 代 1970 年的小型计算机,中小规模集成电路;

第 5 代 1974 年的微处理器,大规模集成电路;

第 6 代 1990 年的基于个人 PC。

1. 数控(NC)阶段(1952—1970 年)(Numerical Control)

早期计算机的运算速度低,虽然对当时的科学计算和数据处理影响还不大,但不能适应机床实时控制的要求。人们不得不采用数字逻辑电路"搭"成一台机床专用计算机作为数控系统,称为硬件连接数控(Hard-Wired NC),简称为数控(NC)。随着元器件的发展,这个阶段历经了三代,即 1952 年的第一代——电子管;1959 年的第二代——晶体管;1965 年的第三代——小规模集成电路。

(1) 常见的电子管是真空式电子管,不管是二极、三极,还是更多电极的真空式电子管,它们都具有一个共同结构,就是由抽成接近真空的玻璃(或金属、陶瓷)外壳及封装在壳里的灯丝、阴极和阳极组成(见图 1-1)。直热式电子管的灯丝就是阴极,三极以上的多极管还有各种栅极。以电子管收音机为例,这种收音机普遍使用五六个电子管,输出功率只有 1W 左右,耗电却要四五十瓦,功能也很有限。打开电源开关,要等 1 分多钟才会慢慢地响起来。如果用于数控机床,可想而知其耗电量和控制速度。

图 1-1 电子管

(2) 晶体管是用来控制电路中的电流的重要元件。1956 年,晶体管由贝尔实验室发明成功,并因此荣获"诺贝尔物理学奖",创造了企业研发机构有史以来因技术发明而获诺贝尔奖的先例。晶体管的发明对今后的技术革命和创新具有重要的启示意义。晶体管的发明,终于使由玻璃封装的、易碎的真空管有了替代物。同真空管相同的是,晶体管能放大微弱的电子信号；不同的是，它廉价、耐久、耗能小，并且几乎能够被制成无限小。

晶体管（其实物见图1-2）是现代科技史上最重要的发明之一，究其原因有三个方面。第一，它取代了电子管，成为电子技术的最基本元件，原因是性能好、体积小、可靠性高和寿命长。第二，它是微电子技术革命的发动者，信息时代至今的发展就是由微电子技术、光子技术和网络技术三次技术革命推动的，所以它的出现成为报晓信息时代的使者。第三，晶体管是集成电路和芯片的组成单元，也是光电器件和集成光路的基本组成单元，更是网络技术的基础，只不过光电子晶体管是微电子晶体管的演变或发展罢了。由于这三方面的原因，晶体管的发明在信息科技的迅速发展中起了决定性的重要作用，其意义远远超出了一种元器件的发明范围，成为开创现代技术新领域和变革几乎各种技术基础的关键。所以，晶体管发明过程中的突出特点，对于其他科技的产生和发展有重要的参考和启示意义。

SOT26　　　　　TD5　　　　　TD92

图1-2　晶体管实物

（3）小规模集成电路：晶体管诞生后，首先在电话设备和助听器中使用。逐渐地，它在任何有插座或电池的东西中都能发挥作用了。将微型晶体管蚀刻在硅片上制成的集成电路，在20世纪50年代发展起来之后，以芯片为主的计算机很快就进入了人们的办公室和家庭。

2. 计算机数控（CNC）阶段（1970年至今）（Computer Numerical Control）

到1970年，通用小型计算机出现并成批生产。于是人们将它移植过来作为数控系统的核心部件，从此进入了计算机数控（CNC）阶段（把计算机前面应有的"通用"两个字省略了）。

到1971年，美国Intel公司在世界上第一次将计算机的两个最核心的部件——运算器和控制器，采用大规模集成电路技术集成在一块芯片上，称之为微处理器（Microprocessor），又称为中央处理单元（简称CPU）。

到1974年，微处理器被应用于数控系统。这是因为小型计算机功能太强，控制一台机床能力有富裕（故当时曾用于控制多台机床，称之为群控），不如采用微处理器经济、合理。而且当时小型机的可靠性不理想。早期微处理器的速度和功能虽然不够高，但可以通过多处理器结构来解决。由于微处理器是通用计算机的核心部件，故仍称为计算机数控。

到了1990年，PC（个人计算机，国内习惯称为微机）的性能已发展到很高的阶段，可以满足作为数控系统核心部件的要求。数控系统从此进入了基于PC的阶段。最常用的形式是：CNC嵌入PC型，在PC内部插入专用的CNC控制卡。

将计算机用于数控机床是数控机床史上的一个重要里程碑，因为它综合了现代计算机技术、自动控制技术、传感器技术及测量技术、机械制造技术等领域的最新成就，使机械加工技术达到了一个崭新的水平。随着科技的发展，晶体管的体积越来越小，已达到纳米（nm）级（$1m = 1 \times 10^9 nm$）。纳米晶体管的出现，将导致未来可以制造出更强劲的计算机芯片。把20nm的晶体管放进一片普通集成电路，形同将一根头发放在足球场的中央。现代微处理器包含上亿的晶体管。

CNC 与 NC 相比有许多优点,最重要的是:CNC 的许多功能是由软件实现的,可以通过软件的变化来满足被控机械设备的不同要求,从而实现数控功能的更改或扩展,为机床制造厂和数控用户带来了极大的方便。

总之,计算机数控阶段也经历了三代,即 1970 年的第四代——小型计算机;1974 年的第五代——微处理器和 1990 年的第六代——基于 PC(国外称为 PC-Based)。

对于基于 PC 的运动控制器,目前最流行的是 PMAC。

PMAC I 型多轴运动控制卡(见图 1-3)简介如下:

① 总线:ISA、VME、PC104(见图 1-4)、PCI。

② 电机类型:交流伺服、直流电机(有刷、无刷、直线)、交流异步电机、步进电机。

③ 控制码:PMAC(类似 BASIC ASICII 命令)、G 代码(机床)、AutoCAD 转换。

④ 反馈:增量编码器(直线、旋转)、绝对编码器、旋转变压器等。

图 1-3　DeltaTau PMAC I 型多轴运动控制卡　　　图 1-4　PMAC 运动控制卡(PC104)

PMAC(Program Multiple Axises Controller)是美国 Delta Tau 公司生产制造的多轴运动控制卡。

(1) 计算机直接数控系统

所谓计算机直接数控(Direct Numerical Control,DNC)系统,即使用一台计算机为数台数控机床自动编程,编程结果直接通过数据线输送到各台数控机床的控制箱。中央计算机具有足够的内存容量,因此可统一存储、管理与控制大量的零件程序。利用分时操作系统,中央计算机可以同时完成一群数控机床的管理与控制,因此也称为计算机群控系统。

目前 DNC 系统中的各台数控机床都有各自独立的数控系统,并与中央计算机连成网络,实现分级控制,而不再考虑让一台计算机去分时完成所有数控装置的功能。

随着 DNC 技术的发展,中央计算机不仅用于编制零件的程序以控制数控机床的加工过程,而且进一步控制工件与刀具的输送,形成了一条由计算机控制的数控机床自动生产线,为柔性制造系统的发展提供了有利条件。

(2) 柔性制造系统

柔性制造系统(Flexible Manufacturing System,FMS)也叫做计算机群控自动线,它是将一群数控机床用自动传送系统连接起来,并置于一台计算机的统一控制之下,形成一个用于制造的整体。其特点是由一台主计算机对全系统的软硬件进行管理,采用 DNC 方式控制两台或两台以上的数控加工中心机床,对各台机床之间的工件进行调度和自动传送;利用交换工作台或工业机器人等装置实现零件的自动上料和下料,使机床每天24小时均能在无人或极少人的监督控制下进行生产。如日本FANUC公司有一条FMS由60台数控机床、52个工业机器人、两台无人自动搬运车、一个自动化仓库组成,这个系统每月能加工10000台伺服电机。

(3) 计算机集成制造系统

计算机集成制造系统(Computer Integrated Manufacturing System,CIMS),是指用最先进的计算机技术,控制从订货、设计、工艺、制造到销售的全过程,以实现信息系统一体化的高效率的柔性集成制造系统。它是在生产过程自动化(例如计算机辅助设计、计算机辅助工艺规程设计、计算机辅助制造、柔性制造系统等)的基础上,结合其他管理信息系统的发展逐步完善的,有各种类型计算机及其软件系统的分析、控制能力,可把全厂的生产活动联系起来,最终实现全厂性的综合自动化。

1.1.4 我国数控机床发展概况

我国从1958年开始由北京机床研究所和清华大学等单位首先研制数控机床,并试制成功第一台电子管数控机床。从1965年开始研制晶体管数控系统,直到20世纪60年代末至70年代初,研制的劈锥数控铣床、非圆插齿机等获得成功。与此同时,还开展了数控铣床加工平面零件自动编程的研究。1972—1979年是数控机床的生产和使用阶段,例如清华大学成功研制了集成电路数控系统;在车、铣、镗、磨、齿轮加工、电加工等领域开始研究和应用数控技术;数控加工中心机床研制成功;数控升降台铣床和数控齿轮加工机床开始小批生产供应市场。从20世纪80年代开始,随着改革开放政策的实施,我国先后从日本、美国、德国等国家引进先进的数控技术。如北京机床研究所从日本FANUC公司引进FANUC3、FANUC5、FANUC6、FANUC7系列产品的制造技术;上海机床研究所引进美国GE公司的MTC-1数控系统等。在引进、消化、吸收国外先进技术的基础上,北京机床研究所开发出BSO3经济型数控系统和BSO4全功能数控系统,航空航天部706所研制出MNC864数控系统等。到"八五"末期,我国数控机床的品种已有200多个,产量已经达到年产10000台的水平,是1980年的500倍。我国数控机床在品种、性能以及控制水平上都有了新的飞跃,数控技术进入了一个继往开来的发展阶段。

1.1.5 数控机床的发展趋势

从数控机床的技术水平看,高精度、高速度、高柔性、多功能和高自动化是其重要的发展趋势。对于单台主机,不仅要求提高其柔性和自动化程度,还要求具有更高层次的柔性制造系统和计算机集成系统的适应能力。我国国产数控设备的主轴转速已达 10 000~40 000r/min,进给速度达到30~60m/min,换刀时间 $t<2.0$s,表面粗糙度 $Ra<0.008\mu m$。

在数控系统方面,目前世界上几个著名的数控装置生产厂家,如日本的FANUC公司、德国的SIEMENS公司和美国的A-B公司,其产品都在向系列化、模块化、高性能和成套性方向发展。它们的数控系统都采用16位和32位微处理器,标准总线及软件模块和硬件模块结构的内存容量扩大到1MB以上,机床分辨率可达 $0.1\mu m$,高速进给速度可达100m/min,控制轴数可达16个,并采用先进的电装工艺。

在驱动系统方面,交流驱动系统发展迅速。交流驱动已由模拟式向数字式方向发展,以运算放大器等模拟器件为主的控制器正被以微处理器为主的数字集成元件所取代,克服了零点漂移、温度漂移等弱点。

1.2 数控机床的概念及组成

1.2.1 数控机床的概念

数控技术是20世纪中期发展起来的机床控制技术。数字控制(Numerical Control,NC)是一种自动控制技术,是用数字化信号对机床的运动及其加工过程进行控制的一种方法。

数控机床(NC Machine)就是采用了数控技术的机床,或者说是装备了数控系统的机床。它是一种综合应用计算机技术、自动控制技术、精密测量技术、通信技术和精密机械技术等先进技术的典型的机电一体化产品。

国家信息处理联盟(International Federation of Information Processing,IFIP)第五技术委员会对数控机床作了如下定义:数控机床是一种装有程序控制系统的机床,该系统能逻辑地处理具有特定代码和其他符号编码指令规定的程序。

1.2.2 数控机床的组成

数控机床的种类很多,但任何一种数控机床都是由控制介质、数控系统、伺服系统、辅助控制系统和机床本体等基本部分组成,如图1-5所示。

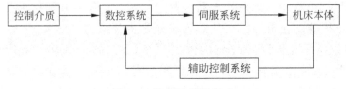

图1-5 数控机床的组成

1. 控制介质

数控系统工作时,不需要操作工人直接操纵机床,但机床又必须执行人的意图,这就需要在人与机床之间建立某种联系,这种联系的中间媒介物即称为控制介质。在控制介质上存储着加工零件所需要的全部操作信息和刀具相对工件位移信息,因此,控制介质就是将零件加工信息传送到数控装置去的信息载体。控制介质有多种形式,它随着数控装置类型的不同而不同,常用的有穿孔纸带、穿孔卡、磁带、磁盘和USB接口介质等。控制介质上记载的加工信息要经过输入装置传送给数控装置。常用的输入装置有光电纸带输入机、磁带录音机、磁盘驱动器和USB接口等。

除了上述几种控制介质外,还有一部分数控机床采用数码拨盘、数码插销或利用键盘直接输入程序和数据。另外,随着CAD/CAM技术的发展,有些数控设备利用CAD/CAM软件在其他计算机上编程,然后通过计算机与数控系统通信(如局域网),将程序和数据直接传送给数控装置。

2. 数控系统

数控装置是一种控制系统,是数控机床的中心环节。它能自动阅读输入载体上事先给定的数字,并将其译码,从而使机床进给并加工零件。数控系统通常由输入装置、控制器、运算器和输出装置四部分组成,如图 1-6 所示的虚线框部分。

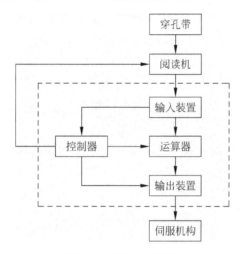

图 1-6　数控装置结构

输入装置接收由穿孔带阅读机输出的代码,经识别与译码之后分别输入到各个相应的寄存器,这些指令与数据将作为控制与运算的原始数据。控制器接收输入装置的指令,根据指令控制运算器与输入装置,实现对机床的各种操作(如控制工作台沿某一坐标轴的运动、主轴变速和冷却液的开关等)以及控制整机的工作循环(如控制阅读机的启动或停止、控制运算器的运算和控制输出信号等)。

运算器接收控制器的指令,将输入装置送来的数据进行某种运算,并不断地向输出装置送出运算结果,使伺服系统执行所要求的运动。对于加工复杂零件的轮廓控制系统,运算器的重要功能是进行插补运算。所谓插补运算,就是将每个程序段输入的工件轮廓上的某起始点和终点的坐标数据送入运算器,经过运算之后,在起点和终点之间进行"数据密化",并按控制器的指令向输出装置送出计算结果。

输出装置根据控制器的指令将运算器送来的计算结果输送到伺服系统,经过功率放大驱动相应的坐标轴,使机床完成刀具相对工件的运动。

目前均采用微型计算机作为数控装置。微型计算机的中央处理单元(CPU)又称微处理器,是一种大规模集成电路。它将运算器、控制器集成在一块集成电路芯片中。在微型计算机中,输入与输出电路采用大规模集成电路,即所谓的 I/O 接口。微型计算机拥有较大容量的寄存器,并采用高密度的存储介质,如半导体存储器和磁盘存储器等。存储器分为只读存储器(ROM)和随机存取存储器(RAM)两种类型,前者用于存放系统的控制程序,后者存放系统运行时的工作参数或用户的零件加工程序。微型计算机数控装置的工作原理与上述硬件数控装置的工作原理相同,只是前者采用通用的硬件,不同的功能通过改变软件来实现,因此更为灵活与经济。

3. 伺服系统

伺服系统由伺服驱动电动机和伺服驱动装置组成,它是数控系统的执行部分。伺服系统接收数控系统的指令信息,并按照指令信息的要求带动机床本体的移动部件运动,或使执行部分动作,以加工出符合要求的工件。指令信息是脉冲信息的体现,每个脉冲使机床移动部件产生的位移量叫做脉冲当量。在机械加工中,一般常用的脉冲当量为 0.01mm/脉冲、0.005mm/脉冲、0.001mm/脉冲。目前所使用的数控系统的脉冲当量一般为 0.001mm/脉冲。

伺服系统是数控机床的关键部件,它的好坏直接影响着数控加工的速度、位置、精度等。伺服机构中常用的驱动装置随数控系统的不同而不同。开环系统的伺服机构常用步进电机和电液脉冲马达;闭环系统常用宽调速直流电机和电液伺服驱动装置等。

4. 辅助控制系统

辅助控制系统是介于数控装置和机床机械、液压部件之间的强电控制装置。它接收数控装置输出的主运动变速、刀具选择交换、辅助装置动作等指令信号,经过必要的编译、逻辑判断、功率放大后直接驱动相应的电器、液压、气动和机械部件,完成各种规定的动作。此外,有些开关信号经过辅助控制系统传输给数控装置进行处理。

5. 机床本体

机床本体是数控机床的主体,由机床的基础大件(如床身、底座)和各种运动部件(如工作台、床鞍、主轴等)所组成。它是完成各种切削加工的机械部分,是在普通机床的基础上改进而成的。它具有以下特点:

(1) 数控机床采用了高性能的主轴与伺服传动系统、机械传动装置。

(2) 数控机床机械结构具有较高的刚度、阻尼精度和耐磨性。

(3) 更多采用了高效传动部件,如滚珠丝杠副、直线滚动导轨。

与传统的手动机床相比,数控机床的外部造型、整体布局,传动系统与刀具系统的部件结构及操作机构等方面都发生了很多变化。这些变化的目的是为了满足数控机床的要求和充分发挥数控机床的特点,因此,必须建立数控机床设计的新概念。

1.3 数控机床的种类与应用

数控机床的品种很多,结构、功能各不相同,通常按下述方法进行分类。

1.3.1 按机床运动轨迹分类

按机床运动轨迹不同,分为点位控制数控机床、直线控制数控机床和轮廓控制数控机床。

1. 点位控制数控机床

点位控制(Positioning Control)又称为点到点控制(Point to Point Control)。刀具从某一位置向另一位置移动时,不管中间的移动轨迹如何,只要刀具最后能正确到达目标位置,就称为点位控制。

第1章　数控机床的概念及组成

点位控制机床的特点是只控制移动部件由一个位置到另一个位置的精确定位,而对它们在运动过程中的轨迹没有严格要求。在移动和定位过程中不进行任何加工。因此,为了尽可能地减少移动部件的运动时间和定位时间,两个相关点之间先快速移动到接近新点位的位置,然后连续降速或分级降速,使之慢速趋近定位点,以保证其定位精度。点位控制加工示意图如图1-7所示。

这类机床主要有数控坐标镗床、数控钻床、数控点焊机和数控折弯机等,其相应的数控装置称为点位控制数控装置。

2. 直线控制数控机床

直线控制(Straight Cut Control)又称平行切削控制(Parallet Cut Control)。这类控制除了控制点到点的准确位置之外,还要保证两点之间移动的轨迹是一条直线,而且对移动的速度也有控制,因为这一类机床在两点之间移动时要进行切削加工。

直线控制数控机床的特点是刀具相对于工件的运动不仅要控制两个相关点的准确位置(距离),还要控制两个相关点之间移动的速度和轨迹,其轨迹一般由与各轴线平行的直线段组成。它和点位控制数控机床的区别在于当机床移动部件移动时,可以沿一个坐标轴的方向进行切削加工,而且其辅助功能比点位控制的数控机床多。直线控制加工示意图如图1-8所示。

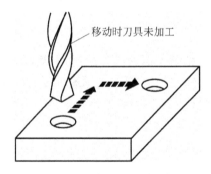
图1-7　点位控制加工示意图

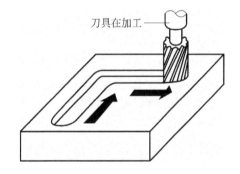
图1-8　直线控制加工示意图

这类机床主要有数控坐标车床、数控磨床和数控镗铣床等,其相应的数控装置称为直线控制数控装置。

3. 轮廓控制数控机床

轮廓控制又称连续控制,大多数数控机床具有轮廓控制功能。轮廓控制数控机床的特点是能同时控制两个以上的轴联动,具有插补功能。它不仅要控制加工过程中每一点的位置和刀具移动速度,还要加工出任意形状的曲线或曲面。轮廓控制加工示意图如图1-9所示。

属于轮廓控制机床的有数控坐标车床、数控铣床、加工中心等,其相应的数控装置称为轮廓控制装置。轮廓控制装置比点位、直线控制装置的结构复杂得多,功能齐全得多。

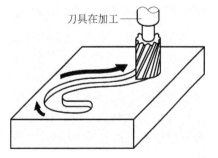
图1-9　轮廓控制加工示意图

1.3.2 按伺服系统类型分类

按伺服系统类型不同,分为开环控制数控机床、闭环控制数控机床和半闭环控制数控机床。

1. 开环控制数控机床

开环控制(Open Loop Control)数控机床通常不带位置检测元件,伺服驱动元件一般为步进电动机。数控装置每发出一个进给脉冲后,脉冲便经过放大,并驱动步进电动机转动一个固定角度,再通过机械传动驱动工作台运动。开环伺服系统如图1-10所示。这种系统没有被控对象的反馈值,系统的精度完全取决于步进电动机的步距精度和机械传动的精度,其控制线路简单,调节方便,精度较低(一般可达±0.02mm),通常应用于小型或经济型数控机床。

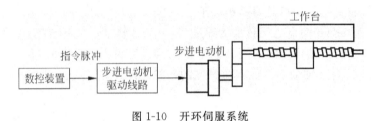

图1-10 开环伺服系统

2. 闭环控制数控机床

闭环控制(Closed Loop Control)数控机床通常带位置检测元件,随时可以检测出工作台的实际位移并反馈给数控装置。与设定的指令值比较后,利用其差值控制伺服电动机,直至差值为零。这类机床一般采用直流伺服电动机或交流伺服电动机驱动。位置检测元件常有直线光栅、磁栅、同步感应器等。闭环伺服系统如图1-11所示。

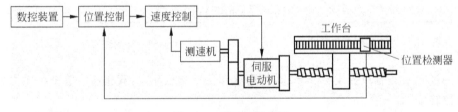

图1-11 闭环伺服系统

由闭环伺服系统的工作原理可以看出,系统精度主要取决于位置检测装置的精度。从理论上讲,它完全可以消除由于传动部件制造中存在的误差给工件加工带来的影响,所以这种系统可以得到很高的加工精度。闭环伺服系统的设计和调整都有很大的难度,直线位移检测元件的价格比较昂贵,主要用于一些精度要求较高的镗铣床、超精车床和加工中心。

3. 半闭环控制数控机床

半闭环控制(Semi-Closed Loop Control)数控机床通常将位置检测元件安装在伺服电动机的轴上或滚珠丝杠的端部,不直接反馈机床的位移量,而是检测伺服系统的转角,将此信号反馈给数控装置进行指令比较,用差值控制伺服电动机。半闭环伺服系统如图1-12所示。

第1章 数控机床的概念及组成

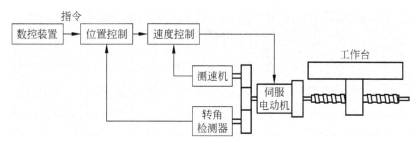

图 1-12 半闭环伺服系统

因为半闭环伺服系统的反馈信号取自电动机轴的回转,因此系统中的机械传动装置处于反馈回路之外,其刚度、间歇等非线性因素对系统稳定性没有影响,调试方便。同样,机床的定位精度主要取决于机械传动装置的精度,但是现在的数控装置均有螺距误差补偿和间歇补偿功能,不需要将传动装置各种零件的精度提得很高,通过补偿就能将精度提高到绝大多数用户都能接受的程度;再加上直线位移检测装置比角位移检测装置昂贵得多,因此,除了对定位精度要求特别高或行程特别长,不能采用滚珠丝杠的大型机床外,绝大多数数控机床均采用半闭环伺服系统。

1.3.3 按工艺用途分类

按工艺用途不同,分为金属切削类数控机床、金属成型类数控机床、数控特种加工机床和其他类型的数控机床。

1. 金属切削类数控机床

金属切削类数控机床包括数控车床、数控钻床、数控铣床、数控磨床、数控镗床以及加工中心。切削类机床发展最早,目前种类繁多,功能差异也较大,加工中心能实现自动换刀。这类机床都有一个岛库,可容纳 10~100 把刀具。其特点是:工件一次装夹可完成多道工序。为了进一步提高生产效率,有的加工中心使用双工作台,一面加工,一面装卸,工作台可以自动交换。

2. 金属成型类数控机床

金属成型类数控机床包括数控折弯机、数控组合冲床和数控回转头压力机等。这类机床生产制造起步晚,但目前发展很快。

3. 数控特种加工机床

数控特种加工机床有线切割机床、数控电火花加工机床、火焰切割机和数控激光机切割机床等。

4. 其他类型的数控机床

其他类型的数控机床包括数控三坐标测量机床等。

1.3.4 按数控系统功能水平分类

按数控系统的主要技术参数、功能指标和关键部件的功能水平不同,数控机床分为低、中、高 3 个档次。国内还分为全功能数控机床、普及型数控机床和经济型数控机床。这些分类方法划分的界线是相对的,不同时期的划分标准有所不同,大体有以下几个方面。

1. 控制系统 CPU 的档次

低档数控系统一般采用 8 位 CPU，中、高档数控系统采用 16 位或 64 位的 CPU。现在有些 CNC 装置已采用 64 位的 CPU。

2. 分辨率和进给速度

分辨率为位移检测装置所能检测到的最小位移单位，分辨率越小，检测精度越高。它取决于检测装置的类型和制造精度。一般认为，分辨率为 $10\mu m$，进给速度为 $8\sim 10m/min$，是低档数控机床；分辨率为 $1\mu m$，进给速度为 $10\sim 20m/min$，是中档数控机床；分辨率为 $0.1\mu m$，进给速度为 $15\sim 20m/min$，是高档数控机床。通常，分辨率应比机床所要求的加工精度高一个数量级。

3. 伺服系统类型

一般采用开环、步进电动机进给系统的为低档数控机床；中、高档数控机床采用半闭环或闭环的直流伺服或交流伺服系统。

4. 坐标联动轴数

数控机床联动轴数也是常用的区分机床档次的一个标志。按同时控制的联动轴数，分为 2 轴联动、3 轴联动、2.5 轴联动（任一时刻，三轴中只能实现两轴联动，另一轴是点位或直线控制）、4 轴联动、5 轴联动等。低档数控机床的联动轴数一般不超过 2 轴；中、高档的联动轴数为 3~5 轴。

5. 通信功能

低档数控系统一般无通信能力；中档数控系统可以有 RS-232C 或 DNC 接口；高档数控系统还可以有制造自动化协议（Manufacturing Automation Protocol，MAP）通信接口，具有联网功能。

6. 显示功能

低档数控系统一般只有简单的数码管显示或单色 CRT 字符显示；中档数控系统则有较齐全的 CRT 显示，不仅有字符，而且有二维图形、人机对话、状态和自诊断等功能；高档数控系统还可以有三维图形显示、图形编辑等功能。

1.3.5 按所用数控装置的构成方式分类

按所用数控装置的构成方式不同，分为硬线数控系统和软线数控系统。

1. 硬线数控系统

硬线数控系统使用硬线数控装置，它的输入处理、插补运算和控制功能都由专用的固定组合逻辑电路来实现。不同功能的机床，其组合逻辑电路也不相同。改变或增减控制、运算功能时，需要改变数控装置的硬件电路。因此，该系统的通用性和灵活性差，制造周期长，成本高。20 世纪 70 年代初期以前的数控机床基本是属于这种类型。

2. 软线数控系统

软线数控系统也称计算机数控系统，它使用软线数控装置。这种数控装置的硬件电路由小型或微型计算机再加上通用或专用的大规模集成电路制成，数控机床的主要功能几乎全部由系统软件实现，所以不同功能的数控机床，其系统软件不同。修改或增减系统功能时，不需要改动硬件电路，只需要改变系统软件。因此，该系统具有较高的灵活性；同时，由于硬件电路基本是通用的,有利于大量生产,提高质量和可靠性,缩短制造周期和降低成本。20 世纪 70 年代中期以后,随着微电子技术的发展和微型计算机的出现,以及集成电路的集成度不断提高,计算机数控系统才得到不断发展和提高,目前几乎所有的数控机床都采用软线数控系统。

1.4 数控机床加工的特点及应用

1.4.1 数控机床加工特点

与普通机床相比,数控机床是一种机电一体化的高效自动机床,它具有以下加工特点。

1. 具有广泛的适应性和较高的灵活性

数控机床更换加工对象时,只需要重新编制和输入加工程序即可;在某些情况下,甚至只要修改程序中的部分程序段,或利用某些特殊指令,就可实现加工(例如,利用缩放功能指令可实现加工形状相同、尺寸不同的零件)。这为单件、小批量、多品种生产,产品改型和新产品试制提供了极大的方便,大大缩短了生产准备及试制周期。

2. 加工精度高,质量稳定

由于数控机床采用数字伺服系统,数控装置每输出一个脉冲,通过伺服执行机构使机床产生相应的位移量(称为脉冲当量),可达 $0.1 \sim 1 \mu m$;机床传动丝杠采用间歇补偿,螺距误差及其传动误差可由闭环系统控制,因此数控机床能达到较高的加工精度。例如普通精度加工中心,其定位精度一般可达到每 300mm 长度的误差不超过 $\pm(0.005 \sim 0.008)$mm,重复精度可达到 0.001mm。另外,数控机床结构的刚性和热稳定性都较好,制造精度能保证;其自动加工方式避免了操作者的人为操作误差,加工质量稳定,合格率高,同批加工的零件几何尺寸一致性好。数控机床能实现多轴联动,可以加工普通机床很难加工甚至不可能加工的复杂曲面。

3. 加工生产率高

在数控机床上可选择最有利的加工参数,实现多道工序连续加工;也可实现多机看管。由于采用了加速、减速措施,使机床移动部件能快速移动和定位,大大节省可加工过程中的空程时间。

4. 可获得良好的经济效益

虽然数控机床分摊到每个零件上的设备费(包括折旧费、维修费、动力消耗费等)较高,但生产效率高,单件、小批量生产时节省辅助时间(如画线、机床调整、加工检验等),节省直接生产费用。数控机床加工精度稳定,减少了废品率,使生产成本进一步降低。

1.4.2 数控机床的应用

数控机床的性能特点决定了它的应用范围。对于数控加工,可按适应程度将加工对象大致分为 3 类。

1. 最适应类

加工精度要求高,形状、结构复杂,尤其是对于具有复杂曲线、曲面轮廓的零件,或具有不开畅内腔的零件,采用通用机床很难加工,很难检测,质量也难保证。

必须在一次装夹中完成铣、钻、绞、镗或攻螺纹等多道工序的零件。

2．较适应类

价格昂贵,毛坯获得困难,不允许报废的零件。这类零件在普通机床上加工时,有一定难度,受机床的调整,操作人员的精神、工作状态等多种因素影响,容易产生次品或废品。为可靠起见,选择在数控机床上加工。

对于在通用机床上加工,生产效率低,劳动强度大,质量难稳定控制的零件。

用于改型比较、供性能测试的零件(它们要求尺寸一致性好);多品种、多规格、单件小批量生产的零件。

3．不适应类

利用毛坯作为粗基准定位进行加工,或定位完全需要人工找正的零件。数控机床无在线检测系统可自动检测、调整零件位置坐标的情况下,加工余量很不稳定的零件。

必须用特定的工艺装备,或依据样板、样件加工的零件或加工内容。

需大批量生产的零件。随着数控机床性能的提高、功能的完善和成本的降低,随着数控加工用的刀具、辅助用具的性能不断改善、提高和数控加工工艺不断改进,利用数控机床高自动化、高精度、工艺集中的特性,将数控机床用于大批量生产的情况逐渐增多。因此,适应性是相对的,会随着科技的发展而发生变化。

1.5 先进制造技术

21世纪,人类迈入了一个知识经济快速发展的时代,传统的制造技术以及制造模式正在发生质的飞跃,先进制造技术在制造业中逐步被应用,推动着制造业的发展。

近年来,逐步被应用的先进制造技术包括快速原型法、虚拟制造技术、柔性制造系统和柔性制造单元等。

1.5.1 快速原型法

随着需求的多样化与产品生命周期变短,使得零件与产品的批量减小,交货期缩短。为适应市场的这种变化,国外在20世纪80年代后期,在CAD/CAM、数据处理、CNC、激光传感技术充分发展的基础上,发展出一种全新概念的先进的零件原型制造技术——快速原型制造,即叠层制造技术。

快速原型法(又称快速成型法),与虚拟制造技术一起,被称为未来制造业中的两大支柱。

1．快速原型法基本原理

快速原型法是综合运用CAD技术、数控技术、激光加工技术和材料技术,实现从零件设计到三维实体原型制造一体化的系统技术。它采用软件离散化—材料堆积的原理实现零件的成形。快速原型制造原理如图1-13所示。

快速原型制造法的具体加工过程如下:

(1) 采用CAD软件设计出零件的三维曲面或实体模型。如果已有零件,将零件实样扫

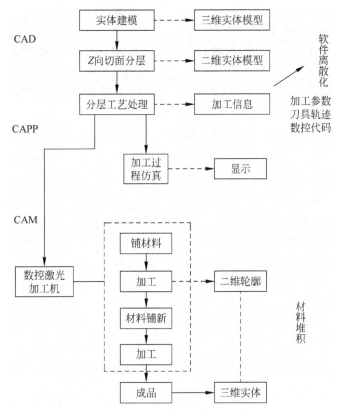

图 1-13　快速原型制造原理

描,得到三维轮廓数据。

(2) 根据工艺要求,按照一定的厚度在某坐标方向(如 Z 向)对生成的 CAD 模型进行切面分层,生成各个截面的二维平面信息。每层厚度为 0.05～0.5mm,一般采用适中的 0.1mm 左右,以保证原型足够光洁,处理速度足够快。

(3) 对层面信息进行工艺处理,并选择加工参数,系统将自动生成刀具移动轨迹和数控加工代码。

(4) 对加工过程进行仿真,确认数控代码的正确性。

(5) 利用数控装置精确控制激光束或其他工具的运动,在当前的工作层(二维)上采用轮廓扫描,加工出适当的截面形状。

(6) 铺上一层新的成形材料,进行下一次加工,直到整个零件加工完毕。

可以看出,快速成型过程是由三维到二维(软件离散化),再由二维到三维(材料堆积)的工作过程。

快速原型法不仅可用于原始设计中快速生成零件实物,也可用来快速复制实物(包括对其放大、缩小、修改)。

2. 快速原型技术的主要工艺方法

(1) 光固化立体成形制造法(LSL 法)

LSL 法是以各类树脂为成形材料,以氦-镉激光器为能源,以树脂受热固化为特征的快速成型方法。

(2) 实体分层制造法(LOM法)

LOM法是以片材(如制片、塑料薄膜或复合材料)为材料,利用CO_2激光器为能源,用激光束切割片状的边界,形成某一层的轮廓,各层间的粘接利用加热、加压的方法,最后形成零件的形状。该方法取材广泛,成本低。

(3) 选择性激光烧结制造法(SLS法)

SLS法是采用各种粉末(金属、陶瓷、蜡粉和塑料等)为材料,利用滚子铺粉,用CO_2高功率激光器对粉末加热,直到烧结成块。利用该方法可以加工出能直接使用的金属件。

(4) 熔融沉积制造法(FDM法)

FDM法采用蜡丝为原料,利用电加热方式将蜡丝熔化成蜡液,然后将蜡液由喷嘴喷到指定的位置固定,一层层地加工出零件。该方法污染小,材料可以回收。

3. 快速原型法的特点

快速原型法的特点如下:

(1) 适合于形状复杂的、不规则零件的加工。
(2) 减少对熟练技术工人的要求。
(3) 下脚料没有或极少,是一种环保型的制造技术。
(4) 成功地解决了CAD中三维造型"看得见,摸不着"的问题。
(5) 系统柔性高,只需修改CAD模型就可生成不同形状的零件。
(6) 技术集成,设计制造一体化。
(7) 具有广泛的材料适应性。
(8) 不需要专门的工装夹具和模具,缩短了新产品的试制时间。

因此,快速原型法主要适用于新产品开发,快速单件及小批量零件制造,形状复杂零件的制造,模具设计与制造,以及难加工材料零件的加工制造。

1.5.2 虚拟制造技术

虚拟制造技术是以计算机支持的仿真技术和虚拟现实技术为前提,对企业的全部生产、经营活动进行建模,并在计算机上"虚拟"地进行产品设计。该技术可实现包括加工制造、计划制订、生产调度、经营管理、成本财务管理、质量管理,甚至市场营销等在内的全部企业功能,在求得系统的最佳运行参数后,据此实现企业的物理运行。

虚拟制造包括设计过程的仿真和加工过程的仿真。实质上,虚拟制造是一般仿真技术的扩展,是仿真技术的最高阶段。虚拟制造的关键是系统的建模技术,它将现实物理系统映射为计算机环境下的虚拟物理系统,用现实信息系统组建虚拟信息系统。虚拟制造系统不消耗能源和其他资源(计算机耗电外),所完成的过程是虚拟过程,所生产的产品是可视的虚拟产品或数字产品。

虚拟制造系统的体系结构如图1-14所示。

由图1-14可知,通过系统建模工具,首先将现实物理系统和现实信息系统映射为计算机环境下的虚拟物理系统和虚拟信息系统,然后利用仿真机和虚拟现实系统对设计过程及结果进行仿真、工艺过程仿真和企业运行状态仿真,最后的产品是满足用户要求的高质量数

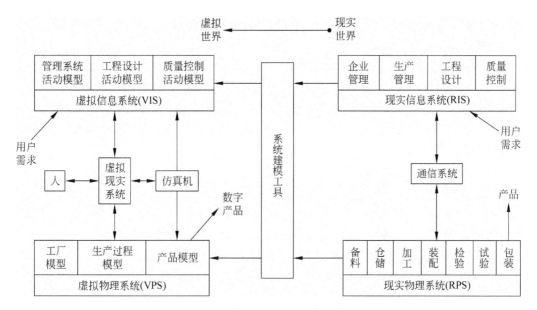

图 1-14 虚拟制造系统的体系结构

字产品和企业运行的最佳参数；用最佳参数调整企业的运行过程，使其始终处于最佳运行状态，生产出高质量的物理产品投放市场。

1.5.3 柔性制造系统（FMS）

在我国有关标准中，FMS(Flexible Manufacturing System)被定义为：柔性制造系统是由数控加工设备、物流储运装置和计算机控制系统等组成的自动化制造系统。它包括多个柔性制造单元，能根据制造任务完成的情况或生产环境的变化迅速进行调整，适用于多品种、中、小批量生产。

国外有关专家对 FMS 进行了更为直观的定义：柔性制造系统是至少由两台机床、一套物流储运系统（从装卸到卸载具有自动化）和一套计算机控制系统所组成的制造系统，它通过简单地改变软件的方法便能制造出多种零件中的任何一种零件。

FMS 一般由加工系统、物流系统、信息流系统和辅助系统组成。

1. 加工系统

加工系统的功能是以任意顺序自动加工各种工件，并能自动地更换工具和刀具。它主要由数控机床、加工中心等设备组成。

2. 物流系统

物流是 FMS 中物料流动的总称。在 FMS 中，流动的物料主要有工件、刀具、夹具、切屑及切削液。物流系统是从 FMS 的进口到出口，实现对这些物料的自动识别、存储、分配、输送、交换和管理功能的系统。它包括自动运输小车、立体仓库和中央刀库等，主要完成刀具、工件的存储和运输。

3. 信息流系统

信息流系统是实现 FMS 加工过程、物流流动过程的控制、协调、调度、监测和管理的系统。它由计算机、工业控制机、可编程控制器、通信网络、数据库和相应的控制和管理软件等组成,是 FMS 的神经中枢和命脉,也是各个子系统的联系纽带。

4. 辅助系统

辅助系统包括清洗工作站、检验工作站、排屑设备和去毛刺设备等。这些工作站和设备均在 FMS 控制器的控制下,与加工系统、物流系统协调工作,共同实现 FMS 的功能。

FMS 适于加工形状复杂、精度适中及批量中等的零件。因为 FMS 中的所有设备均由计算机控制,所以,改变加工对象时,只需改变控制程序即可。这使得系统的柔性很大,特别适应市场动态多变的需求。

1.5.4 柔性制造单元(FMC)

柔性制造单元可以认为是小型的 FMS,它通常包括一台或两台加工中心,再配以托盘库、自动托盘交换装置和小型刀库,完全胜任中等复杂程度的零件加工。

因为 FMC 比 FMS 的复杂程度低、规模小、投资少,且工作可靠;同时,FMC 便于连成功能可以扩展的 FMS,所以 FMC 是 FMS 的发展方向,是一种很有前途的自动化制造形式。

1.6 思考与练习

1. 简述我国数控加工机床的产生及发展过程。
2. 简述我国数控技术的发展过程及数控加工的发展趋势。
3. 数控机床由哪些部分组成?各部分的作用是什么?
4. 简述常用数控机床的种类。
5. 简述数控机床的加工特点。
6. 简述开放式数控系统的定义、特点及国内外发展现状。
7. 查找 FANUC 数控系统系列及各系列的特点。

第2章 数控系统的插补原理与刀具补偿原理

2.1 概述

2.1.1 插补的概念

在数控机床中,刀具是一步一步移动的。刀具(或机床的运动部件)的最小移动量称为一个脉冲当量。脉冲当量是刀具所能移动的最小单位。在数控机床的实际加工中,被加工工件的轮廓形状千差万别,各不相同。严格来说,为了满足几何尺寸精度的要求,刀具中心轨迹应该准确地按照工件的轮廓形状来生成。然而,对于简单的曲线,数控装置易于实现;但对于较复杂的形状,若直接生成,势必使算法变得很复杂,计算机的工作量相应地大大增加。在实际应用中,常常采用一小段直线或圆弧逼近(或称为拟合)所要加工的曲线。因此,刀具不能严格地按照所加工曲线运动,只能用折线近似地取代所需加工的零件轮廓。

所谓插补,是指数据密化的过程,是数控系统根据给定的数学函数,在理想的轨迹或轮廓上的已知点之间进行数据点的密化,来确定一些中间点的方法。

在数控系统中,完成插补运算的装置叫插补器。根据插补器的结构,分为硬件插补器和软件插补器两种类型。

早期的硬件数控(NC)系统中,都采用硬件的数字逻辑电路来完成插补工作,称之为硬件插补器。它主要由数字电路构成,其插补运算速度快,但灵活性差,不易更改,结构复杂,成本高。在以硬件为基础的数控系统中,数控装置采用电压脉冲作为插补点坐标增量输出,其中的每一个脉冲都在相应的坐标轴上产生一个基本长度单位的运动。在这种系统中,一个脉冲 P 对应着一个基本长度单位。这些脉冲可驱动开环控制系统中的步进电动机,也可驱动闭环控制系统中的直流伺服电动机。每发送一个脉冲,工作台相对刀具移动一个基本长度单位(脉冲当量)。脉冲当量的大小决定了加工精度,发送给每一个坐标轴的脉冲数目决定了相对运动距离,而脉冲的频率代表了坐标轴的运动速度。

在计算机数控(CNC)系统中,由软件(程序)完成插补工作的装置,称为软件插补器。软件插补主要由微处理器组成,通过编程就可以完成不同的插补任务。这种插补器结构简单,灵活多变。在现代计算机数控(CNC)系统中,为了满足插补速度和插补精度越来越高的要求,采用软件与硬件相结合的方法,由软件完成粗插补,由硬件完成精插补。

2.1.2 常用插补方法

根据输出信号方式的不同,软件插补方法分为脉冲插补法和数字增量插补法两类。

脉冲插补法是模拟硬件插补的原理,把每次插补运算产生的指令脉冲输出到伺服系统,驱动工作台运动。每发出一个脉冲,工作台就移动一个基本长度单位,即脉冲当量。输出脉冲的最大速度取决于执行一次运算所需的时间。该方法虽然插补程序比较简单,但进给速度受到一定的限制,所以用在进给速度不很高的数控系统或开环数控系统中。脉冲插补法最常用的是逐点比较插补法和数字积分插补法。

使用数字增量插补法的数控系统,其位置伺服通过计算机及检测装置构成闭环;插补结果输出的不是脉冲,而是数据。计算机定时地对反馈回路采样,得到的采样数据与插补程序所产生的指令数据相比较后,用误差信号输出去驱动伺服电动机。采样周期各系统不尽相同,一般取 10ms 左右。采样周期太短,计算机来不及处理;而周期太长,会损失信息,从而影响伺服精度。这种方法所产生的最大进给速度不受计算机最大运算速度的限制,但插补程序比较复杂。

另外还有一种硬件和软件相结合的插补方法。把插补功能分配给软件和硬件插补器:软件插补器完成粗插补,即把加工轨迹分为大的段;硬件插补器完成精插补,进一步密化数据点,完成程序段的加工。该法对计算机的运算速度要求不高,并可余出更多的存储空间来存储零件程序,而且响应速度和分辨率都比较高。

根据被插补曲线的形式进行分类,插补方法分为直线插补法、圆弧插补法、抛物线插补法、高次曲线插补法等。大多数数控机床只有直线、圆弧插补功能。实际的零件廓形可能既不是直线也不是圆弧,这时必须先对零件廓形进行直线—圆弧拟合,用多段直线和圆弧近似地替代零件轮廓,然后才能进行加工。

2.2 逐点比较插补法

所谓逐点比较插补法,就是每走一步都要和给定轨迹上的坐标值比较一次,看实际加工点在给定轨迹的什么位置,上方还是下方,或是在给定轨迹的外面还是里面,从而决定下一步的进给方向。走步方向总是向着逼近给定轨迹的方向,如果实际加工点在给定轨迹的上方,下一步就向给定轨迹的下方走;如果实际加工点在给定轨迹的里面,下一步就向给定轨迹的外面走。如此每走一步,算一次偏差,比较一次,决定下一步的走向,以逼近给定轨迹,直至加工结束。

逐点比较插补法是以阶梯折线来逼近直线和圆弧等曲线的。它与规定的加工直线或圆弧之间的最大误差不超过一个脉冲当量,因此只要把脉冲当量取得足够小,就可满足加工精度的要求。

在逐点比较插补法中,每进给一步都必须进行偏差判别、坐标进给、偏差计算和终点判断四个节拍。图 2-1 所示为逐点比较法工作循环图。下面分别介绍逐点比较法直线插补和圆弧插补的原理。

2.2.1 逐点比较法直线插补

1. 偏差函数

以 xy 平面第Ⅰ象限为例,如图 2-2 所示。OA 是要插补的直线,加工的起点坐标为原点 O,终点 A 的坐标为 $A(x_a, y_a)$。直线 OA 的方程为

$$y = \frac{y_a}{x_a} x$$

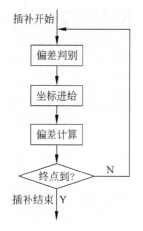

图 2-1 逐点比较法工作循环图

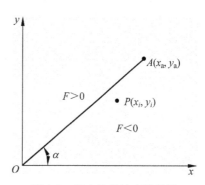

图 2-2 逐点比较法直线插补

设点 $P(x_i, y_i)$ 为任一加工点。若点 P 正好位于直线 OA 上,则

$$y_i = \frac{y_a}{x_a} x_i$$

即

$$x_a y_i - x_i y_a = 0$$

若加工点 P 在直线 OA 的上方(严格地说,在直线 OA 与 y 轴所成夹角区域内),那么下述关系成立:

$$x_a y_i - x_i y_a > 0$$

若加工点 P 在直线 OA 的下方(严格地说,在直线 OA 与 x 轴所成夹角区域内),那么下述关系成立:

$$x_a y_i - x_i y_a < 0$$

设偏差函数为

$$F(x,y) = x_a y_i - x_i y_a \tag{2-1}$$

综合以上分析,可把偏差函数与刀具位置的关系归纳为如表 2-1 所示。

表 2-1 逐点比较直线插补偏差函数与刀具位置的关系

$F(x,y)$	刀具位置
>0	直线上方
$=0$	直线上
<0	直线下方

2. 进给方向与偏差计算

插补前,刀具位于直线的起点 O。由于点 O 在直线上,由表 2-1 可知,这时的偏差值为零,即

$$F_0 = 0 \tag{2-2}$$

设某时刻刀具运动到点 $P_1(x_i, y_i)$,该点的偏差函数为

$$F_i = x_a y_i - x_i y_a \tag{2-3}$$

若偏差函数 F_i 大于零,由表 2-1 可知,这时刀具位于直线上方,如图 2-3(a)所示。为了使刀具向直线靠近,并向直线终点进给,刀具应沿 x 轴正向走一步,到达点 $P_2(x_{i+1}, y_{i+1})$。P_2 点的坐标由下式计算:

$$\begin{cases} x_{i+1} = x_i + 1 \\ y_{i+1} = y_i \end{cases}$$

刀具在点 P_2 处的偏差值为

$$F_{i+1} = x_a y_{i+1} - x_{i+1} y_a = x_a y_i - (x_i + 1) y_a = (x_a y_i - x_i y_a) - y_a$$

利用式(2-3),把上式简化成

$$F_{i+1} = F_i - y_a \tag{2-4}$$

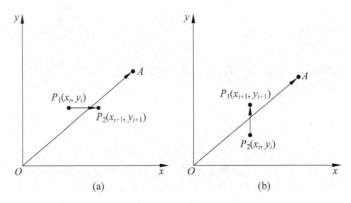

图 2-3 直线插补的进给方向

若偏差函数 F_i 等于零,由表 2-1 可知,这时刀具位于直线上,但刀具仍沿 x 轴正向走一步,到达点 P_2。偏差值计算与 F_i 大于零时相同。

若偏差函数 F_i 小于零,由表 2-1 可知,这时刀具位于直线下方,如图 2-3(b)所示。为了使刀具向直线靠近,并向直线终点进给,刀具应沿 y 轴正向走一步,到达点 $P_2(x_{i+1}, y_{i+1})$。P_2 点的坐标由下式计算:

$$\begin{cases} x_{i+1} = x_i \\ y_{i+1} = y_i + 1 \end{cases}$$

刀具在点 P_2 处的偏差值为

$$F_{i+1} = x_a y_{i+1} - x_{i+1} y_a = x_a(y_i + 1) - x_i y_a = (x_a y_i - x_i y_a) + x_a$$

利用式(2-3),把上式简化成

$$F_{i+1} = F_i + x_a \tag{2-5}$$

式(2-2)、式(2-4)和式(2-5)组成了偏差值的递推计算公式。与直接计算法(式(2-1))相比,递推法只用加/减法,不用乘/除法,计算简便、速度快。递推法只用到直线的终点坐标,因而插补过程中不需要计算和保留刀具的瞬时位置。这样减少了计算工作量、缩短了计算时间,有利于提高插补速度。

直线插补的坐标进给方向与偏差计算方法如表 2-2 所示。

表 2-2 直线插补的坐标进给方向与偏差计算方法

偏差函数	进给方向	偏差计算
$F_i \geq 0$	$+x$	$F_{i+1} = F_i - y_a$
$F_i < 0$	$+y$	$F_{i+1} = F_i + x_a$

3. 终点判断

由于插补误差的存在，刀具的运动轨迹有可能不通过直线的终点 $A(x_a, y_a)$。因此，不能把刀具坐标与终点坐标相等作为终点判断的依据。

可以根据刀具沿 x、y 两轴所走的总步数来判断直线是否加工完毕。刀具从直线起点 O（如图 2-2 所示）移动到直线终点 $A(x_a, y_a)$，沿 x 轴应走的总步数为 x_a，沿 y 轴应走的总步数为 y_a。那么，加工完直线 OA，刀具沿两条坐标轴应走的总步数为

$$N = x_a + y_a \tag{2-6}$$

在逐点比较插补法中，每进行一个插补循环，刀具或者沿 x 轴走一步，或者沿 y 轴走一步。也就是说，插补循环数 i 与刀具沿 x、y 轴已走的总步数相等。这样，就可根据插补循环数 i 与刀具应走的总步数 N 是否相等来判断终点，即直线加工完毕的条件为

$$i = N \tag{2-7}$$

4. 插补程序

图 2-4 所示是逐点比较法直线插补的流程图。图中，i 是插补循环数，F_i 是第 i 个插补循环中偏差函数的值，(x_a, y_a) 是直线的终点坐标，N 是完成直线加工刀具沿 x、y 轴应走的总步数。插补时钟的频率为 f，它用于控制插补的节奏。

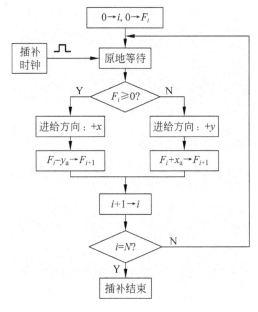

图 2-4 直线插补流程图

插补前，刀具位于直线的起点，即坐标原点，因此偏差值 F_0 为零。因为还没有开始插补，所以插补循环数 i 也为零。在每一个插补循环的开始，插补器先进入"等待"状态。插补

时钟发出一个脉冲后,插补器结束等待状态,向下运行。这样,插补时钟每发一个脉冲,就触发插补器进行一个插补循环,从而可用插补时钟控制插补速度,也控制了刀具进给速度。

插补器结束"等待"状态后,先进行偏差判别。由表 2-2 知,若偏差值 F_i 大于等于零,刀具的进给方向应为 $+x$,进给后偏差值成为 F_i-y_a;若偏差值 F_i 小于零,刀具的进给方向应为 $+y$,进给后的偏差值为 F_i+x_a。

完成了一个插补循环后,插补循环数 i 应增加 1。

最后进行终点判别。由式(2-7)知,若插补循环数 i 小于 N,说明直线还没有插补完毕,应继续插补;否则,表明直线已加工完毕,应结束插补工作。

【例 2-1】 图 2-5 中的 OA 是要加工的直线。直线的起点在坐标原点,终点为 $A(4,3)$。试用逐点比较法对该直线进行插补,并画出插补轨迹。

解 插补完这段直线,刀具沿 x、y 轴应走的总步数为

$$N = x_a + y_a = 4+3 = 7$$

插补运算过程如表 2-3 所示。

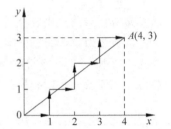

图 2-5 逐点比较法直线插补轨迹

表 2-3 逐点比较法直线插补运算过程

插补循环	偏差判别	进给方向	偏差计算	终点判别
0			$F_0=0, x_a=4, y_a=3$	$i=0, N=7$
1	$F_0=0$	$+x$	$F_1=F_0-y_a=0-3=-3$	$i=0+1=1<N$
2	$F_1=-3<0$	$+y$	$F_2=F_1+x_a=-3+4=1$	$i=1+1=2<N$
3	$F_2=1>0$	$+x$	$F_3=F_2-y_a=1-3=-2$	$i=2+1=3<N$
4	$F_3=-2<0$	$+y$	$F_4=F_3+x_a=-2+4=2$	$i=3+1=4<N$
5	$F_4=2>0$	$+x$	$F_5=F_4-y_a=2-3=-1$	$i=4+1=5<N$
6	$F_5=-1<0$	$+y$	$F_6=F_5+x_a=-1+4=3$	$i=5+1=6<N$
7	$F_6=3>0$	$+x$	$F_7=F_6-y_a=2-3=0$	$i=6+1=7=N$ 到达终点

5. 性能分析

刀具的进给速度和所能插补的最大曲线尺寸,是评定插补方法的两个重要指标,也是选择插补方法的依据。下面介绍逐点比较法直线插补的这两个指标。

(1) 进给速度

设直线 OA(如图 2-2 所示)与 X 轴的夹角为 α,长度为 l。加工该段直线时,刀具的进给速度为 v,插补时钟频率为 f,加工完直线 OA 所需的插补循环总数目为 N。那么,刀具从直线起点进给到直线终点所需的时间为 l/v;完成 N 个插补循环所需的时间为 N/f。由于插补与加工是同步进行的,因此,以上两个时间应相等,即

$$\frac{l}{v} = \frac{N}{f}$$

由此得到刀具的进给速度 v 为

$$v = \frac{l}{N} f \tag{2-8}$$

插补完成直线 OA 所需的总循环数与刀具沿 x、y 轴应走的总步数可用式(2-6)计算：
$$N = x_a + y_a = l\cos\alpha + l\sin\alpha$$
把上式代入式(2-8)，得到刀具速度的计算公式
$$v = \frac{f}{\cos\alpha + \sin\alpha} \tag{2-9}$$

从上式可知，刀具的进给速度 v 与插补时钟频率 f 成正比，与 α 的关系如图 2-6 所示。在保持插补时钟频率不变的前提下，刀具的进给速度随着直线倾角的不同而变化：加工 $0°$ 或 $90°$ 倾角的直线时，刀具的进给速度最大，为 f；加工 $45°$ 倾角的直线时，刀具的进给速度最小，约为 $0.7f$。

(2) 能插补的最大直线尺寸

设插补器所用寄存器的长度为 n 位。把其中 1 位用于寄存偏差值的"±"号，则偏差函数的最大绝对值应满足：
$$|F_{\max}| \leqslant 2^{n-1} - 1$$

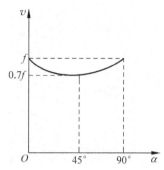

图 2-6　逐点比较法中刀具的速度

由偏差函数的递推计算过程(如表 2-2 所示)可知，偏差函数的最大绝对值为 x_a 或 y_a。因而，直线的终点坐标 (x_a, y_a) 应满足：
$$\begin{cases} x_a \leqslant 2^{n-1} - 1 \\ y_a \leqslant 2^{n-1} - 1 \end{cases}$$

若寄存器的长度为 8 位，则直线的纵、横终点坐标最大值为 127。若寄存器长度为 16 位，则直线终点坐标最大值为 32 767。

2.2.2　圆弧插补

1. 偏差函数

如图 2-7 所示，$\overset{\frown}{AB}$ 是要插补的圆弧，圆弧的圆心在坐标原点，半径为 R，起点为 $A(x_a, y_a)$，终点为 $B(x_b, y_b)$。点 $P(x, y)$ 表示某时刻刀具的位置。

圆弧插补时，偏差函数定义为
$$F = \overline{OP}^2 - R^2 \tag{2-10}$$
$\overline{OP}$ 表示 O、P 两点的距离
$$\overline{OP} = \sqrt{x^2 + y^2}$$
将上式代入式(2-10)，得到偏差函数的计算公式为
$$F = x^2 + y^2 - R^2 \tag{2-11}$$

若刀具在圆外，则 $\overline{OP}$ 大于 R，偏差函数大于零；若刀具在圆上，则 $\overline{OP}$ 等于 R，偏差函数等于零；若刀具在圆内，则 $\overline{OP}$ 小于 R，偏差函数小于零。表 2-4 所示为偏差函数与刀具位置的关系。

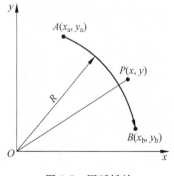

图 2-7　圆弧插补

表 2-4 圆弧插补中,偏差函数与刀具位置的关系

偏差函数	刀具位置
>0	在圆外
=0	在圆上
<0	在圆内

2. 进给方向与偏差计算

圆弧分为顺圆与逆圆两种。与时钟指针走向一致的圆弧称为顺圆,反之称为逆圆。加工这两种圆弧时,刀具的走向不同,偏差计算的过程也不同。下面分别介绍这两种圆弧的插补。

(1) 顺圆插补

开始插补时,刀具位于圆弧的起点 A。由式(2-11)计算偏差值为

$$F_0 = x_a^2 + y_a^2 - R^2$$

因 A 是圆弧上一点,由表 2-4 可知

$$F_0 = 0 \tag{2-12}$$

设某时刻刀具运动到点 $P_1(x_i, y_i)$,由式(2-11)知,这时的偏差值为

$$F_i = x_i^2 + y_i^2 - R^2 \tag{2-13}$$

若 $F_i \geqslant 0$,由表 2-4 可知,这时刀具位于圆外或圆上,如图 2-8(a)所示。为让刀具向终点 B 进给并靠近圆弧,应让刀具沿 y 轴负向走一步,到达点 $P_2(x_{i+1}, y_{i+1})$。点 P_2 的坐标由下式计算:

$$\begin{cases} x_{i+1} = x_i \\ y_{i+1} = y_i - 1 \end{cases}$$

刀具在点 P_2 的偏差值为

$$\begin{aligned} F_{i+1} &= x_{i+1}^2 + y_{i+1}^2 - R^2 = x_i^2 + (y_i - 1)^2 - R^2 \\ &= (x_i^2 + y_i^2 - R^2) - 2y_i + 1 \end{aligned}$$

把式(2-13)代入上式,简化为

$$F_{i+1} = F_i - 2y_i + 1 \tag{2-14}$$

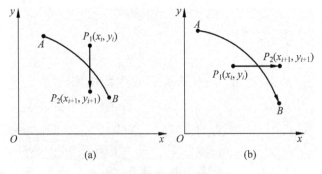

图 2-8 顺圆插补的进给方向

若 $F_i < 0$,由表 2-4 可知,这时刀具位于圆内,如图 2-8(b)所示。为让刀具向终点 B 进给并靠近圆弧,应让刀具沿 x 轴正向走一步,到达点 $P_2(x_{i+1}, y_{i+1})$。点 P_2 的坐标由下式

计算：
$$\begin{cases} x_{i+1} = x_i + 1 \\ y_{i+1} = y_i \end{cases}$$

刀具在点 P_2 的偏差值为
$$F_{i+1} = x_{i+1}^2 + y_{i+1}^2 - R^2 = (x_i+1)^2 + y_i^2 - R^2$$
$$= (x_i^2 + y_i^2 - R^2) + 2x_i + 1$$

把式(2-13)代入上式，简化为
$$F_{i+1} = F_i + 2x_i + 1 \tag{2-15}$$

式(2-12)、式(2-14)和式(2-15)组成了顺圆插补偏差值的递推计算公式。与偏差函数的直接计算式(2-11)相比，递推计算法运算只用加、减法（乘以 2 可用两次加来实现），不用乘法或乘方，计算简单，运算速度快。

顺圆插补的计算过程如表 2-5 所示。

表 2-5 顺圆插补的计算过程

偏差情况	进给方向	偏差计算	坐标计算
$F_i \geq 0$	$-y$	$F_{i+1}=F_i-2y_i+1$	$x_{i+1}=x_i, y_{i+1}=y_i-1$
$F_i < 0$	$+x$	$F_{i+1}=F_i+2x_i+1$	$x_{i+1}=x_i+1, y_{i+1}=y_i$

(2) 逆圆插补

设某时刻刀具运动到点 $P_1(x_i, y_i)$，这时的偏差函数为
$$F_i = x_i^2 + y_i^2 - R^2 \tag{2-16}$$

若 $F_i \geq 0$，这时刀具位于圆外或圆上，如图 2-9(a)所示。为让刀具向终点 B 进给并靠近圆弧，应让刀具沿 x 轴负方向走一步，到达点 $P_2(x_{i+1}, y_{i+1})$。点 P_2 的坐标由下式计算：
$$\begin{cases} x_{i+1} = x_i - 1 \\ y_{i+1} = y_i \end{cases}$$

刀具在点 P_2 的偏差值为
$$F_{i+1} = x_{i+1}^2 + y_{i+1}^2 - R^2 = (x_i-1)^2 + y_i^2 - R^2$$
$$= (x_i^2 + y_i^2 - R^2) - 2x_i + 1$$

把式(2-16)代入上式，简化为
$$F_{i+1} = F_i - 2x_i + 1 \tag{2-17}$$

若 $F_i < 0$，这时刀具位于圆内，如图 2-9(b)所示。为让刀具向终点 B 进给并靠近圆弧，应让刀具沿 y 轴正向走一步，到达点 $P_2(x_{i+1}, y_{i+1})$。点 P_2 的坐标由下式计算：
$$\begin{cases} x_{i+1} = x_i \\ y_{i+1} = y_i + 1 \end{cases}$$

刀具在点 P_2 的偏差值为
$$F_{i+1} = x_{i+1}^2 + y_{i+1}^2 - R^2 = x_i^2 + (y_i+1)^2 - R^2$$
$$= (x_i^2 + y_i^2 - R^2) + 2y_i + 1$$

把式(2-16)代入上式，简化为

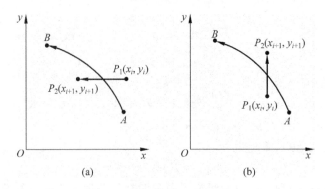

图 2-9 逆圆插补的进给方向

$$F_{i+1} = F_i + 2y_i + 1 \tag{2-18}$$

式(2-12)、式(2-17)和式(2-18)组成了逆圆插补偏差值的递推计算公式。

逆圆插补的计算过程如表 2-6 所示。

表 2-6 逆圆插补的计算过程

偏差情况	进给方向	偏差计算	坐标计算
$F_i \geqslant 0$	$-x$	$F_{i+1}=F_i-2x_i+1$	$x_{i+1}=x_i-1, y_{i+1}=y_i$
$F_i < 0$	$+y$	$F_{i+1}=F_i+2y_i+1$	$x_{i+1}=x_i, y_{i+1}=y_i+1$

3．终点判别

如图 2-7 所示,圆弧 $\overset{\frown}{AB}$ 是要加工的曲线,它的起点为 $A(x_a,y_a)$,终点为 $B(x_b,y_b)$。加工完这段圆弧,刀具沿 x 轴应走 $|x_b-x_a|$ 步,沿 y 轴应走 $|y_b-y_a|$ 步,沿两个坐标轴应走的总步数为

$$N = |x_b - x_a| + |y_b - y_a| \tag{2-19}$$

该公式对逆圆和顺圆都是适用的。

当插补循环数 i 与 N 相等时,即

$$i = N \tag{2-20}$$

说明圆弧已加工完毕。

4．插补程序

(1) 顺圆插补

逐点比较法顺圆插补的程序框图如图 2-10 所示。图中,i 是插补循环数,F_i 是偏差函数,(x_i,y_i) 是刀具坐标,N 是加工完圆弧后刀具沿 x 轴、y 轴应走的总步数。

开始插补时,插补循环数 i 等于 0,刀具位于圆弧的起点 $A(x_a,y_a)$。由于刀具位于圆弧上,因此,偏差值 F_0 为零。N 由式(2-19)确定。

经过初始化后,程序进入"等待"状态。插补时钟发出的脉冲使程序结束等待状态,继续向下运行。

接着,进行偏差判别。由表 2-5 可知,若偏差函数 F_i 大于或等于零,刀具应沿 $-y$ 方向走一步;若偏差函数 F_i 小于零,应让刀具沿 $+x$ 方向走一步。

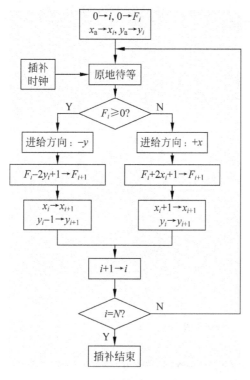

图 2-10 顺圆插补程序框图

进给后,应计算出刀具在新位置的偏差值为 F_{i+1},新坐标为 (x_{i+1}, y_{i+1})。

完成了一个插补循环后,插补循环数应加 1。

最后进行终点判别。若插补循环数 i 小于 N,表明圆弧还没有加工完,应继续插补;若插补循环数 i 等于 N,说明圆弧已加工完毕,插补工作结束。

【例 2-2】 如图 2-11 所示的 $\overset{\frown}{AB}$ 是要加工的圆弧。圆弧的起点为 $A(3,4)$,终点为 $B(5,0)$。试对该段圆弧进行插补,并画出刀具的运动轨迹。

解 加工完这段圆弧,刀具沿 x 轴、y 轴应走的总步数为

$$N = |x_b - x_a| + |y_b - y_a| = |5-3| + |0-4| = 6$$

$\overset{\frown}{AB}$ 为顺圆插补,插补过程如表 2-7 所示。

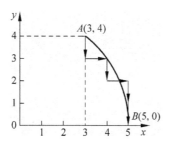

图 2-11 顺圆插补轨迹

表 2-7 逐点比较法圆弧插补例

插补循环	偏差情况	进给方向	偏差计算	坐标计算	终点判别
0			$F_0 = 0$	$x_0 = x_a = 3$ $y_0 = y_a = 4$	$i = 0$
1	$F_0 = 0$	$-y$	$F_1 = F_0 - 2y_0 + 1$ $= 0 - 2 \times 4 + 1 = -7$	$x_1 = x_0 = 3$ $y_1 = y_0 - 1 = 3$	$i = 0 + 1 < N$
2	$F_1 = -7 < 0$	$+x$	$F_2 = F_1 + 2x_1 + 1$ $= -7 + 2 \times 3 + 1 = 0$	$x_2 = x_1 + 1 = 4$ $y_2 = y_1 = 3$	$i = 1 + 1 < N$
3	$F_2 = 0$	$-y$	$F_3 = F_2 - 2y_2 + 1$ $= 0 - 2 \times 3 + 1 = -5$	$x_3 = x_2 = 4$ $y_3 = y_2 - 1 = 2$	$i = 2 + 1 < N$
4	$F_3 = -5 < 0$	$+x$	$F_4 = F_3 + 2x_3 + 1$ $= -5 + 2 \times 4 + 1 = 4$	$x_4 = x_3 + 1 = 5$ $y_4 = y_3 = 2$	$i = 3 + 1 < N$
5	$F_4 = 4 > 0$	$-y$	$F_5 = F_4 - 2y_4 + 1$ $= 4 - 2 \times 2 + 1 = 1$	$x_5 = x_4 = 5$ $y_5 = y_4 - 1 = 1$	$i = 4 + 1 < N$
6	$F_5 = 1 > 0$	$-y$	$F_6 = F_5 - 2y_5 + 1$ $= 1 - 2 \times 1 + 1 = 0$	$x_6 = x_5 = 5$ $y_6 = y_5 - 1 = 0$	$i = 5 + 1 = N$ 到达终点

刀具的运动轨迹如图 2-11 所示。

(2) 逆圆插补

逐点比较法逆圆插补的程序框图如图 2-12 所示。图中的符号与图 2-10 中符号的意义完全相同。

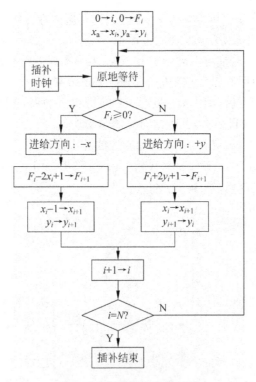

图 2-12 逆圆插补程序框图

【例 2-3】 如图 2-13 所示,圆弧 $\overset{\frown}{AB}$ 是要加工的逆圆。圆弧的起点为 $A(5,0)$,终点为 $B(3,4)$。试对该段圆弧进行插补,并画出插补轨迹。

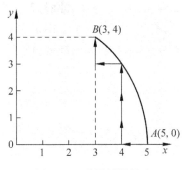

图 2-13 逆圆插补轨迹

解 加工完这段圆弧,刀具沿 x 轴、y 轴应走的总步数为

$$N = |x_b - x_a| + |y_b - y_a| = |3-5| + |4-0| = 6$$

$\overset{\frown}{AB}$ 为逆圆插补,插补过程如表 2-8 所示。

表 2-8 逐点比较法圆弧插补例

插补循环	偏差情况	进给方向	偏差计算	坐标计算	终点判别
0			$F_0 = 0$	$x_0 = x_a = 5$ $y_0 = y_a = 0$	$i = 0$
1	$F_0 = 0$	$-x$	$F_1 = F_0 - 2x_0 + 1$ $= 0 - 2 \times 5 + 1 = -9$	$x_1 = x_0 - 1 = 4$ $y_1 = y_0 = 0$	$i = 0 + 1 < N$
2	$F_1 = -9 < 0$	$+y$	$F_2 = F_1 + 2y_1 + 1$ $= -9 + 2 \times 0 + 1 = -8$	$x_2 = x_1 = 4$ $y_2 = y_1 + 1 = 1$	$i = 1 + 1 < N$
3	$F_2 = -8 < 0$	$+y$	$F_3 = F_2 + 2y_2 + 1$ $= -8 + 2 \times 1 + 1 = -5$	$x_3 = x_2 = 4$ $y_3 = y_2 + 1 = 2$	$i = 2 + 1 < N$
4	$F_3 = -5 < 0$	$+y$	$F_4 = F_3 + 2y_3 + 1$ $= -5 + 2 \times 2 + 1 = 0$	$x_4 = x_3 = 4$ $y_4 = y_3 + 1 = 3$	$i = 3 + 1 < N$
5	$F_4 = 0$	$-x$	$F_5 = F_4 - 2x_4 + 1$ $= 0 - 2 \times 4 + 1 = -7$	$x_5 = x_4 - 1 = 3$ $y_5 = y_4 = 3$	$i = 4 + 1 < N$
6	$F_5 = -7 < 0$	$+y$	$F_6 = F_5 + 2y_5 + 1$ $= -7 + 2 \times 3 + 1 = 0$	$x_6 = x_5 = 3$ $y_6 = y_5 + 1 = 4$	$i = 5 + 1 = N$ 到达终点

刀具的运动轨迹如图 2-13 所示。

5. 性能分析

(1) 进给速度

如图 2-14 所示,P 是圆弧 $\overset{\frown}{AB}$ 上的一点,cd 是圆弧在 P 点处的切线,切线与 x 轴的夹角为 α。在 P 点附近的很小范围内,切线 cd 与圆弧非常接近。在这个范围内,对圆弧的插补和对切线的插补,刀具速度基本相等。因此,对圆弧进行插补时,刀具在 P 点的速度也可用式(2-9)计算,如图 2-6 所示。其中,α 是圆弧上 P 点的切线与 x 轴的夹角,也是连线 OP 与

y 轴的夹角,如图 2-14 所示。

以上分析说明:在圆弧插补中,在插补时钟保持不变的情况下,刀具的进给速度是变化的。在坐标轴附近($\alpha \approx 0°$ 或 $\alpha \approx 90°$),刀具速度最大,约为 f;在第 I 象限的中部($\alpha \approx 45°$),刀具速度最小,约为 $0.7f$。刀具速度的这种变化,可能对零件的加工质量带来不利的影响,加工时应注意这个问题。

(2) 加工的最大圆弧尺寸

由偏差函数的递推计算过程(如表 2-5 和表 2-6 所示)可知,偏差函数的最大值为

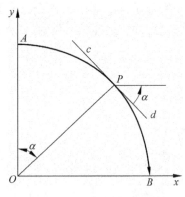

图 2-14 圆弧插补的速度分析

$$F_{\max} = 2x_i + 1 \text{ 或 } F_{\max} = 2y_i + 1$$

设 Z 等于圆弧起点 $A(x_a, y_a)$ 和终点 $B(x_b, y_b)$ 坐标中最大的一个值,即

$$Z = \max(x_a, y_a, x_b, y_b)$$

因为刀具坐标 (x_i, y_i) 总是在圆弧起点和终点坐标之间变化,所以偏差函数的最大值为

$$F_{\max} = 2Z + 1$$

若偏差函数寄存器的长度有 n 位,把其中的最高位用于"±"号位,则偏差函数的最大允许值为

$$F_{\max} = 2Z + 1 \leqslant 2^{n-1} - 1$$

由此得

$$Z = \max(x_a, y_a, x_b, y_b) \leqslant 2^{n-2} - 1$$

即圆弧起点和终点坐标的最大值为 $2^{n-2} - 1$

由于圆弧的起点和终点坐标总小于或等于圆弧半径 R,因此,在实际工作中为了方便,可按下式确定圆弧半径:

$$R \leqslant 2^{n-2} - 1$$

2.3 数字积分插补法

数字积分插补法又称数学微分分析法(Digital Differential Analyzer,DDA),它利用数字积分的原理,计算刀具沿坐标轴的位移,使得刀具沿着所加工的轨迹运动。数字积分插补法具有运算速度快、脉冲分配均匀、易实现多坐标联动等优点,所以在轮廓控制数控系统中得到广泛应用。

2.3.1 DDA 的基本原理

由高等数学可知,求函数 $y = f(t)$ 对 t 的积分运算,从几何概念上讲,就是求此函数曲线所包围的面积 F,如图 2-15 所示,即

$$F = \int_a^b y \, dt = \lim_{n \to \infty} \sum_{i=0}^{n-1} y(t_{i+1} - t_i)$$

若把自变量的积分区间 $[a, b]$ 等分成许多有限的小区间 Δt(其中,$\Delta t = t_{i+1} - t_i$),这样,求面

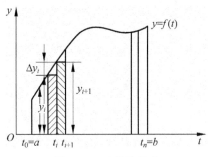

图 2-15 函数的积分

积 F 可以转化成求有限个小区间面积之和,即

$$F = \sum_{i=0}^{n-1} \Delta F_i = \sum_{i=0}^{n-1} y_i \Delta t$$

数学运算时,Δt 一般取最小单位"1",即一个脉冲当量,则

$$F = \sum_{i=0}^{n-1} y_i$$

由此可见,函数的积分运算变成了变量的求和运算。当所选取的积分间隔 Δt 足够小时,用求和运算代替求积运算所引起的误差可以不超过允许的值。

2.3.2 DDA 直线插补

在 xy 平面上对直线 OA 进行插补,直线的起点在坐标原点 O,终点为 $A(x_a, y_a)$,如图 2-16 所示。

假定 v_x 和 v_y 分别表示动点在 x 和 y 方向的移动速度,则在 x 和 y 方向的移动距离微小增量 Δx 和 Δy 应为

$$\begin{cases} \Delta x = v_x \Delta t \\ \Delta y = v_y \Delta t \end{cases} \quad (2\text{-}21)$$

对直线函数来说,v_x 和 v_y 是常数,则

$$\frac{v_x}{x_a} = \frac{v_y}{y_a} = k \quad (2\text{-}22)$$

式中,k 为比例系数。

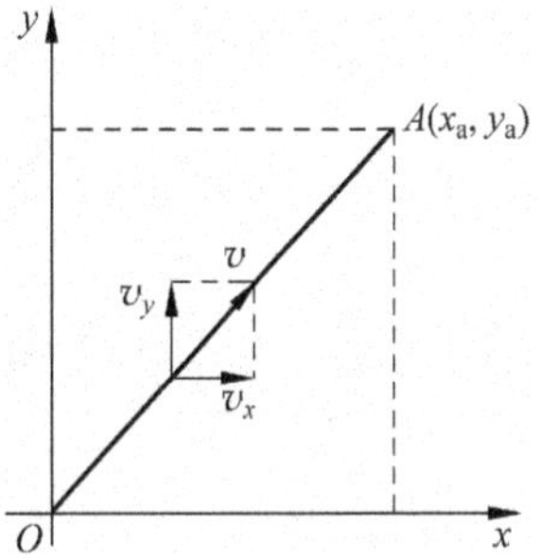

图 2-16 DDA 直线插补

在 Δt 时间内,x 和 y 位移增量的参数方程为

$$\begin{cases} \Delta x = v_x \Delta t = k x_a \Delta t \\ \Delta y = v_y \Delta t = k y_a \Delta t \end{cases} \quad (2\text{-}23)$$

因此,动点从原点走向终点的过程,可以看作是各坐标每经过一个单位时间间隔 Δt 分别以增量 $k x_a$ 和 $k y_a$ 同时累加的结果。经过 m 次累加后,x 和 y 分别都到达终点 $A(x_a, y_a)$,则

$$\begin{cases} x = \sum_{i=1}^{m}(k x_a) \Delta t = m k x_a = x_a \\ y = \sum_{i=1}^{m}(k y_a) \Delta t = m k y_a = y_a \end{cases}$$

得到

$$mk = 1$$

或

$$m = \frac{1}{k}$$

上式表明，比例系数 k 和累加次数 m 的关系是互为倒数。因为 m 必须是整数，所以 k 一定是小数。在选取 k 时，主要考虑每次增量 Δx 或 Δy 应不大于1，以保证坐标轴上每次分配进给脉冲不超过一个单位步距，即

$$\begin{cases} \Delta x = kx_a < 1 \\ \Delta y = ky_a < 1 \end{cases} \quad (2\text{-}24)$$

式中，x_a 和 y_a 的最大容许值受寄存器的位数 n 的限制，最大值为 $2^n - 1$。所以，由式(2-24)得

$$k(2^n - 1) < 1$$

即

$$k < \frac{1}{2^n - 1}$$

一般取 $k = \frac{1}{2^n}$，则有

$$m = \frac{1}{k} = 2^n \quad (2\text{-}25)$$

式(2-25)说明 DDA 直线插补的整个过程要经过 2^n 次累加才能到达直线的终点。

当 $k = \frac{1}{2^n}$ 时，对二进制数来说，kx_a 与 x_a 的差别只在于小数点的位置不同。将 x_a 的小数点左移 n 位，即为 kx_a。因此，在 n 位的内存中存放 x_a（x_a 为整数）和存放 kx_a 的数字是相同的，只是认为后者的小数点出现在最高位数 n 的前面。这样，对 kx_a 与 x_a 的累加分别转变为对 x_a 与 y_a 的累加。

数字积分法插补器的关键部件是累加器和被积函数寄存器，每一个坐标方向都需要一个累加器和一个被积函数寄存器。以插补 xy 平面上的直线为例，一般情况下，插补开始前，累加器清零，被积函数寄存器分别寄存 x_a 和 y_a；插补开始后，每发出一个累加脉冲 Δt，被积函数寄存器的坐标值在相应的累加器中累加一次，累加后的溢出作为驱动相应坐标轴的进给脉冲 Δx 或 Δy，余数仍寄存在累加器中；当脉冲源发出的累加脉冲数 m 恰好等于被积函数寄存器的容量 2^n 时，溢出的脉冲数等于以脉冲当量为最小单位的终点坐标，表明刀具运行到终点。

数字积分法直线插补的终点判别比较简单。由以上的分析可知，插补一个直线段只需完成 $m = 2^n$ 次累加运算，即可到达终点位置。因此，可以将累加次数 m 是否等于 2^n 作为终点判别的依据，只要设置一个位数为 n 位的终点计数寄存器，用来记录累加次数。当计数器记满 2^n 个数时，停止插补运算。

用软件实现数字积分法直线插补时，在内存中设立几个存储单元，分别存放 x_a 及其累加值 $\sum x_a$ 和 y_a 及其累加值 $\sum y_a$。在每次插补运算循环过程中执行以下求和运算：

$$\sum x_a + x_a \rightarrow \sum x_a$$
$$\sum y_a + y_a \rightarrow \sum y_a$$

用运算结果溢出的脉冲 Δx 和 Δy 来控制机床进给，就可走出所需的直线轨迹。数字积分法插补第Ⅰ象限直线的程序流程图如图 2-17 所示。

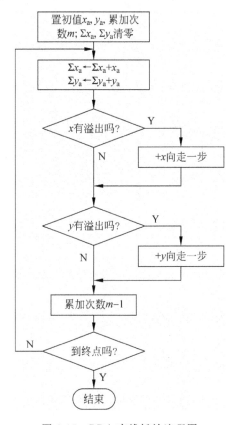

图 2-17 DDA 直线插补流程图

【例 2-4】 设直线 OA 的起点在原点 $O(0,0)$，终点为 $A(8,6)$，采用 4 位寄存器。试写出直线 OA 的 DDA 插补过程并画出插补轨迹。

解 由于采用 4 位寄存器，所以累加次数 $m=2^4=16$。

插补计算过程如表 2-9 所示，插补轨迹如图 2-18 所示。

表 2-9 DDA 直线插补运算过程

累加次数 m	J_{VX}(存 x_a)	$J_{RX}(\sum x_a)$	溢出 Δx	J_{VY}(存 y_a)	$J_{RY}(\sum y_a)$	溢出 Δy	终点计数器 J_E	备 注
0	1000	0	0	0110	0	0	0000	初始状态
1		1000	0		0110	0	0001	第一次迭代
2		0000	1		1100	0	0010	Δx 溢出一个脉冲
3		1000	0		0010	1	0011	Δy 溢出一个脉冲
4		0000	1		1000	0	0100	Δx 溢出一个脉冲

续表

累加次数 m	J_{VX}(存 x_a)	$J_{RX}(\sum x_a)$	溢出 Δx	J_{VY}(存 y_a)	$J_{RY}(\sum y_a)$	溢出 Δy	终点计数器 J_E	备 注
5		1000	0		1110	0	0101	
6		0000	1		0100	1	0110	Δx、Δy 同时溢出
7		1000	0		1010	0	0111	
8		0000	1		0000	1	1000	Δx、Δy 同时溢出
9		1000	0		0110	0	1001	
10		0000	1		1100	0	1010	Δx 溢出一个脉冲
11		1000	0		0010	1	1011	Δy 溢出一个脉冲
12		0000	1		1000	0	1100	Δx 溢出一个脉冲
13		1000	0		1110	0	1101	
14		0000	1		0100	1	1110	Δx、Δy 同时溢出
15		1000	0		1010	0	1111	
16		0000	1		0000	1	0000	J_E 为零,插补结束

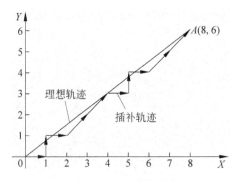

图 2-18 DDA 直线插补轨迹

以上仅讨论了数字积分法插补第 I 象限直线的原理和计算公式。插补其他象限的直线时,一般将其他各象限直线的终点坐标均取绝对值。这样,它们的插补计算公式和插补流程图与插补第 I 象限直线时一样。脉冲进给方向总是直线终点坐标绝对值增加的方向。

2.3.3 DDA 圆弧插补

下面以第 I 象限逆圆弧为例,说明 DDA 圆弧插补原理。如图 2-19 所示,设刀具沿半径为 R 的圆弧 $\overset{\frown}{AB}$ 移动,刀具沿圆弧切线方向的进给速度为 v,$P(x_i, y_i)$ 为动点,则有如下关系式:

$$\frac{v}{R} = \frac{v_x}{y_i} = \frac{v_y}{x_i} = k$$

当刀具沿圆弧切线方向匀速进给,即 v 为恒定时,可以认为 k 为常数。

在一个单位时间间隔 Δt 内,x 和 y 位移增量的参数方程可表示为

$$\begin{cases} \Delta x = v_x \Delta t = k y_i \Delta t \\ \Delta y = v_y \Delta t = k x_i \Delta t \end{cases} \quad (2-26)$$

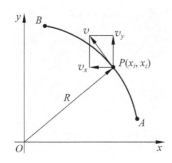

图 2-19　DDA 圆弧插补原理

依照直线插补的方法,也用两个积分器来实现圆弧插补,但必须注意 DDA 圆弧插补与直线插补的区别：

(1) 坐标值 x_i,y_i 存入被积函数寄存器 J_{VX},J_{VY} 的对应关系与直线不同,恰好位置互调,即 y_i 存入 J_{VX},而 x_i 存入 J_{VY}。

(2) 被积函数寄存器 J_{VX},J_{VY} 寄存的数值与直线插补时还有一个本质的区别：直线插补时 J_{VX},J_{VY} 寄存的是终点坐标 x_a 或 y_a,是常数；而在圆弧插补时,寄存的是动点坐标 x_i 或 y_i,是变量。因此在刀具移动过程中,必须根据刀具位置的变化来更改寄存器 J_{VX},J_{VY} 中的内容。在起点时,J_{VX},J_{VY} 分别寄存起点坐标值 y_0,x_0；在插补过程中,J_{RY} 每溢出一个 Δy 脉冲,J_{VX} 寄存器应该加"1"；反之,当 J_{RX} 溢出一个 Δx 脉冲时,J_{VY} 应该减"1"。减"1"的原因是刀具在作逆圆运动时,x 坐标作负方向进给,动点坐标不断减少。

对于其他象限的顺圆、逆圆插补运算过程和积分器结构,基本上与第Ⅰ象限逆圆弧是一致的,其区别在于控制各坐标轴的 $\Delta x,\Delta y$ 的进给方向不同,以及修改 J_{VX},J_{VY} 内容时是加"1"还是减"1",要由 x_i 和 y_i 坐标值的增减而定,如表 2-5 所示。表中,SR_1,SR_2,SR_3,SR_4 分别表示第Ⅰ、第Ⅱ、第Ⅲ、第Ⅳ象限的顺圆弧,NR_1,NR_2,NR_3,NR_4 分别表示第Ⅰ、第Ⅱ、第Ⅲ、第Ⅳ象限的逆圆弧。

表 2-10　DDA 圆弧插补时坐标值的修改

	SR_1	SR_2	SR_3	SR_4	NR_1	NR_2	NR_3	NR_4
$J_{VX}(y_i)$	-1	$+1$	-1	$+1$	$+1$	-1	$+1$	-1
$J_{VY}(x_i)$	$+1$	-1	$+1$	-1	-1	$+1$	-1	$+1$
Δx	$+$	$+$	$-$	$-$	$-$	$-$	$+$	$+$
Δy	$-$	$+$	$+$	$-$	$+$	$-$	$-$	$+$

数字积分法圆弧插补的终点判别一般采用各轴各设一个终点判别计数器,分别判别其是否到达终点。每进给一步,相应轴的终点判别计数器减 1。当某轴的终点判别计数器减为 0 时,该轴停止进给。当各轴的终点判别计数器都减为 0 时,表明到达终点,停止插补。

【例 2-5】　设第Ⅰ象限逆圆弧的起点为 $A(5,0)$,终点为 $B(0,5)$,采用 3 位寄存器。试写出 DDA 插补过程并画出插补轨迹。

解　在 x 和 y 方向分别设一个终点判别计数器 E_x,E_y,则 $E_x=5,E_y=5$。

x 积分器和 y 积分器有溢出时,在相应的终点判别计数器中减"1"。当两个计数器均为

0时,插补结束。插补计算过程如表 2-11 所示,插补轨迹如图 2-20 所示。

表 2-11 DDA 圆弧插补运算过程

累加次数 m	x 积分器			E_x	y 积分器			E_y	备 注
	J_{VX}(存 y_i)	$\sum y_i$ 存余数 J_{RX}	Δx		J_{VY}(存 x_i)	$\sum x_i$ 存余数 J_{RY}	Δy		
0	000	000	0	101	101	000	0	101	初始状态
1	000	000	0	101	101	101	0	101	第一次迭代
2	000 001	000	0	101	101	010	1	100	y 积分器溢出脉冲,修正 x 积分器的被积函数寄存器
3	001	001	0	101	101	111	0	100	
4	001 010	010	0	101	101	100	1	011	y 积分器再次溢出脉冲
5	010 011	100	0	101	101	001	1	010	y 积分器再次溢出脉冲
6	011	111	0	101	101	110	0	010	
7	011 100	010	1	100	101 100	011	1	001	x,y 积分器同时溢出脉冲
8	100	110	0	100	100	111	0	001	
9	100 101	010	1	011	100	011	1	000	y 坐标到达终点,y 积分器停止迭代
10	101	111	0	011		011			
11	101	100	1	001		011 010			x 积分器溢出脉冲
12	101	001	1	001		010 001			x 积分器溢出脉冲
13	101	110	0	001		001			
14	101	001	1	000		001 000			x 坐标到达终点,圆弧插补结束

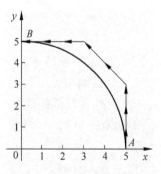

图 2-20 DDA 圆弧插补轨迹图

2.4 数字增量插补法

数据增量插补法又称数据采样插补法,是用一系列首尾相连的微小直线段去逼近零件轮廓曲线,多用于进给速度要求较高的闭环和半闭环系统。在 CNC 系统中,数字增量插补通常采用时间分割插补算法。它把加工一段直线或圆弧的整段时间细分为许多相等的时间间隔,称为单位时间间隔,也称为插补周期。每经过一个单位时间间隔,就进行一次插补计算,算出在这一时间间隔内各坐标轴的进给量,边计算,边加工,直到加工终点。

数据采样插补一般分两步完成,即粗插补和精插补。第一步是粗插补,它是在给定起点和终点的曲线之间插入若干个点,即用若干条微小直线段去逼近给定曲线。粗插补在每个插补计算周期中计算一次。第二步是精插补,它是在粗插补计算出的每一条微小直线段上再做"数据点的密化"工作,这一步相当于对直线的脉冲增量插补。粗插补是在每个插补周期内计算出坐标位置增量值,而精插补是在每个采样周期内采样实际位置增量值及插补输出的指令位置增量值,然后求得跟随误差。在实际应用中,粗插补通常由软件实现;精插补既可以用软件,也可以用硬件来实现。

2.4.1 插补周期的选择

1. 插补周期与精度和速度的关系

在直线插补时,插补所形成的每个小直线段与给定的直线重合,不会造成轨迹误差。在圆插补时,一般用内接弦线或内外均差弦线来逼近圆弧,这种逼近必然造成轨迹误差。图 2-21 所示为用内接弦线逼近圆弧,其最大半径误差 e_R 与步距角 δ 的关系为

$$e_R = R\left(1 - \cos\frac{\delta}{2}\right) \quad (2-27)$$

将 $\cos\frac{\delta}{2}$ 用幂级数展开,得

$$e_R = \frac{\delta^2}{8}R \quad (2-28)$$

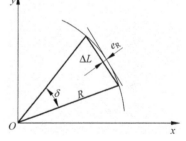

图 2-21 用弦线逼近圆弧

由于步距角 δ 很小,则

$$\delta = \frac{\Delta L}{R}$$

又由于进给步长 $\Delta L = Tv$,则最大半径误差为

$$e_R = \frac{\delta^2}{8}R = \frac{\Delta L^2}{8} \cdot \frac{1}{R} = \frac{(Tv)^2}{8} \cdot \frac{1}{R} \quad (2-29)$$

式中,T 为插补周期;v 为刀具移动速度;R 为圆弧半径。

由式(2-29)可知,圆弧插补时,插补周期 T 分别与误差 e_R、半径 R 和速度 v 有关。在给定圆弧半径和弦线误差极限的情况下,插补周期应尽可能小,以便获得尽可能大的加工速度。

2. 插补周期与插补运算时间的关系

根据完成某种插补运算所需的最大指令条数,可以大致确定插补运算所占用的 CPU 时间。一般来说,插补周期 T 必须大于插补运算所占用的微处理器时间与执行其他实时任务所需时间之和。

3. 插补周期与位置反馈采样的关系

插补周期 T 与位置反馈采样周期可以相同,也可以是采样周期的整数倍,其典型值为 2 倍。

例如,FANUC 7M 系统的插补周期为 8ms,位置反馈采样周期为 4ms。美国 A-B 公司的 7360CNC 系统的插补周期为 10.24ms,德国 SIEMENS 公司的 System-7 CNC 系统的插补周期为 8ms。随着微处理器的运算处理速度越来越高,为了提高 CNC 系统的响应速度和轨迹精度,插补周期越来越短。

2.4.2 数据采样插补原理

1. 数据采样直线插补算法

在 xy 平面上对直线 OA 进行插补,直线的起点在坐标原点 O,终点为 $A(x_a, y_a)$,如图 2-22 所示。刀具移动速度为 v,插补周期为 T,则每个插补周期的进给步长为

$$\Delta L = Tv$$

进给步长 ΔL 在 x 轴和 y 轴的位移增量分别为 Δx 和 Δy,则

$$\begin{cases} \Delta x = \dfrac{\Delta L}{L} x_a = k x_a \\ \Delta y = \dfrac{\Delta L}{L} y_a = k y_a \end{cases} \tag{2-30}$$

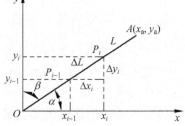

图 2-22 数据采样直线插补法原理

式中,k 为系数,$k = \dfrac{\Delta L}{L}$。其中,直线段长度 $L = \sqrt{x_a^2 + y_a^2}$。

插补第 i 点的动点坐标为

$$\begin{cases} x_i = x_{i-1} + \Delta x = x_{i-1} + k x_a \\ y_i = y_{i-1} + \Delta y = y_{i-1} + k y_a \end{cases} \tag{2-31}$$

2. 数据采样圆弧插补算法

圆弧插补是在满足精度要求的前提下,用弦或割线进给代替弧进给,即用直线逼近圆弧。由于圆弧是二次曲线,所以其插补点的计算要比直线插补复杂得多。

(1) 内接弦线法圆弧插补

图 2-23 所示为一个顺时针圆弧,前一个插补点为 $A(x_i, y_i)$,后一个插补点为 $B(x_{i+1}, y_{i+1})$。插补从 A 点到达 B 点,x 轴的坐标增量为 Δx,y 轴的坐标增量为 Δy。内接弦线法实质上是求在一次插补周期内,x 轴和 y 轴的进给量 Δx 和 Δy。

$$\begin{cases} x_i = x_{i-1} + \Delta x \\ y_i = y_{i-1} + \Delta y \end{cases} \tag{2-32}$$

(2) 扩展 DDA 圆弧插补

如图 2-24 所示，加工半径为 R 的圆弧 $\widehat{AD}$。设刀具处在 $A_{i-1}(x_{i-1},y_{i-1})$ 点的位置，线段 $A_{i-1}A_i$ 是 DDA 圆弧插补后沿切线方向的轮廓进给步长。显然，在一个插补周期 T 内，DDA 圆弧插补法刀具的进给步长 $A_{i-1}A_i=\Delta L$。

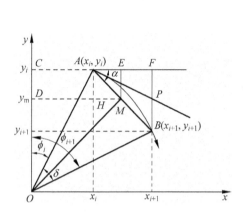

图 2-23 内接弦线法圆弧插补

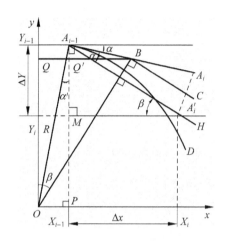

图 2-24 扩展的 DDA 圆弧插补

刀具进给一个步长后，点 A_i 偏离圆弧要求的轨迹较远，径向误差较大。若通过线段 $A_{i-1}A_i$ 的中点 B，作以 OB 为半径的圆弧切线 BC；再通过 A_{i-1} 点作直线 $A_{i-1}H$，使其平行于 BC，并在 $A_{i-1}H$ 上截取直线段 $A_{i-1}A'_i$，使 $A_{i-1}A'_i=A_{i-1}A_i=\Delta L$。可以证明，$A'_i$ 点必定在圆弧 $\widehat{AD}$ 外。扩展 DDA 圆弧插补就是用线段 $A_{i-1}A'_i$ 代替 $A_{i-1}A_i$ 切线段进给。在一个采样周期内计算的结果，应是刀具从 A_{i-1} 点沿弦线进给到 A'_i 点，这样进给使径向误差大大减小了。这种用割线进给代替切线进给的方法称为扩展 DDA 圆弧插补法。

采用扩展的 DDA 圆弧插补法，计算机数控装置只需进行加、减法及有限次数的乘法运算，因而计算较方便，速度较快。当插补周期 T、进给速度 v 和加工圆弧的半径 R 相同时，扩展 DDA 圆弧插补法的精度更高。

2.5 刀具补偿原理

数控系统对刀具的控制是以刀架参考点为基准的。编程的轨迹为零件轮廓轨迹，如不作处理，数控系统仅能控制刀架的参考点实现加工轨迹，但实际上是用刀具的"刀尖"来加工的，这就需要在刀架的参考点和加工刀具的"刀尖"之间进行位置偏置。这种位置偏置由两部分组成：刀具长度补偿和刀具半径补偿。对于不同类型的机床与刀具，需要考虑的刀具补偿参数也不同。对于车刀，需要两个坐标长度补偿和刀尖半径补偿；对于铣刀，需要刀具长度补偿和刀具半径补偿；对于钻头，只有一个长度补偿。

2.5.1　刀具长度补偿原理

刀具长度补偿用于刀具轴向的进给补偿,它可以使刀具在轴向的实际进刀量比编程给定值增加或减少一个补偿值,即

实际位置＝程序指令值±长度补偿值

在 FANUC 系统中,如果编程使用指令:

G43 G00 Z ＿ H ＿;

可以将 Z 轴运动的终点向正向偏移一个刀具长度补偿值,也就是说,Z 轴到达的实际位置为程序指令值与长度补偿值相加的位置。刀具长度补偿值等于 H 指令的补偿号存储的补偿值。

如果编程使用指令:

G44 G00 Z ＿ H ＿;

可以将 Z 轴运动的终点向负向偏移一个刀具长度补偿值,也就是说,Z 轴到达的实际位置为程序指令值与长度补偿值相减的位置。

刀具磨损或损坏后更换新的刀具时,不需要更改加工程序,可以直接修改刀具补偿值。取消刀具长度补偿指令用 G49 表示,并使 Z 轴运动到不加补偿值的指令位置。

在 SIEMENS 系统中,只要调用刀具 T ＿号,刀具长度补偿立即生效。刀具长度补偿值等于刀具号 T ＿的参数中的长度 l_1 中的补偿值。

在加工中心上加工零件时,必须预先把每把刀具的长度补偿值存储在相应的长度补偿号中。加工时,执行换刀指令后,根据 H 指令的补偿号,相应地增加或减少一个补偿值,加工出所要求的轨迹。

2.5.2　刀具半径补偿原理

1. 刀具半径补偿的作用

在轮廓加工过程中,由于刀具总有一定的半径,刀具中心的运动轨迹并不等于所需加工零件的实际轮廓。在进行内轮廓加工时,刀具中心偏移零件的内轮廓表面一个刀具半径值。在进行外轮廓加工时,刀具中心偏移零件的外轮廓表面一个刀具半径值。这种自动偏移计算称为刀具半径补偿。刀具半径补偿方法主要分为 B 功能刀具半径补偿和 C 功能刀具半径补偿。

现代 CNC 系统都具备完善的刀具半径补偿功能,刀具半径补偿通常不是程序编制人员完成的,编程员只是按零件的加工轮廓编制程序,同时使用 G41/G42 指令,使刀具向左侧补偿或向右侧补偿,实际的刀具半径补偿是在 CNC 系统内部由计算机自动完成的。

准备功能 G 代码中的 G40、G41 和 G42 是刀具半径补偿功能指令。G40 用于取消刀具半径补偿,G41 和 G42 用于建立刀具半径补偿。沿着刀具前进方向看,G41 是刀具位于被加工工件轮廓左侧,称为刀具半径左补偿;G42 是刀具位于被加工工件轮廓右侧,称为刀具半径右补偿。图 2-25 所示为刀具半径左补偿 G41/右补偿 G42 方向的判别。

第2章 数控系统的插补原理与刀具补偿原理

在实际零件轮廓加工过程中,刀具半径补偿的执行过程一般分为三步:

(1) 建立刀具半径补偿:即刀具从起刀点接近工件,由 G41/G42 决定刀补方向,刀具中心位于编程轮廓起始点处,与轨迹切向垂直且偏离了一个刀具半径值,如图 2-26 所示。

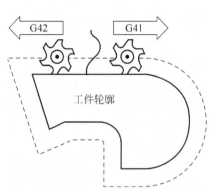

图 2-25 刀具半径左补偿 G41/右补偿 G42

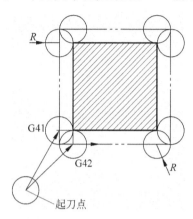

图 2-26 建立刀具半径补偿

(2) 进行刀具半径补偿:一旦建立了刀具半径补偿,就一直维持该状态,直至被撤销。在刀补进行过程中,刀具中心轨迹始终偏离程序轨迹一个刀具半径值的距离。在转接处,采用圆弧过渡或直线过渡。

(3) 撤销刀具半径补偿:刀具撤离工件,刀具中心到达编程终点。刀具半径补偿撤销用 G40 指令,在该程序段中的编程坐标值为刀具中心坐标。

刀具半径补偿仅在指定的二维平面内进行。而平面的选择由 G17(xy 平面)、G18(zx 平面)和 G19(yz 平面)指令确定。刀具半径值存储在相应刀具的补偿号 D __ 中。

2. B 功能刀具半径补偿

B 功能刀具半径补偿为基本的刀具半径补偿,它根据程序段中零件的轮廓尺寸和刀具半径计算出刀具中心的运动轨迹。对于一般的 CNC 装置,所能实现的轮廓控制仅限于直线和圆弧。对直线而言,刀具补偿后的刀具中心轨迹是与原直线相平行的直线,因此刀具补偿计算只要计算出刀具中心轨迹的起点和终点坐标值。对于圆弧而言,刀具补偿后的刀具中心轨迹是与原圆弧同心的一段圆弧,因此对圆弧的刀具补偿只需要计算出刀具补偿后圆弧的起点和终点坐标值以及刀具补偿后的圆弧半径值。

B 功能刀具半径补偿要求编程轮廓的过渡方式为圆弧过渡,即轮廓线之间以圆弧连接,并且连接处轮廓线必须相切。圆弧过渡必须用专用指令编程,如图 2-27 所示。切削内轮廓角时,刀具半径应不大于过渡圆弧的半径。

(1) 直线的 B 功能刀具半径补偿

如图 2-28 所示,被加工直线段的起点为原点 $O(0,0)$,终点 A 的坐标为 (x,y)。假定上一程序段加工完成后,刀具中心在点 O_1 且坐标值已知。刀具半径为 r,现计算刀具补偿后,直线 O_1A_1 的终点坐标 (x_1, y_1)。设刀具补偿矢量 AA_1 的投影坐标为 Δx 和 Δy,则

$$\begin{cases} x_1 = x + \Delta x \\ y_1 = y - \Delta y \end{cases} \tag{2-33}$$

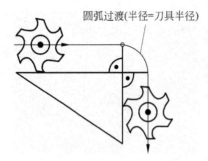

图 2-27 B 功能刀具半径补偿的圆弧过渡

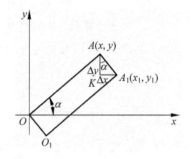

图 2-28 直线的 B 功能刀具半径补偿

由于 $\angle A_1AK = \alpha$，则

$$\begin{cases} \Delta x = r\sin\alpha = \dfrac{ry}{\sqrt{x^2+y^2}} \\ \Delta y = r\cos\alpha = \dfrac{rx}{\sqrt{x^2+y^2}} \end{cases}$$

得到直线 B 功能刀具半径补偿的计算公式为

$$\begin{cases} x_1 = x + \dfrac{ry}{\sqrt{x^2+y^2}} \\ y_1 = y - \dfrac{rx}{\sqrt{x^2+y^2}} \end{cases} \quad (2\text{-}34)$$

(2) 圆弧的 B 功能刀具半径补偿

如图 2-29 所示，设被加工圆弧的圆心坐标为 $(0,0)$，圆弧半径为 R，圆弧起点为 $A(x_0,y_0)$，终点为 $B(x_e,y_e)$，刀具半径为 r。$A_1(x_{01},y_{01})$ 为前一程序段刀具中心轨迹的终点，且坐标已知。因为是圆角过渡，A_1 点一定在半径 OA 的延长线上，与 A 点的距离为 r。A_1 点即为本程序段刀具中心轨迹的起点。现在要计算刀具中心轨迹的终点坐标 $B_1(x_{e1},y_{e1})$ 和半径 R_1。

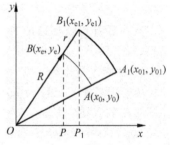

图 2-29 圆弧 B 功能刀具半径补偿

因为 B_1 在半径 OB 的延长线上，$\triangle OBP$ 与 $\triangle OB_1P_1$ 相似，则

$$\frac{x_{e1}}{x_e} = \frac{y_{e1}}{y_e} = \frac{R+r}{R}$$

得到圆弧 B 功能刀具半径补偿的计算公式为

$$\begin{cases} x_{e1} = \dfrac{x_e(R+r)}{R} \\ y_{e1} = \dfrac{y_e(R+r)}{R} \end{cases} \quad (2\text{-}35)$$

$$R_1 = R + r \quad (2\text{-}36)$$

3. C 功能刀具半径补偿

由于 B 功能刀具半径补偿只能根据本程序段进行刀具半径补偿计算，不能解决程序段

之间的过渡问题,编程人员必须将工件轮廓处理为圆弧过渡,显然很不方便。

C功能刀具半径补偿能自动处理两个相邻程序段之间连接(即尖角过渡)的各种情况,并直接求出刀具中心轨迹的转接交点,然后对原来的刀具中心轨迹作伸长或缩短修正,编程人员可完全按工件实际轮廓编程。现代数控机床普遍采用C功能刀具半径补偿。

在数控系统中,C功能刀具半径补偿方式如图2-30所示。在数控系统内,设置有工作寄存器AS,存放正在加工的程序段信息;刀补寄存器CS,存放下一个加工程序段信息;缓冲寄存器BS,存放再下一个加工程序段的信息;输出寄存器OS,存放运算结果,作为伺服系统的控制信号。因此,数控系统在工作时,总是同时存储有连续三个程序段的信息。

图2-30 C功能刀具半径补偿原理框图

当CNC系统启动后,第一段程序首先被读入BS,在BS中算得的第一段编程轨迹被送到CS暂存,又将第二段程序读入BS,算出第二段的编程轨迹。接着,对第一、二段编程轨迹的连接方式进行判别,根据判别结果对CS中的第一段编程轨迹作相应的修正;修正结束后,顺序地将修正后的第一段编程轨迹由CS送到AS,第二段编程轨迹由BS送入CS。随后,由CPU将AS中的内容送到OS进行插补运算,运算结果送往伺服机构,完成驱动动作。当修正了的第一段编程轨迹开始被执行后,利用插补间隙,CPU命令第三段程序读入BS,随后又根据BS、CS中的第三、第二段编程轨迹的连接方式,对CS中的第二段编程轨迹进行修正。如此往复,可见在C刀补工作状态下,CNC装置内总是同时存有三个程序段的信息,以保证刀补的实现。

在具体实现时,为了便于交点的计算,需对各种编程情况进行综合分析,从中找出规律。可以将C功能刀具半径补偿方法中所有的输入轨迹当作矢量进行分析。显然,直线段本身就是一个矢量,圆弧则将圆弧的起点、终点、半径及起点到终点的弦长都作为矢量。刀具半径也作为矢量,在加工过程中,它始终垂直于编程轨迹,大小等于刀具半径,方向指向刀具圆心。在直线加工时,刀具半径矢量始终垂直于刀具的移动方向;圆弧加工时,刀具半径矢量始终垂直于编程圆弧的瞬时切点的切线,方向始终在改变。

2.6 进给速度和加减速控制

数控机床的进给速度F与加工精度、表面粗糙度和生产率有着密切的关系。数控机床的进给速度应该稳定,且有一定的调速范围,启动快而不失步,停止的位置准确、不超程。为此,CNC系统必须具有加、减速控制功能。即在机床启动加速时,保证加在伺服电动机上的进给脉冲频率或电压逐渐增加;而当机床减速停止时,保证加在伺服电动机上的进给脉冲频率或电压逐渐减小。

在CNC机床中,进给速度单位由G94和G95指令确定:

G94 F＿;

其中,进给速度 F 的单位为 mm/min。

G94　F __;

其中,进给速度 F 的单位为 mm/r(只有主轴旋转才有效)。

进给速度 F 是刀具轨迹速度,它是所有移动轴速度的矢量和。进给速度 F 的实际值可通过操作面板上的倍率开关来控制。CNC 系统对进给速度控制是通过对插补速度控制来实现的。对进给速度的处理,一般分为进给速度计算和进给速度调节(或控制)两部分。

2.6.1　进给速度计算

1. 开环系统的进给速度计算

在开环系统中,坐标轴运动速度是通过控制输出给步进电动机脉冲的频率来实现的。每输出一个脉冲,步进电动机就转过一定角度,驱动坐标轴进给一个脉冲相应的距离,即脉冲当量 δ(mm/脉冲)。插补程序根据零件轮廓尺寸和进给速度 F 的编程值向各个坐标轴分配脉冲序列。其中,脉冲数提供了位置指令值,脉冲的频率确定了坐标轴进给的速度。因此,速度计算根据编程值 F 来确定这个频率值。

若进给速度 F(mm/min)与脉冲频率 f(Hz)有下列关系:

$$F = \delta f \times 60 (\text{mm/min})$$

得到

$$f = \frac{F}{60\delta} = FK$$

其中,

$$K = \frac{1}{60\delta}$$

两轴联动时,各坐标轴进给速度为

$$\begin{cases} v_x = 60\delta \cdot f_x \\ v_y = 60\delta \cdot f_y \end{cases} \tag{2-37}$$

式中,f_x、f_y 分别为发给 x 轴、y 轴方向的进给脉冲频率。进给合成速度为

$$F = \sqrt{v_x^2 + v_y^2} \tag{2-38}$$

要使进给速度稳定,需选择合适的插补算法,并采取稳速措施。

2. 闭环和半闭环系统的进给速度计算

在这种系统中采用数据采样插补方法(也就是时间分割法)时,根据编程的 F 值,将轮廓曲线分割为插补周期,即迭代周期的进给量——轮廓子步长的方法。进给速度计算的任务是:当直线时,计算出各坐标轴的插补周期的步长;当圆弧时,计算步长分配系数(角步距)。

(1) 直线插补的进给速度计算

直线插补的进给速度计算是为插补程序提供各坐标轴在同一插补周期中的运动步长。一个插补周期的步长为

$$\Delta L = \frac{FT}{60} \tag{2-39}$$

式中，F 是编程给出的合成速度(mm/min)；T 是插补周期(ms)；ΔL 是每个插补周期子线段的长度(μm)。

图 2-31 所示为直线插补的进给速度计算图。

若 x、y 轴在一个插补周期中的步长分别为 Δx、Δy，则

$$\begin{cases} \Delta x = \Delta L\cos\alpha = \dfrac{FT\cos\alpha}{60} \\ \Delta y = \Delta L\sin\alpha = \dfrac{FT\sin\alpha}{60} \end{cases} \quad (2\text{-}40)$$

式中，α 为直线与 x 轴的夹角。

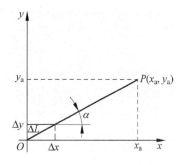

图 2-31　直线插补的进给速度计算

（2）圆弧插补的进给速度计算

圆弧插补时，由于采用的插补方法不同，把速度计算方法的步骤安排在速度计算中还是插补计算中也不相同，故在圆弧插补时，速度计算的任务是计算步长分配系数。

图 2-32 所示为圆弧插补进给速度的计算图。坐标轴在一个插补周期内的步长为

$$\begin{cases} \Delta x_i = \Delta L\cos\alpha_i = \dfrac{FT}{60} \cdot \dfrac{j_{i-1}}{R} = \lambda j_{i-1} \\ \Delta y_i = \Delta L\sin\alpha_i = \dfrac{FT}{60} \cdot \dfrac{i_{i-1}}{R} = \lambda i_{i-1} \end{cases} \quad (2\text{-}41)$$

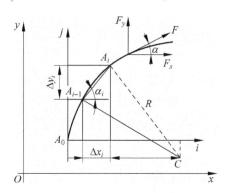

图 2-32　圆弧插补的进给速度计算图

式中，R 为圆弧半径(mm)；i_{i-1}，j_{i-1} 为圆心 C 相对于第 $i-1$ 点的坐标值(mm)；α_i 为第 i 点与第 $i-1$ 点连线与 x 轴的夹角(确切地说，是圆弧上某点的切线方向，即进给速度方向与 x 轴的夹角)；λ 为步长分配系数，$\lambda = \dfrac{FT}{60R}$。

数据处理阶段的任务就是计算步长分配系数 λ，它与圆弧上一点的坐标值的乘积可以确定下一插补周期的进给步长。

2.6.2　进给速度控制

在 CNC 系统中，进给速度控制就是用软件或软件与接口来实现上述进给速度计算。

1. 程序计时法

程序计时法也称软件延时法。用它来对进给速度进行控制，需计算出每次插补运算所占用的时间；同时，由给定的 F 值计算出相应的进给脉冲间隔时间；然后，由进给脉冲间隔

时间减去插补运算时间,得到每次插补运算后的等待时间,这可由软件实现计时等待。为使进给速度可调,延时子程序按基本计时单位设计,并在调用子程序前,先计算等待时间对基本时间单位的倍数,以便用不同的循环次数实现不同速度的控制。

一般地说,软件延时会降低 CPU 的利用率。但对于开环控制的单微处理器 CNC 系统,一次插补结束,必须在向伺服系统送出脉冲后才能进行下一次插补计算。延时就安排在一次插补计算及相关处理完成后至向伺服系统送出脉冲这段时间里,因此对 CPU 的利用率不会产生影响。

2. 时钟中断法

其中一种方法是采用一台变频振荡器,根据编程速度,经译码控制,变频振荡器发出一定频率 f 的脉冲作为中断请求信号,在中断服务程序中完成插补和输出。CPU 每接收一次中断信号,就进行一次插补运算并送出一个进给脉冲,这类似于硬件插补,每次中断要经过常规的中断处理后,再调用一次插补子程序转入插补运算。

可以用可编程定时器、计数器代替变频振荡器。通过编程进给速度改变可编程定时器、计数器的定时时间,产生不同频率的脉冲。以此脉冲作为中断请求信号,产生定时中断,在中断服务程序中完成插补和进给脉冲的输出,达到对进给速度的控制。

由于采用软件延时的方法进行速度控制不影响 CPU 的利用率,而且具有比较大的灵活性,因此常常为人们所用。

2.6.3 加减速控制

在闭环和半闭环 CNC 系统中,加速、减速控制多数都采用软件来实现,给系统带来了较大的灵活性。这种用软件实现的加速、减速控制既可以在插补前进行,也可以放在插补后进行。放在插补前的加减速控制称为前加减速控制,放在插补后的加减速控制称为后加减速控制,如图 2-33 所示。

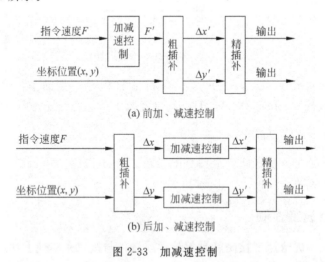

图 2-33 加减速控制

前加减速控制的优点是仅对合成速度——编程指令速度 F 进行控制,所以它不会影响实际插补输出的位置精度。前加减速控制的缺点是需要预测减速点,而这个减速点要根据

第2章 数控系统的插补原理与刀具补偿原理

实际刀具位置与程序段终点之间的距离来确定。这种预测工作需要完成的计算量较大。

后加减速控制与前加减速相反,它是对各运动分别进行加减速控制,不需要专门预测减速点,而是在插补输出为零时开始减速,并通过一定的时间延迟,逐渐靠近程序段终点。后加减速的缺点是:由于它对各运动坐标轴分别进行控制,所以在加减速控制以后,实际的各坐标轴的合成位置可能不准确。但是这种影响仅在加速或减速过程中才会有,当系统进入匀速状态时,这种影响不存在。

1. 前加减速控制

1) 稳定速度和瞬时速度

所谓稳定速度,是指系统处于稳定进给状态时,在一个插补周期内每插补一次的进给量。实际上就是编程速度 F(mm/min)需要转换成每个插补周期 T(ms)的进给量。另外,为了调速方便,设置了快速进给倍率开关、切削进给倍率开关。这样,在计算稳定速度时,还需要将这些因素考虑在内。

稳定速度的计算公式为

$$F_s = \frac{TKF}{60 \times 1000} \tag{2-42}$$

式中,F_s 为稳定速度(mm/min);T 为插补周期(ms);F 为指令速度(mm/rain);K 为速度系数,包括快速倍率、切削进给倍率等。

除此之外,稳定速度计算完毕后,要进行速度限制检查。如果稳定速度超过由参数设定的最大速度,则取限制的最大速度为稳定速度。

所谓瞬时速度,就是系统在每个插补周期的实际进给量。当系统处于稳定进给状态时,瞬时速度 F_i 等于稳定速度 F_s;当系统处于加速状态时,$F_i < F_s$;当系统处于减速状态时,$F_i > F_s$。

2) 线性加减速处理

当机床启动、停止或在切削加工过程中改变进给速度时,系统自动进行线性加(减)速处理。加(减)速速率分为快速进给和切削进给两种,它们必须作为机床参数预先设置好。设进给速度为 F(mm/min),加速到 F 所需的时间为 t(ms),则加(减)速度 a 为

$$a = \frac{1}{60} \cdot \frac{F}{t} = 1.67 \times 10^{-2} \frac{F}{t} \ (\mu m/ms^2) \tag{2-43}$$

(1) 加速处理

系统每插补一次都要进行稳定速度、瞬时速度和加减速处理。若给定的稳定速度要作改变,当计算出的稳定速度 F_s' 大于原来的稳定速度 F_s 时,需要加速;或者,给定的稳定速度 F_s 不变,而计算出的瞬时速度 $F_i < F_s$,则也要加速。每加速一次,瞬时速度为

$$F_{i+1} = F_i + at \tag{2-44}$$

新的瞬时速度 F_{i+1} 参加插补计算,对各坐标轴进行进给增量的分配。这样,一直加速到新的或给定的稳定速度为止。加速处理程序流程如图 2-34 所示。

(2) 减速处理

系统每进行一次插补运算后,都要进行终点判断,也就是要计算出离终点的瞬时距离 S_i;并按本程序段的减速标志,判别是否已到达减速区。若已到达,要进行减速。如果稳定

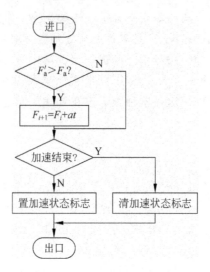

图 2-34 加速处理的原理框图

速度 F_s 和设定的加减速度 a 已确定,可用下式计算出减速区域 S:

因为
$$S = \frac{1}{2}at^2, \quad t = \frac{F_s}{a}$$

所以
$$S = \frac{F_s^2}{2a}$$

若本程序段要减速,即 $S_i \leqslant S$,则设置减速状态标志,并进行减速处理。每减速一次,瞬时速度为
$$F_{i+1} = F_i - at$$

新的瞬时速度 F_{i+1} 参加插补运算,对各坐标轴进行进给增量的分配,一直减速到新的稳定速度或减到零。如要提前一段距离开始减速,可按需要,把提前量 ΔS 作为参数预先设置好,这样,减速区域 S 的计算式为
$$S = \frac{F_s^2}{2a} + \Delta S \tag{2-45}$$

减速处理流程如图 2-35 所示。

(3) 终点判别处理

在前加、减速处理中,每次插补运算后,系统都要按求出的各轴插补进给量来计算刀具中心离开本程序段终点的距离 S_i,并以此进行终点判别和检查本程序段是否已到达减速区并开始减速。

① 直线插补时 S_i 的计算。

如图 2-36 所示,直线的起点在原点 O,终点坐标为 $P(x_a, y_a)$,其加工瞬时点 $A(x_i, y_i)$,插补计算时求得 x,y 轴的插补

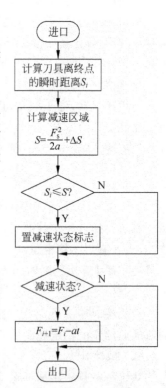

图 2-35 减速处理原理框图

进给增量 $\Delta x, \Delta y$ 后,即可得到 A 点的瞬时坐标值为

$$\begin{cases} x_i = x_{i-1} + \Delta x \\ y_i = y_{i-1} + \Delta y \end{cases} \quad (2\text{-}46)$$

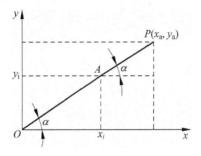

图 2-36　直线插补终点判别

设 x 轴为长轴,该轴与直线的夹角为 α,则瞬时加工点 A 离终点 $P(x_a, y_a)$ 的距离 S_i 为

$$S_i = \frac{|x_a - x_i|}{\cos\alpha} \quad (2\text{-}47)$$

② 圆弧插补时 S_i 的计算。

应按圆弧所对应的圆心角小于及大于 π 两种情况分别处理,如图 2-37 所示。

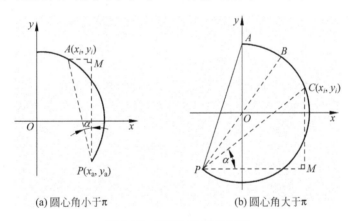

(a) 圆心角小于 π　　　(b) 圆心角大于 π

图 2-37　圆弧插补终点判别

圆心角小于 π 时,P 为圆弧终点,A 为顺圆插补过程中的某一瞬时点,则 A 点离终点的距离为

$$S_i = \frac{|MP|}{\cos\alpha} = \frac{|y_a - y_i|}{\cos\alpha} \quad (2\text{-}48)$$

圆心角大于 π 时,圆弧 $\overset{\frown}{AP}$ 的起点为 A,终点为 P,B 点为临界点,从 B 点到圆弧终点的圆弧段对应的圆心角等于 π。C 点为顺圆插补过程中的某一瞬时点。显然,瞬时点离圆弧终点的距离 S_i 的变化规律是:当瞬时加工点由 A 到 B 点时,S_i 越来越大,直到它等于直径;当加工越过临界点 B 后,S_i 越来越小。在这种情况下的终点判别,首先应判别 S_i 的变化趋势,即若 S_i 变大,则不进行终点判别处理,直到越过临界点;若 S_i 变小,再进行终点判

别处理。

2. 后加减速控制

放在插补后各坐标轴的加减速控制称为后加减速控制。后加减速控制的规律实际上与前加减速一样,通常有直线加减速控制算法和指数加减速控制算法。

(1) 直线加减速控制算法

直线加减速控制使机床启动时,速度按一定斜率的直线上升;要停止时,速度沿一定斜率的直线下降,如图 2-38 所示。这与前加减速的线性加减速控制规律完全相同。

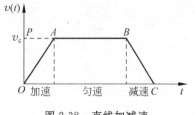
图 2-38　直线加减速

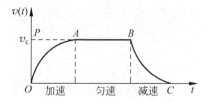
图 2-39　指数加减速

(2) 指数加减速控制算法

进行指数加减速控制的目的是将启动或停止时的速度突变,变成随时间按指数规律上升或下降,如图 2-40 所示。指数加减速度与时间的关系可用下式表示:

加速时:$v(t) = v_c (1 - e^{\frac{-t}{T}})$

匀速时:$v(t) = v_c$

减速时:$v(t) = v_c e^{\frac{-t}{T}}$

式中,T 为时间常数;v_c 为稳定速度;$v(t)$ 为被控制的输出速度。

图 2-40 所示为指数加减速控制算法的原理图。图中,Δt 表示采样周期,其作用是每个采样周期进行一次加减速运算,对输出速度进行控制。误差寄存器 E 将每个采样周期的输入速度 v_c 与输出速度 v 之差 $(v_c - v)$ 进行累加。累加的结果一方面保存在误差寄存器中;另一方面,与 $1/T$ 相乘,乘积作为当前采样周期加减速控制的输出 v。同时,v 反馈到输入端,准备下一个采样周期重复以上过程。

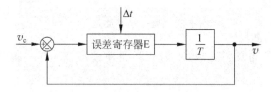
图 2-40　指数加减速控制原理图

上述过程可以用迭代公式来描述,即

$$e_i = \sum_{k=0}^{i-1} (v_c - v_k) \Delta t \tag{2-49}$$

$$v_i = e_i \cdot \frac{1}{T} \tag{2-50}$$

式中,e_i、v_i 分别为第 i 个采样周期误差寄存器 E 中的值和输出速度值,且其迭代初值 v_0、e_0 为零。

经过数学推导和处理,实用的数字增量式指数加减速迭代公式为

$$e_i = \sum_{k=0}^{i-1}(\Delta S_c - \Delta S_i) = E_{i-1} + (\Delta S_c - \Delta S_{i-1}) \tag{2-51}$$

$$\Delta S_i = e_i \frac{1}{T} \tag{2-52}$$

其中,ΔS_c 是每个采样周期加减速的输入位置增量值,即每个插补周期中粗插补运算输出的坐标位置数字增量值。ΔS_i 为第 i 个插补周期加减速输出的位置增量值。

由前述前加减速控制和后加减速控制的原理可知,前加减速控制的优点是不会影响实际插补输出的位置精度,而需要进行预测减速点的计算,花费 CPU 的时间;后加减速控制的优点是无须预测减速点,简化了计算,但在加减速过程中会产生实际的位置误差。

2.7 思考与练习

1. 什么叫逐点比较插补法?
2. 刀具的进给速度与脉冲频率有何关系?
3. 直线的起点在原点,终点坐标 $A(5,3)$。试用逐点比较法对该直线段进行插补,并画出插补轨迹。
4. 顺时针加工圆弧,圆弧的起点为 $A(4,3)$,终点为 $B(5,0)$。试对该段圆弧进行插补,并画出刀具的运动轨迹。
5. 设直线 OA 的起点在原点 $O(0,0)$,终点为 $A(7,5)$,采用 3 位寄存器。试写出直线 OA 的 DDA 插补过程并画出插补轨迹。
6. 简述数字增量插补法的基本过程。
7. 刀具半径补偿的执行过程分为哪三步?
8. 采用脉冲增量插补算法的 CNC 系统是如何进行进给速度和加减速控制的?
9. 何谓前加减速控制和后加减速控制?各有什么优缺点?

第3章 数控系统

3.1 典型数控系统介绍

数控系统是数控机床的控制核心。数控系统是数字控制系统(Numerical Control System)的简称。早期由硬件电路构成的称为硬件数控(Hard NC)。20世纪70年代以后,硬件电路元件逐步由专用的计算机代替,称之为计算机数控系统。

计算机数控(Computerized Numerical Control,CNC)系统是用计算机控制加工功能,实现数值控制的系统。它是根据计算机存储器中存储的控制程序,执行部分或全部数值控制功能,并配有接口电路和伺服驱动装置的专用计算机系统。

数控系统从1952年开始,经历了电子管、晶体管、小规模集成电路、计算机数字控制、软件和微处理器时代的发展过程。目前世界上的数控系统种类繁多,形式各异,组成结构各有特点。但是无论哪种系统,它们的基本原理和构成是相似的。

典型的数控系统有:国外以日本的发那科(FANUC)、德国的西门子(SINUMERIK)为主,国内以华中(HNC)为代表。

3.1.1 发那科(FANUC)系统

FANUC公司创建于1956年,1959年在市面上率先推出了电液步进电动机,在后来的若干年中逐步发展并完善了以硬件为主的开环数控系统。进入20世纪70年代,微电子技术、功率电子技术,尤其是计算技术飞速发展,FANUC公司毅然舍弃了使其发家的电液步进电动机数控产品,从GETTES公司引进直流伺服电动机制造技术。1976年FANUC公司研制成功数控系统5,随后又与SIEMENS公司联合研制了具有先进水平的数控系统7。从这时起,FANUC公司逐步发展成为世界上最大的专业数控系统生产厂家,产品日新月异,年年翻新。进入90年代后,其生产的大量数控机床以极高的性价比进入中国市场。FANUC还和GETTES公司建立了合资子公司GE-FANUC,主要生产工业机器人。

1979年FANUC研制出数控系统6,它是具备一般功能和部分高级功能的中档CNC系统,6M型适用于铣床和加工中心;6T型适用于车床。与过去的机型相比较,它使用了大容量磁泡存储器,专用于大规模集成电路,元件总数减少了30%。它还备有用户自己制作的特有变量型子程序的用户宏程序。

1980年在系统6的基础上,FANUC公司同时向低档和高档两个方向发展,研制了系统3和系统9。系统3是在系统6的基础上简化形成的,它体积小、成本低,容易组成机电一体化系统,适用于小型、廉价的机床。系统9是在系统6的基础上强化而形成的具有高级性能的可变软件型CNC系统。通过变换软件,可适应任何不同用途,尤其适用于加工复杂而昂贵的航空部件、要求高度可靠的多轴联动重型数控机床。

1984年FANUC公司推出新型系列产品数控10系统、11系统和12系统。该系列产品在硬件方面做了较大改进,凡是能够集成的都做成大规模集成电路,其中包含8000个门电路的专用大规模集成电路芯片有3种,其引出脚多达179个,另外的专用大规模集成电路芯片有4种,厚膜电路芯片22种;还有32位高速处理器,4Mbit磁泡存储器等,元件数比前期同类产品减少30%。由于该系列采用了光导纤维技术,使过去在数控装置与机床以及控制面板之间的几百根电缆大幅度减少,提高了抗干扰性和可靠性。该系统在DNC方面能够实现主计算机与机床、工作台、机械手、搬运车等之间各类数据的双向传送。它的PLC装置使用了独特的无触点、无极性输出和大电流、高电压输出电路,能促使强电柜的半导体化。此外,PLC编程不仅可以使用梯形图语言,还可以使用PASCAL语言,便于用户自己开发软件。数控系统10,11,12还充实了专用宏功能、自动计划功能、自动刀具补偿功能、刀具寿命管理、彩色图形显示CRT等。

1985年FANUC公司推出数控系统0,它的目标是体积小、价格低,适用于机电一体化的小型机床,它与适用于中、大型的系统10,11,12一起组成了这一时期的全新系列产品。在硬件组成以"最少的元件数量发挥最高的效能"为宗旨,采用了最新型高速高集成度处理器,共有专用大规模集成电路芯片6种,其中4种为低功耗CMOS专用大规模集成电路,专用的厚膜电路3种。三轴控制系统的主控制电路包括输入/输出接口、PMC(Programmable Machine Control)和CRT电路等都在一块大型印制电路板上,与操作面板CRT组成一体。系统0的主要特点有:彩色图形显示、会话菜单式编程、专用宏功能、多种语言(汉、德、法)显示、目录返回功能等。FANUC公司推出数控系统0以来,得到了各国用户的高度评价,它已成为世界范围内用户最多的数控系统之一。

1987年FANUC公司成功研制出数控系统15,被称为划时代的人工智能型数控系统,它应用了MMC(Man Machine Control)、CNC、PMC的新概念。系统15采用了高速度、高精度、高效率加工的数字伺服单元,数字主轴单元和纯电子式绝对位置检出器,还增加了MAP(Manufacturing Automatic Protocol)、窗口功能等。

1. **FANUC主要产品介绍**

FANUC现有产品分为以下两类:

(1) CNC产品系列:主要有16i/18i/21i系列、FANUC PowerMate i。

(2) 伺服产品系列:FANUC交流伺服电动机βi系列;FANUC直线电动机LiS系列;FANUC直线电动机LiS系列;FANUC同步内装伺服电动机DiS系列;FANUC内装主轴电动机Bi系列;FANUC-NSK主轴单元系列。

2. **系统分类**

FANUC系统早期有3系列系统及6系列系统,现有0系列、10/11/12系列、15、16、18、21系列等,应用最广的是FANUC 0系列系统。

FANUC系统的0系列机床型号划分及适用范围如下所述:

(1) 0D系列

0—TD 用于车床;

0—MD 用于铣床及小型加工中心;

0—GCD 用于圆柱磨床;

0—GSD 用于平面磨床;

0—PD 用于冲床。

(2) 0C 系统

0—TC 用于普通车床、自动车床；

0—MC 用于铣床、钻床、加工中心；

0—GCC 用于内、外磨床；

0—GSC 用于平面磨床；

0—TTC 用于双刀架、4 轴车床；

POWER MATE 0：用于 2 轴小型车床。

(3) 0i 系列

0i—MA 用于加工中心、铣床；

0i—TA 用于车床，可控制 4 轴；

16i 用于最大 8 轴，6 轴联动；

18i 用于最大 6 轴，4 轴联动；

160/18MC 用于加工中心、铣床、平面磨床；

160/18TC 用于车床、磨床；

160/18DMC 用于加工中心、铣床、平面磨床的开放式 CNC 系统；

160/180TC 用于车床、圆柱磨床的开放式 CNC 系统。

FANUC 系统在设计中大量采用模块化结构。这种结构易于拆装，各个控制板高度集成，使可靠性有很大提高，而且便于维修、更换。FANUC 系统设计了比较健全的自我保护电路。系统性能稳定，操作界面友好，各系列总体结构非常类似，具有基本统一的操作界面。FANUC 系统可以在较为宽泛的环境中使用，对于电压、温度等外界条件的要求不是特别高，因此适应性很强。

3.1.2　西门子(SINUMERIK)数控系统

SIEMENS 公司的数控装置采用模块化结构设计，经济性好；在一种标准硬件上配置多种软件，使它具有多种工艺类型，满足各种机床的需要，并成为系列产品。随着微电子技术的发展，越来越多地采用大规模集成电路(LSI)、表面安装器件(SMC)及应用先进加工工艺，所以新的系统结构更为紧凑，性能更强，价格更低。采用 SIMATICS 系列可编程控制器或集成式可编程控制器，用 SYEP 编程语言，具有丰富的人机对话功能，具有多种语言的显示。

SIEMENS 数控系统不仅提供先进的技术，其灵活的二次开发能力使之非常适合于教学应用。学习者通过在一般教学环境下的培训，就能掌握包括用在高端系统上的数控技术与过程。SIEMENS 还为数控领域的职业教育设计了专门的以教学仿真软件 SINUTRAIN 为核心的数控教育培训体系，通过由浅入深的操作编程培训及真实的模拟环境，提高学习者的全面技术水平和能力。

SIEMENS 系统是一个集成所有数控系统元件(数字控制器、可编程控制器、人机操作界面)于一体的操作面板安装形式的控制系统。所配套的驱动系统接口采用 SIEMENS 公司全新设计的可分布式安装以简化系统结构的驱动技术。这种新的驱动技术所提供的接口可以连接多达6轴数字驱动。外部设备通过现场控制总线 PROFIBUS、MPI 连接。这种新的驱动接口连接技术只需要最少数量的几根连线就可以进行非常简单而容易的安装。

SINUMERIK 系统为标准的数控车床和数控铣床提供了完备的功能,其配套的模块化结构的驱动系统为各种应用提供了极大的灵活性。在性能方面,经过改进的工程设计软件帮助用户完成从项目开始阶段的设计选型。接口实现的最新数字式驱动技术提供了统一的数字式接口标准;各种驱动功能按照模块化设计,可以根据性能要求和智能化要求灵活安排;各种模块不需要电池及风扇,因而无须任何维护。使用的标准闪存卡(CF)可以方便地备份全部调试数据文件和子程序;通过闪存卡(CF)可以对加工程序进行快速处理,通过连接端子使用两个电子手轮。

SIEMENS 数控系统是 SIEMENS 集团旗下自动化与驱动集团的产品。SIEMENS 数控系统 SINUMERIK 发展了很多代。SIEMENS 公司 CNC 装置主要有 SINUMERIK3/8/810/820/850/880/805/802/840 系列。目前广泛使用的主要有 802、810、840 等几种类型。

可以用一个简要的图表对 SIEMENS 各系统的定位进行描述,如图 3-1 所示。

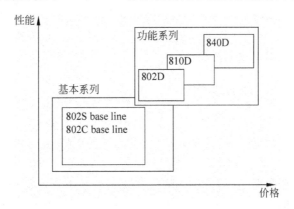

图 3-1　SIEMENS 各系统的性价比较

(1) SINUMERIK 802D

具有免维护性能的 SINUMERIK 802D,其核心部件 PCU（面板控制单元）将 CNC、PLC、人机界面和通信等功能集成为一体,可靠性高、易于安装。

SINUMERIK 802D 可控制 4 个进给轴和 1 个数字或模拟主轴。通过生产现场总线 PROFIBUS 将驱动器、输入/输出模块连接起来。

模块化的驱动装置 SIMODRIVE 611Ue 配套 1FK6 系列伺服电动机,为机床提供了全数字化的动力。

通过视窗化的调试工具软件,可以便捷地设置驱动参数,并对驱动器的控制参数进行动态优化。

SINUMERIK 802D 集成了内置 PLC 系统,对机床进行逻辑控制。它采用标准的 PLC 编程语言 Micro/WIN 进行控制逻辑设计,并且随机提供标准的 PLC 子程序库和实例程序,简化了制造厂设计过程,缩短了设计周期。

(2) SINUMERIK 810D

在数字化控制的领域,SINUMERIK 810D 第一次将 CNC 和驱动控制集成在一块板子上。

它快速的循环处理能力,使其在模块加工中独显威力。

SINUMERIK 810D NC 软件选件的一系列突出优势帮助用户在竞争中脱颖而出。例如,提前预测功能,可以在集成控制系统上实现快速控制。

另一个例子是坐标变换功能。固定点停止,可以用来卡紧工件或定义简单参考点。模拟量控制模拟信号输出。

刀具管理也是另一种功能强大的管理软件选件。

样条插补功能(A、B、C 样条)用来产生平滑过渡;压缩功能用来压缩 NC 记录;多项式插补功能可以提高 810D/810DE 运行速度。

温度补偿功能保证数控系统在高技术、高速度运行状态下保持正常温度。此外,系统还提供钻、铣、车等加工循环。

(3) SINUMERIK 840D

SINUMERIK 840D 数字 NC 系统用于各种复杂加工。它在复杂的系统平台上,通过系统设定而适应于各种控制技术。840D 与 SINUMERIK_611 数字驱动系统和 SIMATIC7 可编程控制器一起,构成全数字控制系统,适用于各种复杂加工任务的控制,具有优于其他系统的动态品质和控制精度的特点。

3.1.3 华中(HNC)数控系统

华中数控系统采用了以工业 PC 为硬件平台,DOS、Windows 及其丰富的支持软件为软件平台的技术路线,使主控制系统具有质量好,性能价格比高,新产品开发周期短,系统维护方便,系统更新换代和升降快,系统配套能力强,系统开放性好,便于用户二次开发和集成等许多优点。华中数控系统在其操作界面、操作习惯和编程语言上按国际通用的数控系统设计。国外系统所运行的 G 代码数控程序基本不需修改,可在华中数控系统上使用。但是,华中数控系统采用汉字用户界面,提供完善的在线帮助功能,便于用户学习和使用。系统提供类似高级语言的宏程序功能,且具有三维仿真校验和加工过程图形动态跟踪功能,图形显示形象、直观,操作、使用方、容易。

华中"世纪星"数控系统是在华中Ⅰ型、华中 2000 系列数控系统的基础上,为满足用户对低价格、高性能、简单、可靠的要求而开发的数控系统,适用于各种车、铣、加工中心等机床的控制。世纪星系列数控系统(HNC-21T、HNC-21M/22M)相对于国内外其他同等档次数控系统,具有以下几个鲜明特点:①高可靠性:选用嵌入式工业 PC;全密封防静电面板结构,超强的抗干扰能力。②高性能:最多控制轴数为 4 个进给轴和 1 个主轴,支持 4 轴联动;全汉字操作界面、故障诊断与报警、多种形式的图形加工轨迹显示和仿真,操作简便,易于掌握和使用。③低价位:与其他国内外同等档次的普及型数控系统产品相比,世纪星系列数控系统性价比较高。如果配套选用华中数控的全数字交流伺服驱动和交流永磁同步电动机、伺服主轴系统等,数控系统的整体价格只有国外同档次产品的 1/2 到 1/3。④配置灵活:可自由选配各种类型的脉冲接口、模拟接口交流伺服驱动单元或步进电动机驱动单元；除标准机床控制面板外，配置40路光电隔离开关量输入和32路功率放大开关量输出接口、手持单元接口、主轴控制接口与编码器接口，还可扩展远程128路输入/128路输出端子板。⑤真正的闭环控制：世纪星系列数控系统配置交流伺服驱动器和伺服电动机时，伺服驱动器和伺服电动机的位置信号实时反馈到数控单元，由数控单元对它们的实际运行全过程进行精确的闭环控制。

华中"世纪星"数控系统目前广泛用于车、铣、磨、锻、齿轮、仿形、激光加工、纺织、医疗等设备，适用的领域有数控机床配套、传统产业改造、数控技术教学等。

华中世纪星系列数控装置采用先进的开放式体系结构，内置嵌入式工业PC，配置7.7″彩色液晶显示屏和通用工程面板，全汉字操作界面、故障诊断与报警、多种形式的图形加工轨迹显示和仿真，操作简便，易于掌握和使用。集成进给轴接口、主轴接口、手持单元接口、内嵌式PLC接口于一体。可自由选配各种类型的脉冲接口、模拟接口的交流伺服单元或步进电动机驱动器。内部已提供标准车床控制的PLC程序，用户也可自行编制PLC程序。它采用国际标准G代码编程，与各种流行的CAD/CAM自动编程系统兼容，具有直线、圆弧、螺纹切削、刀具补偿、宏程序等功能；支持硬盘、电子盘等程序存储方式，以及软驱、DNC、以太网等程序交换功能；具有低价格、高性能，配置灵活，结构紧凑，易于使用，可靠性高等特点。

经济型数控系统从控制方法来看，一般是指开环数控系统。它具有结构简单，造价低，维修调试方便，运行维护费用低等优点，但受步进电动机矩频特性及精度、进给速度、力矩三者之间相互制约，性能的提高受到限制。所以，经济型数控系统常用于数控电火花线切割机床及一些对速度和精度要求不高的经济型数控车床、铣床等。同时，在普通机床的数控化改造中也得到了较广泛的应用。

3.2 经济型数控系统的组成

3.2.1 数控系统结构及功能

经济型数控系统根据其应用场合不同，功能有所区别，但就总体结构而言大致相同。图3-2所示为经济型数控系统的一般结构，主要有以下几个结构。

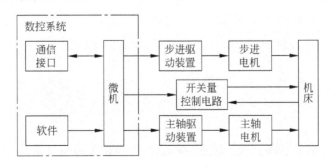

图3-2 经济型数控系统结构

(1) 微机：主要包括中央处理器(Central Processing Unit,CPU)、可擦除可编程只读存储器(Erasable Programmable Read-Only Memory,EPROM)、随机存储器(Random Access Memory,RAM)和输入/输出接口(Input/Output Interface,I/O)等电路。

(2) 驱动：由步进驱动装置与步进电机构成。在经济型数控系统中，步进电动机一般为功率式步进电动机。

(3) 开关量控制电路：负责机床侧输入/输出开关及机床操作面板与微机的连接，涉及M、S、T指令的执行。

(4) 主轴控制：由主轴电动机及主轴驱动装置组成。

(5) 通信接口：一般指RS-232C接口，完成数控系统与微机的通信。

(6) 软件系统：由系统软件与应用软件构成。

3.2.2 微机系统

微机是CNC系统的核心部件，可采用单微机系统或多微机系统，其主要职责是完成CNC的控制与计算。它在硬件方面主要包含以下几方面内容：

1. 微机机型的选择

经济型数控系统常采用单片机作为主控微机，如Intel公司的8031、8098等。就当前情况来看，经济型数控系统选择8098较为经济、合理，因其运算速度是8031的5～6倍。但8031的位处理功能很强，很适合于开关量控制。

2. 存储器的扩充

存储器分为数据存储器与程序存储器。一般情况下程序存储器主要存放系统的监控程序与控制程序，用户无须修改。常采用EPROM存储器，如2764或27256等芯片。数据存储器用来存放用户程序、中间参数、运算结构等，常采用6264或62256等芯片。

3. I/O接口电路

常用并行接口芯片8255A来扩展系统I/O口的点数，用8279来控制键盘/显示。至于定时器计数器与中断系统，一般由单片机本身的资源提供。

4. 辅助电路

这一部分主要包括驱动电路、译码电路、复位电路等。驱动电路主要采用单向驱动芯片244与双向驱动芯片245；译码电路主要包括三-八译码器138；复位电路主要有上电复位与按钮复位，或二者的组合复位电路。

3.2.3 外围电路

外围电路主要包括机床控制面板输入/输出通道、步进电动机驱动装置与主轴控制装置等。

1. 输入/输出通道

输入/输出通道要充分考虑电平匹配、缓冲/锁存及信号隔离等因素，以防止信号的丢失及干扰的引入。一般对信号的隔离常采用光电隔离。该隔离方式设计简单，成本较低，而且信号隔离较可靠。

2．步进电动机的功率驱动

步进电动机的驱动主要有高低压驱动、恒流斩波驱动等。

3．主轴驱动

主轴驱动有直流驱动和交流驱动。数控系统中的微机根据数控程序中的 S（主轴转速）指令，求出主轴转速进给定值，并将给定值传送给主轴驱动装置。当采用交流交频方式时，频率给定主要有两种方式，一种为模拟量给定，另一种为数字量给定。当用模拟量给定转速时，可将微机输出的数字量经数/模（Digital-to-Analog,D/A）转换、隔离及放大滤波后送到变频器；当用数字量给定转速时，可直接经 8255A 输出，经隔离后送至变频器。

3.2.4 软件结构

经济型数控系统的软件主要完成系统的监控与控制功能，包括输入数据处理程序、插补运算程序、速度控制程序及管理和诊断程序。

1．输入数据处理程序

（1）输入：主要指由用户从操作面板上输入控制参数、补偿数据及加工程序。一般均采用键盘直接输入，故软件的作用主要是字符的读取与存取。

（2）译码：在输入的加工程序中，含有零件的轮廓信息、要求的加工速度及一些辅助信息（如主轴正、反转、停、换刀、切削液开、关等），这些信息在微机进行插补运算与控制操作之前必须翻译成机器能识别的代码，即译码。在软件设计时，常采用编译方式来完成译码。

（3）数据处理：数据处理主要包括刀具补偿、速度计算及辅助功能的处理等。刀具补偿可以采用 B 刀补或 C 刀补。从工艺角度来看，C 刀补较好。C 刀补由于计算复杂，运算时间较长，因此将刀补计算一次完成，得出刀具中心轨迹，运行时就可以不再进行刀具补偿运算了。对于要求不高的场合，可舍去刀补计算。速度计算主要是决定该加工数据段应采用什么样的速度来加工。

2．插补运算程序

插补运算是实时性很强的程序，而且算法较多，应根据系统的需要选择合适的算法，力争最优化地实现各坐标轴脉冲的分配。经济型数控系统通常采用基准脉冲插补的方式。

3．速度控制程序

速度控制是和插补运算紧密相关的，在输入指令中所给的速度一般指各坐标轴的合成速度。速度处理首先要将合成速度分解成各运动坐标方向的分速度，然后利用软件延时或定时器实现速度的控制。速度控制程序决定着插补运算的时间间隔，插补运算的输出结构控制着各坐标轴的进给。

4．系统管理程序和诊断程序

（1）管理程序：系统管理程序实质是系统监控程序，它主要负责键盘/显示的监控、中断信号的处理及各功能模块的协调。如能实现程序并行处理，可在插补运算与速度控制的空闲时刻完成数据的输入处理，从而大大提高程序的实时性。

（2）诊断程序：诊断程序主要包括系统的自诊断（如开机运行前，检查系统上各种部件的功能正常与否）和运行诊断，并能在故障发生后，给出相应的报警信息，帮助维修人员较快地找出故障原因，利于故障诊断和维修。

3.3 标准型数控系统

标准型数控系统又称为全功能数控系统,是相对于经济型数控系统而言的。标准型数控系统的功能较为齐全,其控制精度与速度都比较高,所以基本上都是闭环系统。

随着计算机技术的不断发展,现在 CNC 的结构一般均采用柔性程度较高的总线模块化的开放系统结构,其特点是将微处理器、存储器、输入/输出控制分别做成插件板,每一块插件板均有一个特定的功能,所以又称为功能模块。各功能模块间有明确的接口定义,以便相互交换信息。

3.3.1 标准型数控系统的基本组成

标准型数控系统一般由程序的输入/输出设备、通信设备、微机系统、可编程控制主轴驱动装置、进给驱动装置及位置检测装置等组成,如图 3-3 所示。

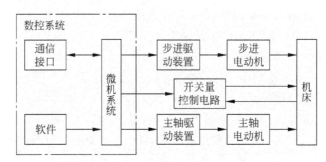

图 3-3 标准型数控系统的基本组成

3.3.2 标准型数控系统的模块功能

1. 微机控制系统

微机控制系统是 CNC 的核心,数控系统的主要信息均由它实时控制。随着计算机技术的不断发展,微机控制系统的 CPU 芯片逐步由 8086 发展到 80586、PⅡ等,而且由单微处理器系统向多微处理器系统方向发展。

2. 可编程控制器(PLC)

可编程控制器主要用来实现辅助功能,如 M、S、T 等,其控制方式主要是开关量控制。按数控系统中 PLC 的配置方式,分为内装型 PLC 和外装型 PLC。现代 CNC 系统一般采用内装型 PLC。

3. 主轴控制模块

主轴控制模块的主要任务是控制主轴转速和主轴定位。现代数控机床主轴电动机大多采用交流电动机,相应的驱动装置为变频器。CNC 只需要输出相应的控制信号到变频器,就能实现主轴转速、定位的控制。

4. 进给伺服控制模块

数控机床对进给轴的控制要求很高,它直接关系到机床位置的控制精度。进给伺服系统一般由速度控制与位置控制两个控制环节组成。CNC根据位置控制单元的信息,处理并输出控制信号,通过速度控制单元完成速度控制。

5. 检测模块

检测模块完成主轴和进给轴的位置检测。检测装置主要有光电编码器及光栅尺等,其作用就是配合主轴控制模块、进给轴控制模块完成位置的控制。

6. 输入、输出及通信模块

完成程序的输入与输出,传递人机界面所需的各种信息。

3.4 开放式数控系统

人们研究开放式数控系统的目的是建立一个统一的可重构的系统平台,增强数控系统的柔性,并能给用户提供一种统一风格的交互方式。通俗地讲,开放的目的就是使NC控制器与当今的PC类似,其系统构筑于一个开放的平台之上,具有模块化组织结构,允许用户根据需要进行选配和集成,更改或扩展系统的功能,迅速适应不同的应用需要,而且组成系统的各功能模块来源于不同的部件供应商并互相兼容。

什么是开放式数控系统?目前尚未形成统一的定义,美国电气电子工程师协会给出的开放式数控系统的定义是:能够在多种平台上运行,可以和其他系统相互操作,并能给用户提供一种统一风格的交互方式。

3.4.1 开放式数控系统的基本特点

1. 模块化

模块化是数控系统开放的基础,包括数控功能模块化和系统体系结构模块化。前者是指用户可以根据自己的要求选装所需的数控功能;后者是指数控系统内实现各个功能的算法是可分离的、可替换的。

2. 标准化

数控装置的开放是在一定的标准约束下进行的,各个公司开发的各种部件和功能模块必须符合这个标准。按此标准生产的不同公司的产品可以拼装成一台集多家公司智慧的、功能完整的控制器。

3. 可移植性

不同应用程序模块可运行于不同生产商提供的系统平台,系统软件也可运行于不同特性的硬件平台之上。因此,系统的功能软件应与设备无关,即应用统一的数据格式、控制机制,并且通过一致的设备接口,使各功能模块能运行于不同的硬件平台上。

4. 二次开发性

开放式数控系统应允许用户根据自身的需要进行二次开发。比较简单的二次开发包括用户界面的重新设计、参数设置等。深层的二次开发允许用户将自己设计的标准功能模块集成到开放式数控系统中。所以,系统应当提供接口标准,包括访问和修改系统参数的方法,以及开放式系统提供的API(应用程序接口)和其他工具。

5．网络化

现代意义上的网络化数控系统以通信和资源共享为手段，以车间乃至企业内的制造设备的有机集成为目标，支持 ISO-OSI 网络互联规范，能支持 Internet/Intranet 标准，具有很强的开放性。它的联网功能通过标准网络设备来实现，不需要其他的接口部件或者上位机。

3.4.2 开放式数控系统的体系结构

开放体系结构是从软件到硬件，从人机操作界面到底层控制内核的全方位开放。基于 PC 的开放式数控系统能充分地利用计算机的软、硬件资源，可使用通用的高级语言方便地编制程序，用户可将标准化的外设、应用软件进行灵活地组合和使用。使用计算机的同时，便于实现网络化。基于 PC 的开放式数控系统大致分为以下三种类型：

1．PC 嵌入 NC 型

这是目前采用较多的一种结构形式。它采用"PC＋运动控制器"的形式建造数控系统的硬件平台，其中以工控机（Industrial Personal Computer，IPC）为主控计算机，组件采用商用标准化模块，总线采用 PC 总线形式，同时以多轴运动控制器作为系统从机，构成主从分布式的结构体系。运动控制器通常以 PC 硬件插件的形式构成系统，完成机床运动控制、逻辑控制等功能。PC 作为系统的主处理器，主要完成系统管理、运动学计算等任务。

2．NC 嵌入 PC 型

该类型系统就是将运动控制板或整个 CNC 单元（包括集成的 PLC）插入到个人计算机的扩展槽中。PC 将实现用户接口、文件管理以及通信功能等，NC 卡将负责机床的运动控制和开关量控制。PC 完成非实时处理，实时控制由 CNC 单元或运动控制板来承担，这种方法能够方便地实现人机界面的开放化和个性化。

3．全软件型 NC

该类型系统是指 CNC 的全部功能均由 PC 实现，并通过装在 PC 上扩展槽的伺服接口卡对伺服驱动等进行控制。其软件的通用性好，编程处理灵活。这种 CNC 装置的主体是 PC，充分利用 PC 不断提高的计算速度、不断扩大的存储量和性能不断优化的操作系统，实现机床控制中的运动轨迹控制和开关量的逻辑控制。

3.5 数控系统中的通信接口

数控装置的接口是数控装置与数控系统的功能部件（主轴模块、进给伺服模块、PLC 模块等）和机床进行信息传递、交换和控制的窗口。接口在数控系统中占有重要的位置。不同功能模块与数控系统相连接，采用与其相应的输入/输出(I/O)接口。

数控装置与数控系统各个功能模块和机床之间的来往信息和控制信息不能直接连接，要通过 I/O 接口电路连接起来。该接口电路的主要任务是：

（1）进行电平转换和功率放大。因为一般数控装置的信号是 TTL 逻辑电路产生的电平,而控制机床的信号不一定是 TTL 电平,且负载较大。因此,要完成必要的信号电平转换和功率放大。

(2) 提高数控装置的抗干扰功能,防止外界的电磁干扰噪声而引起误动作。接口采用光电耦合器件或继电器,避免信号直接连接。

(3) 输入接口接收机床控制面板的各开关信号、按钮信号、机床上的各种限位开关信号及数控系统各个功能模块的运行状态信号。若输入的是触点输入信号,要消除其振动。

(4) 输出接口是将各种机床工作状态灯的信息送至机床操作面板上显示,将控制机床辅助动作信号送至可控电柜,从而控制机床主轴单元、刀库单元、液压单元、冷却单元等的继电器和接触器。

3.5.1 典型数控系统简介

目前主要的 CNC 系统包括 FANUC,SIEMENS,A-B,FAGOR,HEIDENHAIN(海德汉),三菱,NUM 等品牌。

西门子公司各数控系统的简单介绍如下:

(1) SINUMERIK 802S base line 集成所有的 CNC,PLC,HMI,I/O 于一身。

(2) SINUMERIK 802C base line 集成所有的 CNC,PLC,HMI,I/O 于一身。

(3) 具有免维护性能的 SINUMERIK 802D,其核心部件 PCU(面板控制单元)将 CNC、PLC、人机界面和通信等功能集成于一体,可靠性高,易于安装。

(4) 在数字化控制的领域中,专利产品、高度集成的 SINUMERIK 810D 第一次将 CNC 和驱动控制集成在一块板子上,可以控制 5 或 6 个轴,适用于车、铣、磨、削机床。

(5) SINUMERIK 840D 在复杂的系统平台上,通过系统设定,适于各种控制技术。840D 与 SINUMERIK_611 数字驱动系统和 SIMATICS7 可编程控制器一起,构成全数字控制系统,适于各种复杂加工任务的控制,具有优于其他系统的动态品质和控制精度。其标准的控制系统具有大量的特殊功能,如钻削、车削、铣削、磨削和手动加工技术。该系统也适用于其他特种技术,如剪切、冲压和激光加工等。

由上述介绍可知,数控机床的数字控制系统由 CNC,PLC,(I/O、HMI)及驱动系统组成。CNC 和 PLC 可以综合设计成为内装型 PLC(Built-in Type)或集成式、内含式。内装型 PLC 是 CNC 装置的一部分,一般不能独立工作。与 CNC 中 CPU 的信息交换在 CNC 内部完成,可与 CNC 装置共用一个 CPU,如 SINUMERIK802S/810D/802C 等数控系统;也可以是单独 CPU,如 FANUC 的 0 系统和 15 系统、美国 A-B 公司的 8400 系统和 8600 系统等。CNC 装置和 PLC 功能在设计时就统一考虑,因而这种类型的 PLC 在硬件和软件的整体结构上合理、实用,可靠性高,性价比高,适用于类型变化不大的数控机床。对于开放式数控系统,某些板卡支持 PLC 软件编程,如 PMAC;另外一类是专业化厂家生产的 PLC 产品,实现顺序控制,称为独立型(Stand-alone Type)PLC,或称为通用型 PLC。它具有完备的软、硬件功能,能独立完成规定的控制任务,通过输入/输出接口与 CNC 装置连接。独立型 PLC 有西门子 SIMATIC S5、S7 系列产品,以及 FANUC 公司的 PMC-J 系列产品等。

图 3-4 SINUMERIK 802S 外观图

图 3-5 SINUMERIK 840Di 外观图

3.5.2 CNC 装置的组成

1. 装置基本硬件构成

CNC 装置由 CPU,BUS,存储器,HMI,I/O 接口组成。

(1) 中央处理单元（CPU）：是 CNC 系统的核心与"头脑"，其主要功能如下：

① 可进行算术、逻辑运算；

② 可保存少量数据；

③ 能对指令进行译码，并执行规定动作；

④ 能和存储器、外设交换数据；

⑤ 提供整个系统所需的定时和控制；

⑥ 可响应其他部件发来的脉冲请求。

CPU 包括的部件有：算术、逻辑部件，累加器和通用寄存器组，程序计数器，指令寄存器，译码器及时序和控制部件。

CNC 装置中常用的 CPU 数据宽度为 8 位、16 位、32 位或 64 位。CPU 满足软件执行的实时性要求，主要体现在 CPU 的字长、运算速度、寻址能力、中断服务等方面。

(2) 总线（BUS）：是传送数据或交换信息的公共通道。CPU 板与其他模板，如存储器板、I/O 接口板等之间的连接采用标准总线。标准总线按用途分为内部总线和外部总线。数控系统中常用的内部标准总线有 S-100、MULTI BUS、STD 及 VME 等；外部总线有串行总线（如 EIA RS-232C）和并行（如 IEEE-488）总线两种。

按信息线的性质分，有以下三种总线：

① 数据总线 DB(Data Bus)：CPU 与外界传送数据的通道。

② 地址总线 AB(Address Bus)：确定传输数据的存放地址。

③ 控制总线 CB(Control Bus)：管理、控制信号的传送。

STD 总线最早在 1978 年由 Pro-Log 公司作为工业标准发明,由 STDGM 制定为 STD-80 规范,随后被批准为国际标准 IEE961。STD-80/MPX 作为 STD-80 追加标准,支持多主(MultiMaster)系统。STD 总线工控机是工业型计算机,STD 总线的 16 位总线性能满足嵌入式和实时性应用要求,特别是它的小板尺寸、垂直放置无源背板的直插式结构、丰富的工业 I/O OEM 模板、低成本、低功耗、扩展的温度范围、可调性和良好的可维护性设计,使其在空间和功耗受到严格限制的、可调性要求较高的工业自动化领域得到了广泛应用。STD 总线产品其实就是一种板卡(包括 CPU 卡)和无源母板结构。现在的工业 PC 其实和 STD 有十分近似的结构,只不过两者的金手指定义完全不同。而且 STD 在 20 世纪 80 年代前后风行一时,因为它对 8 位机(如 Z80 及其变种系列)支持较好。目前好像没有大的发展,它很难支持 32 位模式,更不用说 64 位了。它对流行的操作系统,如 Windows 的支持可能也有问题。

PROFIBUS 是世界上第一个开放式现场总线标准,从 1991 年德国颁布 FMS 标准(DIN19245)至今经历了二十余年,现在已为全世界所接受。其应用领域覆盖从机械加工、过程控制、电力、交通到楼宇自动化的各个领域。PROFIBUS 于 1995 年成为欧洲工业标准(EN50170),1999 年成为国际标准(IEC61158-3),2001 年被批准成为中华人民共和国工业自动化领域唯一的现场总线标准。PROFIBUS 在众多现场总线中以超过 40% 的市场占有率稳居榜首。西门子公司提供上千种 PROFIBUS 产品,并把它们应用在中国的许多自动控制系统中。

PROFIBUS 现场总线的优越性表现在以下几个方面:

① 符合国际标准,系统扩容与升级无障碍。

② 信号采集和系统控制模块均就近安装在采集点和控制点附近,模块之间以及模块和主控计算机之间仅使用一条通信线路连接,系统运行可靠性高,系统造价低,扩充和维修便利。

③ 充分发挥计算机网络技术的优越性,整个系统实现计算机三级网络管理,即实现现场终端设备→运行管理网络→自动化管理软件系统三部分有机结合;任意网络计算机节点上均可查询系统信息并进行相应的操作。

④ 系统状态灵活,人机界面友好;菜单式操作便于使用,易于掌握。

(3) 存储器(ROM、RAM):存放 CNC 系统控制软件、零件程序、原始数据、参数、运算中间结果和处理后的结果的器件和设备。ROM 用于固化数控系统的系统控制软件。RAM 存放可能改写的信息。

(4) HMI:包括纸带阅读机、纸带穿孔机(很少见)、键盘、操作控制面板、显示器、外部存储设备。

(5) I/O 接口 CNC 装置与被控设备之间要交换的信息有三类:开关量信号、模拟量信号和数字信号,然而这些信号一般不能直接与 CNC 装置相连,需要一个接口(即设备辅助控制接口)对这些信号进行交换处理,其目的是对上述信号进行相应的转换,输入时必须将与被控设备有关的状态信息转换成数字形式,以满足计算机对输入/输出信号的要求;输出时,应满足各种有关执行元件的输入要求。信号转换主要包括电平转换、数字量与模拟量的相互转换、数字量与脉冲量的相互转换以及功率匹配等。

接口能够阻断外部的干扰信号进入计算机,在电气上将 CNC 装置与外部信号进行隔离,以提高 CNC 装置运行的可靠性。即设备辅助控制接口的功能必须能完成电平转换、功率放大和电气隔离。

在微机中,I/O 接口包括硬件电路和软件两大部分。由于选用的 I/O 设备或接口芯片不同,I/O 接口的操作方式不同,因而其应用程度也不同。I/O 接口硬件电路主要由地址译码、I/O 读写译码和 I/O 接口芯片(如数据缓冲器和数据锁存器等)组成。在 CNC 系统中,I/O 的扩展是为控制对象或外部设备提供输入/输出通道,实现机床的控制和管理功能,如开关量控制、逻辑状态监测、键盘、显示器接口等。I/O 接口电路与其相连的外设硬件电路特性密切相关,如驱动功率、电平匹配、干扰抑制等。

I/O 接口包括人机界面接口、通信接口、进给轴位置控制接口、主轴控制接口、辅助功能控制接口等,具体介绍如下:

① 人机界面接口。包括键盘(MDI,即 Manual Data input)、显示器(CRT)、操作面板(Operator Panel)和手摇脉冲发生器(MPG)。

② 通信接口。通常,数控系统均具有标准的 RS-232 串行通信接口(DNC)。高档数控系统还具有 RS485、MAP 以及其他网络接口。

③ 进给轴的位置控制接口。完成进给速度的控制、插补运算(基准脉冲法、采样数据法)和位置闭环控制。

④ 主轴控制接口。主轴 S 功能用于无级变速、有级变速和分段无级变速;主轴的位置反馈主要用于螺纹切削功能、主轴准停功能和主轴转速监控。

⑤ 辅助功能控制接口。CNC 装置对设备的控制分为两类:一类是对各坐标轴的速度和位置的轨迹控制;另一类是对设备动作的顺序控制。顺序控制是指在数控机床运行过程中,以 CNC 内部和机床各行程开关、传感器、按钮、继电器等开关量信号状态为条件,按预先规定的逻辑顺序对诸如主轴的启停、换向,刀具的更换,工件的夹紧、松开,液压、冷却、润滑系统的运行等进行控制。辅助功能控制接口模块主要接收来自操作面板、机床上的各行程开关、传感器、按钮、强电柜里的继电器以及主轴控制、刀库控制的有关信号,经处理后输出去控制相应器件运行。

2. CNC 装置的硬件结构(单微处理机与多微处理机结构)

CNC 装置的硬件结构一般分为单微处理机和多微处理机两大类。早期的 CNC 和现在一些经济型 CNC 系统都采用单微处理机结构;随着数控系统功能增加,机床切削速度提高,为适应机床向高精度、高速度、智能化发展,适应更高层次自动化(FMS 和 CIMS)的要求,多微处理机结构得到了迅速发展。

(1) 单微处理机结构

这种结构中只有一个微处理机,采用集中控制、分时方法处理数控的各个任务。有的 CNC 装置虽然有两个以上的微处理机,但只有其中一个微处理机能够控制系统总线,占有总线资源,其他微处理机为专用的智能部件,不能访问主存储器,它们组成主从结构,也属于单微处理机结构。

单微处理机结构的框图如图 3-6 所示。从图中可看到,它主要由中央处理单元(CPU)、存储器、总线、外设、输入接口电路、输出接口电路等部分组成,这一点与普通计算机系统基本相同;不同的是,输出各坐标轴的数据信息,在位置控制环节中经过转换、放大后,推动机床工作台或刀架(负载)运动;更为重要的是由计算机输出位置信息后,运动部件应尽可能不滞后地到达指令要求的位置。

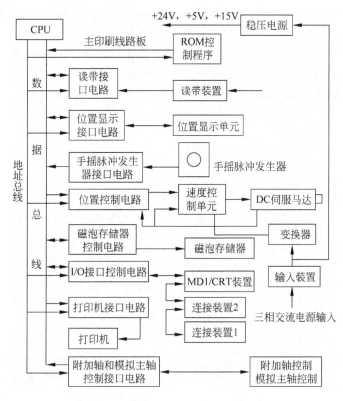

图 3-6　单微处理机 CNC 系统框图

单微处理机结构的特点如下所述：

① CNC 系统中只有一个微处理机，数据存储、插补运算、输入/输出处理、CRT 显示等功能都由它集中控制、分时处理。

② 微处理机通过总线与存储器、输入/输出控制、伺服控制及显示控制等构成 CNC 装置。

③ 单微处理机系统结构简单，各种标准电路模板可以很方便地组成所需系统。

④ 单微处理机系统由一个微处理机集中控制，其功能受字符宽度、寻址能力和运算速度等指标限制，特别是用软件实现插补功能，其处理速度较慢，实时性很差。为解决这一问题，可以增加浮点处理器或增加硬件插补器等；也可以采用多微处理机。

（2）多微处理机结构

多微处理机结构是由两个或两个以上的微处理机来构成处理部件。各处理部件之间通过一组公用地址和数据总线进行连接，每个微处理机共享系统公用存储器或 I/O 接口，每个微处理机分担系统的一部分工作，从而将在单微处理机的 CNC 装置中顺序完成的工作转为多微处理机的并行、同时完成的工作，大大提高了整个系统的处理速度。

① 多微处理机 CNC 装置的结构分类

• 共享存储器结构。多微处理机共享存储器结构的框图如图 3-7 所示，其中包括 4 个微处理机，分别承担 I/O、插补、伺服功能、零件程序编辑和 CRT 显示功能，适于 2 坐标轴的车床，3、4、5 坐标轴的加工中心。该系统主要有 4 个子系统和 1 个公共数据存储器,每个子系统按照各自存储器所存储的程序执行相应的控制功能(如插补、轴控制、I/O 等)。这种分布式处理机系统的子系统之间不能直接通信,都要与公共数据存储器通信。在公共数据存储器板上有优先级编码器,规定伺服功能微机级别最高,还有插补微机和 I/O 微机等。当 2 个以上的微机同时请求时,优先编码器决定先接收的请求,并对该请求发出承认信号;相应的微机接到信号后,把数据存到公共数据存储器的规定地址中,其他子系统从该地址读取数据。

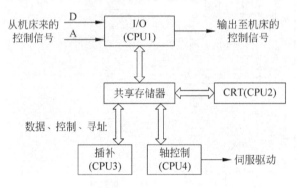

图 3-7 多微处理机共享存储器的结构

- 共享总线结构。以系统总线为中心的多微处理机结构,称多微处理机共享总线结构。CNC 装置中的各功能模块分为带有 CPU 的主模块和不带 CPU 的各种(RAM/ROM,I/O)从模块两大类。所有主、从模块都插在配有总线插座的机柜内,共享标准系统总线。系统总线的作用是把各个模块有效地连接在一起,按要求交换数据和控制信息,构成一个完整的系统,实现各种预定的功能。只有主模块有权控制、使用总线。由于某一时刻只能由 1 个主模块占有主线,因此必须由仲裁电路来裁决多个主模块同时请求使用系统总线的竞争。仲裁的目的是判别出各模块优先权的高低,而每个主模块的优先级别已按其担负任务的重要性被预先安排好。支持多微机系统的总线都有总线仲裁机构,通常有两种裁决的方式,即串行方式和并行方式。

多微处理机共享总线结构框图如图 3-8 所示。

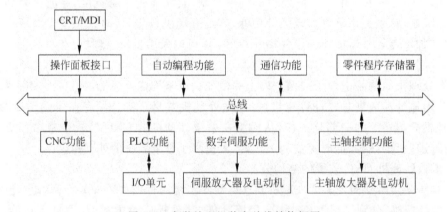

图 3-8 多微处理机共享总线结构框图

② 多微处理机的结构特点
- 性价比高。多微机结构中的每个微机完成系统中指定的一部分功能，独立执行程序。它比单微机提高了计算的处理速度，适于多轴控制、高进给速度、高精度、高效率的控制要求。由于系统采用共享资源，单个微处理机的价格又比较便宜，使 CNC 装置的性能价格比大为提高。
- 采用模块化结构，具有良好的适应性和扩展性。多微机的 CNC 装置大都采用模块化结构，可将微处理机、存储器、I/O 控制组成独立微机级的硬件模块，相应的软件也采用模块结构，固化在硬件模块中。硬件模块形成特定的功能单元，称为功能模块。功能模块间有明确定义的接口，接口是固定的，符合工厂标准或工业标准，彼此可以交换信息。这样，可以积木式地组成 CNC 装置，使 CNC 装置设计简单，适应性和扩展性好，调整、维修方便，结构紧凑，效率高。
- 硬件易于组织规模生产。由于硬件是通用的，容易配置，只要开发新的软件就可构成不同的 CNC 装置，因此多微处理机结构便于组织规模生产，且保证质量。
- 有很高的可靠性。多微处理机 CNC 装置的每个微机分管各自的任务，形成若干模块。如果某个模块出了故障，其他模块仍能照常工作。而单微处理机的 CNC 装置一旦出故障，将造成整个系统瘫痪。另外，多微处理机的 CNC 装置可实现资源共享，省去了一些重复机构，不但降低了成本，也提高了系统的可靠性。

3.5.3 软件组成

硬件是基础，软件是灵魂。

CNC 装置软件是一个典型而又复杂的专用实时控制系统。CNC 系统软件的主要任务之一就是将由零件加工程序表达的加工信息变换成各进给轴的位移指令、主轴速度指令和辅助动作指令，控制加工设备的轨迹运动和逻辑动作，加工出符合要求的零件。

CNC 系统中的软件由两部分组成：管理软件和控制软件，如图 3-9 所示。

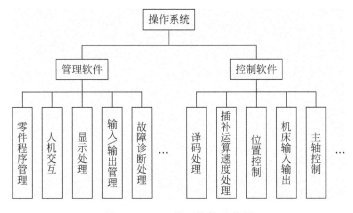

图 3-9 CNC 装置软件功能图

系统的许多控制任务，如零件程序的输入与译码、刀具半径的补偿、插补运算、位置控制以及精度补偿等都是由软件实现的。从逻辑上讲，这些任务可以看成一个个功能模块，模块之间存在耦合关系；从时间上讲，各功能模块之间存在时序配合问题。在设计CNC装置软件时，要考虑如何组织和协调这些功能模块，使之满足一定的时序和逻辑关系。

有两种类型的实时系统：软实时系统和硬实时系统。在软实时系统中，系统的宗旨是使各个任务运行得越快越好，并不要求限定某一任务必须在多长时间内完成。在硬实时系统中，各任务不仅要执行无误，而且要做到准时。大多数实时系统是二者的结合。实时系统的应用涵盖广泛的领域，而且多数实时系统是嵌入式的。这意味着计算机建在系统内部，用户看不到有台计算机在系统里面。

目前，CNC装置软件的结构模式有如下几种：

① 前后台型或超循环系统(Super-Loops)。前后台型指无操作系统支持，采用C语言编程，前台主要完成插补运算、位置控制、故障诊断等实时性强的任务；后台(也称背景程序)运行显示、零件加工程序的编辑管理、系统的输入/输出、插补预处理(译码、刀补处理、速度预处理)等弱实时性任务。应用程序是一个无限的循环程序，在前台和后台程序内无优先级等级，也无抢占机制，因而，实时性差。例如，当系统出现故障时，有时可能要延迟整整一个循环周期(最坏的情况)才能作出反应。早期的CNC装置都采用这种结构，仅适用于控制功能较简单的系统。

② 中断型结构模式。

③ 基于实时操作系统的结构模式。

3.5.4 CNC装置的优点

1. 具有灵活性和通用性

CNC装置的功能大多由软件实现，且软、硬件采用模块化的结构，使系统功能的修改、扩充较为灵活。

CNC装置的基本配置部分是通用的，不同的数控机床仅配置相应的特定的功能模块，就能实现特定的控制功能。

2. 数控功能丰富

(1) 插补功能：二次曲线、样条、空间曲面插补。

(2) 补偿功能：运动精度补偿、随机误差补偿、非线性误差补偿等。

(3) 人机对话功能：加工的动、静态跟踪显示，高级人机对话窗口。

(4) 编程功能：G代码、蓝图编程、部分自动编程功能。

3. 可靠性高

CNC装置采用集成度高的电子元件、芯片，采用VLSI本身就是可靠性的保证。

4. 软件功能强大

许多功能由软件实现，使硬件的数量减少。

5. 故障诊断与保护功能丰富

丰富的故障诊断及保护功能(大多由软件实现)，使系统的故障发生频率和发生故障后的修复时间降低。

6. 使用维护方便

(1) 操作使用方便：用户只需根据菜单的提示，便可进行正确操作。

(2) 编程方便：具有多种编程功能、程序自动校验和模拟仿真功能。

(3) 维护维修方便：部分日常维护工作自动进行（润滑、关键部件的定期检查等），具有数控机床的自诊断功能，可迅速实现故障准确定位。

7. 易于实现机电一体化

数控系统控制柜的体积小（采用计算机，硬件数量减少；电子元件的集成度越来越高，硬件不断减小），使其与机床在物理上结合在一起成为可能，减少占地面积，方便操作。

3.5.5 CNC 装置的功能

从外部特征来看，CNC 装置由硬件（通用硬件和专用硬件）和软件（专用）两大部分组成。CNC 装置的功能包括基本功能和辅助功能。

基本功能指数控系统基本配置的功能，即必备的功能，包括插补功能、控制功能、准备功能、进给功能、刀具管理功能、主轴功能、辅助功能、字符显示功能。

辅助功能指用户可以根据实际要求选择的功能，包括补偿功能、固定循环功能、图形显示功能、通信功能、人机对话功能。

(1) 控制功能

指 CNC 能控制和能联动控制的进给轴数。CNC 控制的进给轴包括移动轴和回转轴，基本轴和附加轴。例如，数控车床至少需要两轴联动；在具有多刀架的车床上，需要两轴以上的控制轴；数控镗铣床、加工中心等需要有 3 根或 3 根以上的控制轴。联动控制轴数越多，CNC 系统越复杂，编程越困难。

(2) 准备功能

即 G 功能，是指令机床动作方式的功能。

(3) 插补功能和固定循环功能

所谓插补功能，是数控系统实现零件轮廓（平面或空间）加工轨迹运算的功能。一般 CNC 系统仅具有直线和圆弧插补，现在较高档的数控系统还备有抛物线、椭圆、极坐标、正弦线、螺旋线以及样条曲线插补等功能。在数控加工过程中，有些加工工序，如钻孔、攻螺纹、镗孔、深孔钻削和切螺纹等，所需完成的动作循环十分典型，而且重复进行，数控系统事先将这些典型的固定循环用 G 代码定义，加工时可直接使用代码完成典型的动作循环，大大简化了编程工作。

(4) 进给功能

指数控系统进给速度的控制功能，主要有以下三种：

① 进给速度：控制刀具相对工件的运动速度，单位为 mm/min。

② 同步进给速度：实现切削速度和进给速度的同步，单位为 mm/r，用于加工螺纹。

③ 进给倍率（进给修调率）：人工实时修调进给速度。即通过面板的倍率波段开关，在 0%～200% 之间对预先设定的进给速度实现实时修调。

(5) 主轴功能

指数控装置的主轴的控制功能，主要有以下几种：

① 切削速度（主轴转速）：刀具切削点切削速度的控制功能，单位为 m/min 或 r/min。

② 恒线速度控制：刀具切削点的切削速度为恒速控制的功能，如端面车削的恒速

控制。

③ 主轴定向控制：主轴周向定位于特定位置控制的功能。

④ C 轴控制：主轴周向任意位置控制的功能。

⑤ 切削倍率（主轴修调率）：人工实时修调切削速度。即通过面板的倍率波段开关，在 0%～200%之间对预先设定的主轴速度实现实时修调。

(6) 辅助功能

即 M 功能，用于指令机床辅助操作的功能。

(7) 刀具管理功能

实现对刀具几何尺寸和刀具寿命的管理功能，加工中心都应具有此功能。刀具几何尺寸是指刀具的半径和长度，这些参数供刀具补偿功能使用；刀具寿命一般指时间寿命，当某刀具的时间寿命到期时，CNC 系统将提示用户更换刀具。另外，CNC 装置都具有 T 功能即刀具号管理功能，用于标识刀库中的刀具并自动选择加工刀具。

(8) 补偿功能

① 刀具半径和长度补偿功能：该功能按零件轮廓编制的程序控制刀具中心的轨迹，或者在刀具磨损或更换时（刀具半径和长度变化），对刀具半径或长度作相应的补偿。该功能由 G 指令实现。

② 传动链误差：包括螺距误差补偿和反向间隙误差补偿功能，即事先测量出螺距误差和反向间隙，并按要求输入到 CNC 装置相应的存储单元内。在坐标轴运行时，对螺距误差进行补偿；在坐标轴反向时，对反向间隙进行补偿。

③ 智能补偿功能：对诸如机床几何误差造成的综合加工误差、热变形引起的误差、静态弹性变形误差以及由刀具磨损所带来的加工误差等，都可采用现代先进的人工智能、专家系统等技术建立模型，利用模型实施在线智能补偿。这是数控技术正在研究、开发的新技术。

(9) 人机对话功能

在 CNC 装置中配有单色或彩色 CRT，通过软件可实现字符和图形的显示，以方便用户的操作和使用。在 CNC 装置中，这类功能包括菜单结构的操作界面，零件加工程序的编辑环境，系统和机床参数、状态、故障信息的显示、查询或修改画面等。

(10) 自诊断功能

一般的 CNC 装置或多或少都具有自诊断功能，尤其是现代的 CNC 装置，这些自诊断功能主要由软件来实现。具有此功能的 CNC 装置可以在故障出现后迅速查明故障的类型及部位，便于及时排除故障，减少故障停机时间。

通常情况下，不同的 CNC 装置所设置的诊断程序不同，可以包含在系统程序之中，在系统运行过程中进行检查；也可以作为服务性程序，在系统运行前或故障停机后进行诊断，查找故障的部位；有的 CNC 装置可以进行远程通信诊断。

(11) 通信功能

指 CNC 装置与外界进行信息和数据交换的功能。通常情况下，CNC 装置都具有 RS-232C 接口，可与上级计算机通信，传送零件加工程序；有的还备有 DNC 接口，便于实现直接数控；更高档的系统还可与 MAP（制造自动化协议）相连，以适应 FMS、CIMS、IMS 等大制造系统集成的要求。

3.6 思考与练习

1. 典型的数控系统有哪些？
2. 经济型数控机床包含哪些结构？
3. 数控机床软件结构包含哪些内容？
4. 开放式数控系统有哪些特点？
5. CNC 装置硬件由哪些结构组成？
6. 多微处理器有哪些特点？
7. CNC 装置的功能有哪些？

第4章 位置检测装置

位置检测装置也是数控机床的重要组成部分。在闭环、半闭环控制系统中,它的主要作用是检测位移和速度,并发出反馈信号,构成闭环或半闭环控制。数控机床对位置检测装置的要求如下:①工作可靠,抗干扰能力强;②满足精度和速度的要求;③易于安装,维护方便,适应机床工作环境,成本低。

检测装置是数控机床闭环伺服系统的重要组成部分。它的主要作用是检测位移和速度,并发出反馈信号与数控装置发出的指令信号进行比较。若有偏差,经过放大后控制执行部件,使其向消除偏差的方向运动,直至偏差为零为止。闭环控制的数控机床的加工精度主要取决于检测系统的精度。因此,精密检测装置是高精度数控机床的重要保证。一般来说,数控机床上使用的检测装置应满足以下要求:

① 准确性好,满足精度要求,工作可靠,能长期保持精度。
② 满足速度、精度和机床工作行程的要求。
③ 可靠性好,抗干扰性强,适应机床工作环境的要求。
④ 使用、维护和安装方便,成本低。

位置检测装置按工作条件和测量要求不同,有下面几种分类方法:

1. 直接测量和间接测量

(1) 直接测量

直接测量是将直线型检测装置安装在移动部件上,用来直接测量工作台的直线位移,作为全闭环伺服系统的位置反馈信号,而构成位置闭环控制。其优点是准确性高、可靠性好,缺点是测量装置要和工作台行程等长,所以在大型数控机床上受到一定限制。

(2) 间接测量

它是将旋转型检测装置安装在驱动电机轴或滚珠丝杠上,通过检测转动件的角位移来间接测量机床工作台的直线位移,作为半闭环伺服系统的位置反馈。其优点是测量方便、无长度限制;缺点是测量信号中增加了由回转运动转变为直线运动的传动链误差,影响了测量精度。

2. 数字式测量和模拟式测量

(1) 数字式测量

它是将被测的量以数字形式表示。测量信号一般为脉冲,可以直接把它送到数控装置进行比较、处理。信号抗干扰能力强,处理简单。

(2) 模拟式测量

它是将被测的量用连续变量来表示,如电压变化、相位变化等。它对信号处理的方法相对来说比较复杂。

3. 增量式测量和绝对式测量

(1) 增量式测量

在轮廓控制数控机床上多采用这种测量方式。增量式测量只测相对位移量,如测量单位为 0.001mm,则每移动 0.001mm 就发出一个脉冲信号。其优点是测量装置较简单,任何一个对中点都可以作为测量的起点,移距由测量信号计数累加所得,但一旦计数有误,以后测量所得结果完全错误。

(2) 绝对式测量

绝对式测量装置对于被测量的任意一点位置均由固定的零点标起,每一个被测点都有一个相应的测量值。其测量装置的结构较增量式复杂,如编码盘中,对应于码盘的每一个角度位置都有一组二进制位数。显然,分辨精度要求愈高,量程愈大,所要求的二进制位数愈多,结构就愈复杂。

通常,数控机床检测装置的分辨率为 0.0001～0.01mm/m,测量精度为 ±0.001～0.01mm/m,能满足机床工作台以 1～10m/min 的速度运行。不同类型的数控机床对检测装置的精度和适应的速度要求是不同的。对于大型机床来说,以满足速度要求为主;对于中、小型机床和高精度机床来说,以满足精度为主。

表 4-1 所示为目前数控机床中常用的位置检测装置。

表 4-1 位置检测装置的分类

类型	数 字 式		模 拟 式	
	增量式	绝对式	增量式	绝对式
回转型	圆光栅	编码器	旋转变压器、圆形磁栅、圆感应同步器	多极旋转变压器
直线型	长光栅、激光干涉仪	编码尺	直线感应同步器、磁栅、容栅	绝对值式磁尺

4.1 旋转编码器

旋转编码器是一种旋转式的角位移检测装置,在数控机床中得到了广泛使用。旋转编码器通常安装在被测轴上,随被测轴一起转动,直接将被测角位移转换成数字(脉冲)信号,所以也称为旋转脉冲编码器。这种测量方式没有累积误差。旋转编码器也可用来检测转速。

4.1.1 旋转编码器的分类和结构

旋转编码器是一种旋转式脉冲发生器,把机械转角转化为脉冲。它是数控机床上应用广泛的位置检测装置,同时作为速度检测装置用于速度检测。

根据旋转编码器的结构,分为光电式、接触式、电磁感应式三种。从精度和可靠性方面来看,光电式编码器优于其他两种。数控机床上常用的是光电式编码器。

旋转编码器是一种增量检测装置,它的型号由每转发出的脉冲数来区分。数控机床上常用的旋转编码器每转的脉冲数有 2000p/r、2500p/r 和 3000p/r 等。在高速、高精度的数字伺服系统中,应用高分辨率的旋转编码器,如 20000p/r、25000p/r 和 30000p/r 等。

旋转编码器的结构如图 4-1 所示。在一个圆盘的圆周上刻有相等间距的线纹,分为透明和不透明部分,称为圆光栅。圆光栅和工作轴一起旋转。与圆光栅相对,平行放置一个固定的扇形薄片,称为指示光栅;上面制有相差 1/4 节距的两个狭缝,称为辨向狭缝。此外,还有一个零位狭缝(一转发出一个脉冲)。旋转编码器与伺服电动机相连,它的法兰盘固定在伺服电动机的端面上,构成一个完整的检测装置。

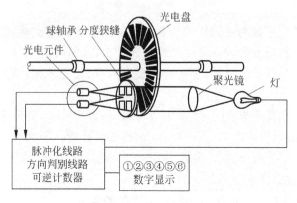

图 4-1 旋转编码器的结构示意图

4.1.2 光电旋转编码器的工作原理

当圆光栅旋转时,光线透过两个光栅的线纹部分,形成明暗条纹。光电元件接收这些明暗相间的光信号,转换为交替变化的电信号,该信号为两组近似于正弦波的电流信号 A 和 B(如图 4-2 所示)。A 和 B 信号的相位相差 90°,经放大整形后变成方波,形成两个光栅的信号。光电编码器还有一个"一转脉冲",称为 Z 相脉冲,每转产生一个,用来产生机床的基准点。

光电式旋转编码器由光源、聚光镜、光电盘、圆盘、光电元件和信号处理电路等组成(如图 4-1 所示)。光电盘用玻璃材料研磨抛光制成。玻璃表面在真空中镀上一层不透光的铬,然后用照相腐蚀法在上面制成向心透光窄缝。透光窄缝在圆周上等分,其数量从几百条到几千条

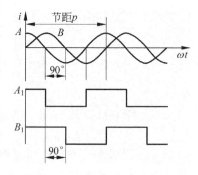

图 4-2 脉冲编码器的输出波形

不等。圆盘也用玻璃材料研磨抛光制成,其透光窄缝为两条,每一条后面安装有一只光电元件。光电盘与工作轴连在一起,光电盘转动时,每转过一个缝隙,就发生一次光线的明暗变化。光电元件把通过光电盘和圆盘射来的忽明忽暗的光信号转换为近似正弦波的电信号,经过整形、放大和微分处理后,输出脉冲信号。通过记录脉冲的数目,就可以测出转角。测出脉冲的变化率,即单位时间脉冲的数目,就可以求出速度。

为了判断旋转方向,圆盘的两个窄缝距离彼此错开 1/4 节距,使两个光电元件输出信号相位差 90°。如图 4-2 所示,A,B 信号为具有 90° 相位差的正弦波,经放大和整形变为方波 A_1,B_1。

设 A 相比 B 相超前时为正方向旋转,则 B 相超前 A 相就是负方向旋转。利用 A 相与 B 相的相位关系,可以判别旋转方向。此外,在光电盘的里圈不透光圆环上刻有一条透光条纹,用于产生每转一个的零位脉冲信号,它使轴旋转一周,在固定位置上产生一个脉冲。

旋转编码器的输出信号有 $A,\overline{A},B,\overline{B},Z,\overline{Z}$ 等。这些信号作为位移测量脉冲以及经过频率/电压变换作为速度反馈信号,用于速度调节。

4.1.3 绝对式编码器

增量式编码器只能进行相对测量,一旦在测量过程中出现计数错误,在以后的测量中会出现计数误差。绝对式编码器克服了上述缺点。

1. 绝对式编码器的种类

绝对式编码器是一种直接编码和直接测量的检测装置,它能指示绝对位置,没有累积误差。即使电源切断后,位置信息也不丢失。常用的编码器有编码盘和编码尺,统称位码盘。

从编码器使用的计数制来分类,有二进制编码、二进制循环码(葛莱码)、二-十进制码等编码器。从结构原理来分类,有接触式、光电式和电磁式等。常用的是光电式二进制循环码编码器。

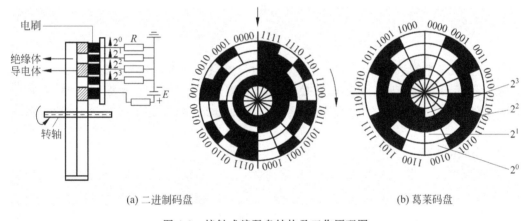

(a) 二进制码盘　　　　　　　　　(b) 葛莱码盘

图 4-3　接触式编码盘结构及工作原理图

图 4-3 所示为接触式码盘结构及工作原理图。图(a)所示为二进制码盘,图(b)所示为葛莱码盘。码盘上有许多同心圆(码道),它代表某种计数制的一位,每个同心圆上有绝缘与导电的部分。导电部分为"1",绝缘部分为"0",这样就组成了不同的图案。在每一径向,若干同心圆组成的图案代表了某一绝对计数值。二进制码盘的计数图案的改变按二进制规律变化。葛莱码的计数图案的切换每次只改变 1 位,误差可以控制在一个单位内。

接触式码盘可以做到 9 位二进制数,优点是结构简单,体积小,输出信号强,不需放大;缺点是由于电刷的摩擦,使用寿命低,转速不能太高。

光电式码盘没有接触磨损,寿命长,转速高,精度高。单个码盘可以做到 18 位进制;缺点是结构复杂,价格高。

电磁式码盘是在导磁性好的软铁等圆盘上,用腐蚀的方法做成相应码制的凹凸图形,当磁通通过码盘时,由于磁导大小不一样,其感应电压不同,因而可以区分"0"和"1",达到测量的目的。这种码盘也是一种无接触式码盘,其寿命长,转速高。

2. 绝对式编码器的工作原理

无论是接触式码盘、光电式码盘,还是电磁式码盘,当被测对象带动码盘一起转动时,每转动一转,编码器按规定的编码输出数字信号。将编码器的编码直接读出,转换成二进制信息,送入计算机处理。

3. 混合式绝对式编码器

由上述内容可知,增量式编码器每转的输出脉冲多,测量精度高,但是能够产生计数误差。绝对式编码器虽然没有计数误差,但是精度受到最低位(最外圆上)分段宽度的限制,其计数长度有限。为了得到更大的计数长度,将增量式编码器和绝对式编码器做在一起,形成混合式绝对式编码器。在圆盘的最外圆是高密度的增量条纹,中间有4个码道组成绝对式的4位葛莱码,每1/4同心圆被葛莱码分割为16个等分段。圆盘最里面有一条"一转信号"的狭缝。

该码盘的工作原理是三级计数:粗、中、精计数。码盘的转速由"一转脉冲"的计数表示。在一转内的角度位置由葛莱码的不同数值表示,每1/4圆葛莱码的细分由最外圆上的增量制码完成。

4.2 光栅尺

在高精度的数控机床上,可以使用光栅作为位置检测装置,将机械位移转换为数字脉冲,然后反馈给CNC装置,实现闭环控制。由于激光技术的发展,光栅制作精度得到很大的提高。现在光栅精度可达微米级,再通过细分电路,可以做到 $0.1\mu m$ 甚至更高的分辨率。

1. 光栅的种类

根据形状,分为圆光栅和长光栅。长光栅主要用于测量直线位移,圆光栅主要用于测量角位移。

根据光线在光栅中是反射还是透射,分为透射光栅和反射光栅。透射光栅的基体为光学玻璃。光源可以垂直射入,光电元件直接接受光照,信号幅值大。光栅每毫米中的线纹多,可达200线/mm(0.005mm),精度高。但是由于玻璃易碎,热膨胀系数与机床的金属部件不一致,影响精度,不能做得太长。反射光栅的基体为不锈钢带(通过照相、腐蚀、刻线),反射光栅和机床金属部件一致,可以做得很长。但是反射光栅每毫米内的线纹不能太多,线纹密度一般为25~50线/mm。

2. 光栅的结构和工作原理

光栅由标尺光栅和光学读数头两部分组成。标尺光栅一般固定在机床的活动部件上,如工作台。光栅读数头装在机床的固定部件上。指示光栅装在光栅读数头中。标尺光栅和指示光栅的平行度及二者之间的间隙(0.05~0.1mm)要严格保证。当光栅读数头相对于标尺光栅移动时,指示光栅便在标尺光栅上相对移动。

光栅读数头又叫光电转换器,它把光栅莫尔条纹变成电信号。图4-4所示为光栅读数头。读数头由光源、透镜、指示光栅、光电元件和驱动线路等组成。

当指示光栅上的线纹和标尺光栅上的线纹呈一小角度 θ 放置时,造成两个光栅尺上的线纹交叉。在光源的照射下,交叉点附近的小区域内的黑线重叠,形成明暗相间的条纹,称之为莫尔条纹。莫尔条纹与光栅的线纹几乎成垂直方向排列(如图4-5所示)。

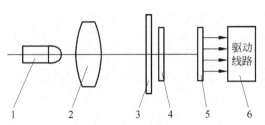

1—光源；2—透镜；3—标尺光栅；4—指示光栅；
5—光电元件；6—驱动线路

图 4-4 光栅读数头

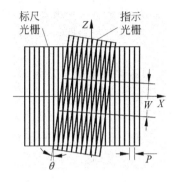

图 4-5 光栅的莫尔条纹

莫尔条纹的特点如下所述：

(1) 当用平行光束照射光栅时,莫尔条纹由亮带到暗带,再由暗带到光带的透过光的强度近似于正(余)弦函数。

(2) 起放大作用：用 W 表示莫尔条纹的宽度, P 表示栅距, θ 表示光栅线纹之间的夹角,则

$$W = \frac{P}{\sin\theta} \tag{4-1}$$

由于 θ 很小, $\sin\theta \approx \theta$,则

$$W \approx \frac{P}{\theta} \tag{4-2}$$

(3) 起平均误差作用。莫尔条纹是由若干光栅线纹干涉形成的,栅距之间的相邻误差被平均化了,消除了栅距不均匀造成的误差。

(4) 莫尔条纹的移动与栅距之间的移动成比例。当干涉条纹移动一个栅距时,莫尔条纹也移动一个莫尔条纹宽度 W。若光栅移动方向相反,则莫尔条纹移动的方向也相反。莫尔条纹的移动方向与光栅移动方向相垂直。这样,测量光栅水平方向移动的微小距离就用检测垂直方向的宽大的莫尔条纹的变化代替。

3. 直线光栅尺检测装置的辨向原理

莫尔条纹的光强度近似呈正(余)弦曲线变化,光电元件所感应的光电流变化规律近似为正(余)弦曲线。经放大、整形后,形成脉冲,可以作为计数脉冲,直接输入到计算机系统的计数器中计算脉冲数,进行显示和处理。根据脉冲的个数可以确定位移量,根据脉冲的频率可以确定位移速度。

用一个光电传感器只能计数,不能辨向。要进行辨向,至少用两个光电传感器。图 4-6 所示为光栅的辨向原理图。通过两个狭缝 S_1 和 S_2 的光束分别被两个光电传感器 P_1、P_2 接收。当光栅移动时,莫尔条纹通过两个狭缝的时间不同,波形相同,相位差 90°。至于哪个超前,决定于标尺光栅移动的方向。如图 4-6 所示,当标尺光栅向右移动时,莫尔条纹向上移动,缝隙 S_2 的

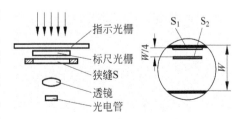

图 4-6 光栅的辨向原理图

信号输出波形超前 1/4 周期；同理，当标尺光栅向左移动时，莫尔条纹向下移动，缝隙 S_1 的输出信号超前 1/4 周期。根据两个狭缝输出信号的超前和滞后，可以确定标尺光栅的移动方向。

4. 提高光栅检测装置分辨精度的细分电路

为了提高光栅检测装置的精度，可以提高刻线精度和增加刻线密度。但是刻线密度大于 200 线/mm 以上的细光栅刻线制造困难，成本高。为了提高精度和降低成本，通常采用倍频的方法来提高光栅的分辨精度，如图 4-7(a) 所示为采用四倍频方案的光栅检测电路的工作原理。光栅刻线密度为 50 线/mm，采用 4 个光电元件和 4 个狭缝，每隔 1/4 光栅节距产生一个脉冲，分辨精度可以提高 4 倍，并且可以辨向。

当指示光栅和标尺光栅相对运动时，硅光电池接收到正弦波电流信号。这些信号送到差动放大器，再通过整形，成为两路正弦及余弦方波，经过微分电路获得脉冲。由于脉冲是在方波的上升沿上产生，为了使 0°、90°、180°、270° 的位置上都得到脉冲，必须把正弦和余弦方波分别反相一次，然后再微分，得到 4 个脉冲。为了辨别正向和反向运动，可以用一些与门把四个方波 sin、_sin、cos 和 _cos（即 A、B、C、D）和四个脉冲进行逻辑组合。当正向运动时，通过与门 $Y_1 \sim Y_4$ 及或门 H_1 得到 $A'B+AD'+C'D+B'C$ 四个脉冲的输出；当反向运动时，通过与门 $Y_5 \sim Y_8$ 及或门 H_2 得到 $BC'+AB'+A'D+C'D$ 四个脉冲的输出，其波形如图 4-7(b) 所示。这样，虽然光栅栅距为 0.02mm，但是经过四倍频以后，每一个脉冲都相当于 5μm，分辨精度提高了 4 倍。也可以采用八倍频、十倍频等其他倍频电路。

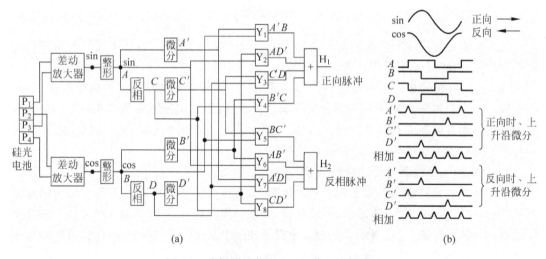

图 4-7　光栅测量装置的四细分电路与波形

4.3　旋转变压器和感应同步器

4.3.1　旋转变压器

旋转变压器是一种角度测量装置，它是一种小型交流电动机。它结构简单，动作灵敏，对环境无特殊要求，维护方便，输出信号幅度大，抗干扰强，工作可靠，广泛应用于数控机床上。

1. 旋转变压器的结构

旋转变压器是一种常用的转角检测元件,由于它结构简单,工作可靠,且其精度能满足一般的检测要求,因此被广泛地应用在数控机床上。旋转变压器在结构上和两相线绕式异步电动机相似,由定子和转子组成。定子绕组为变压器的原边,转子绕组为变压器的副边。定子绕组通过固定在壳体上的接线柱直接引出。转子绕组有两种不同的引出方式,根据这两种不同的方式,旋转变压器分有刷式和无刷式两种结构。

图 4-8(a)所示为有刷式旋转变压器。它的转子绕组通过滑环和电刷直接引出,其特点是结构简单,体积小,但因电刷与滑环为机械滑动接触,所以可靠性差,寿命较短。

图 4-8(b)所示为无刷式旋转变压器。它没有电刷和滑环,由两大部分组成:旋转变压器本体和附加变压器。附加变压器的原、副边铁心及其线圈均为环形,分别固定于转子轴和壳体上,径向留有一定的间隙。旋转变压器本体的转子绕组与附加变压器的原边线圈连在一起,在附加变压器原边线圈中的电信号,即转子绕组中的电信号,通过电磁耦合,经附加变压器副边线圈间接地送出去。这种结构避免了有刷旋转变压器电刷与滑环之间的不良接触造成的影响,提高了可靠性,延长了使用寿命,但其体积、质量和成本均有所增加。

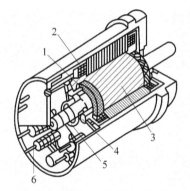
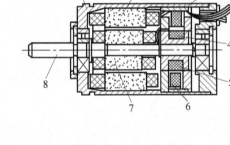

1—转子绕组;2—定子绕组;3—转子;
4—整流子;5—电刷;6—接线柱
(a) 有刷式旋转变压器

1—壳体;2—旋转变压器本体定子;3—附加变压器定子;
4—附加变压器原边线圈;5—附加变压器转子线轴;
6—附加变压器次边线圈;7—旋转变压器本体转子;8—转子轴
(b) 无刷式旋转变压器

图 4-8 旋转变压器结构图

2. 旋转变压器的工作原理

旋转变压器是根据互感原理工作的。它的结构保证了其定子和转子之间的磁通呈正(余)弦规律。定子绕组加上励磁电压,通过电磁耦合,转子绕组产生感应电动势。如图 4-9 所示,它所产生的感应电动势的大小取决于定子和转子两个绕组轴线在空间的相对位置。二者平行时,磁通几乎全部穿过转子绕组的横截面,转子绕组产生的感应电动势最大;二者垂直时,转子绕组产生的感应电动势为零。感应电动势随着转子偏转的角度呈正(余)弦变化,即

$$E_2 = nU_1\cos\theta = nU_m\sin\omega t\cos\theta \tag{4-3}$$

式中,E_2 为转子绕组感应电动势;U_1 为定子励磁电压;U_m 为定子绕组的最大瞬时电压;θ

为两绕组之间的夹角；n 为电磁耦合系数变压比。

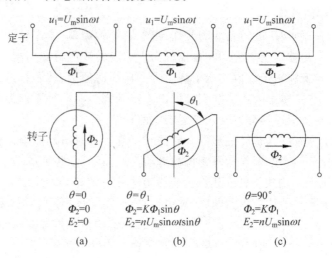

图 4-9 旋转变压器的工作原理

3. 旋转变压器的应用

旋转变压器作为位置检测装置,有两种工作方式：鉴相式工作方式和鉴幅式工作方式。

(1) 鉴相式工作方式

在该工作方式下,旋转变压器定子的两相正向绕组(正弦绕组 S 和余弦绕组 C)分别加上幅值相同、频率相同而相位相差 90°的正弦交流电压,如图 4-10 所示。

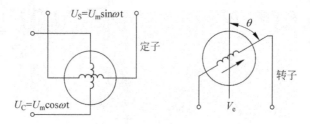

图 4-10 旋转变压器定子两相激磁绕组

$$U_S = U_m \sin\omega t$$
$$U_C = U_m \cos\omega t \tag{4-4}$$

这两相励磁电压在转子绕组中产生感应电压。当转子绕组中接负载时,其绕组中会有正弦感应电流通过,造成定子和转子间的气隙中合成磁通畸变。为了克服该缺点,转子绕组通常是两相正向绕组,二者相互垂直。其中一个绕组作为输出信号,另一个绕组接高阻抗作为补偿。根据线性叠加原理,在转子上的工作绕组中的感应电压为

$$\begin{aligned}E_2 &= nU_S\cos\theta - nU_C\sin\theta \\ &= nU_m(\sin\omega t\cos\theta - \cos\omega t\sin\theta) \\ &= nU_m\sin(\omega t - \theta)\end{aligned} \tag{4-5}$$

式中,θ 为定子正弦绕组轴线与转子工作绕组轴线之间的夹角；ω 为励磁角频率。

由上式可见,旋转变压器转子绕组中的感应电压 E_2 与定子绕组中的励磁电压同频率,

但是相位不同,其相位严格随转子偏角 θ 而变化。测量转子绕组输出电压的相位角 θ,即可测得转子相对于定子的转角位置。在实际应用中,把定子正弦绕组励磁的交流电压相位作为基准相位,与转子绕组输出电压相位作比较,来确定转子转角的位置。

(2) 鉴幅式工作方式

在这种工作方式中,在旋转变压器定子的两相正向绕组(正弦绕组 S 和余弦绕组 C)分别加上频率相同、相位相同而幅值分别按正弦、余弦变化的交流电压,即

$$U_S = U_m \sin\theta_电 \sin\omega t$$
$$U_C = U_m \cos\theta_电 \sin\omega t \quad (4-6)$$

式中,$U_m\sin\theta_电$、$U_m\cos\theta_电$ 分别为定子二绕组励磁信号的幅值。定子励磁电压在转子中感应出的电势不但与转子和定子的相对位置有关,还与励磁的幅值有关。

根据线性叠加原理,在转子上的工作绕组中的感应电压为

$$\begin{aligned} E_2 &= nU_S \cos\theta_机 - nU_C \sin\theta_机 \\ &= nU_m \sin\omega t (\sin\theta_电 \cos\theta_机 - \cos\theta_电 \sin\theta_机) \\ &= nU_m \sin(\theta_电 - \theta_机) \sin\omega t \end{aligned} \quad (4-7)$$

式中,$\theta_机$ 为定子正弦绕组轴线与转子工作绕组轴线之间的夹角;$\theta_电$ 为电气角;ω 为励磁角频率。

若 $\theta_机 = \theta_电$,则 $E_2 = 0$。当 $\theta_机 = \theta_电$ 时,表示定子绕组合成磁通 Φ 与转子绕组平行,即没有磁力线穿过转子绕组线圈,因此感应电压为 0。当磁通 Φ 垂直于转子线圈平面,即 $\theta_机 - \theta_电 = \pm 90°$ 时,转子绕组中的感应电压最大。在实际应用中,根据转子误差电压的大小,不断修正定子励磁信号 $\theta_电$ (即励磁幅值),使其跟踪 $\theta_机$ 的变化。

由上式可知,感应电压 E_2 是以 ω 为角频率的交变信号,其幅值为 $U_m\sin(\theta_机 - \theta_电)$。若电气角 $\theta_电$ 已知,只要测出 E_2 的幅值,便可以间接地求出 $\theta_机$ 的值,即可以测出被测角位移的大小。当感应电压的幅值为 0 时,说明电气角的大小就是被测角位移的大小。旋转变压器在鉴幅工作方式时,不断调整 $\theta_电$,让感应电压的幅值为 0,用 $\theta_电$ 代替对 $\theta_机$ 的测量,$\theta_电$ 可通过具体的电子线路测得。

4.3.2 感应同步器

1. 感应同步器的结构和特点

感应同步器是一种电磁感应式高精度位移检测装置。实际上,它是多极旋转变压器的展开形式。感应同步器分旋转式和直线式两种。旋转式用于角度测量,直线式用于长度测量。两者的工作原理相同。

直线感应同步器由定尺和滑尺两部分组成。定尺与滑尺之间有均匀的气隙,在定尺表面制有连续平面绕组,绕组节距为 P。滑尺表面制有两段分段绕组,即正弦绕组和余弦绕组,它们相对于定尺绕组在空间错开 1/4 节距(1/4P)。定尺和滑尺绕组示意图如图 4-11 所示。

定尺和滑尺的基板采用与机床床身材料热膨胀系数相近的钢板制成,经精密的照相腐蚀工艺制成印刷绕组;再在尺子的表面涂一层保护层。滑尺的表面有时还贴上一层带绝缘的铝箔,以防静电感应。

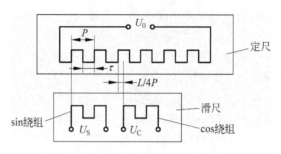

图 4-11 定尺和滑尺绕组示意图

感应同步器的特点如下所述：

（1）精度高。感应同步器直接对机床工作台的位移进行测量，其测量精度只受本身精度限制。另外，定尺的节距误差有平均补偿作用。定尺本身的精度能做得很高，其精度达到 ±0.001mm，重复精度可达 0.002mm。

（2）工作可靠，抗干扰能力强。在感应同步器绕组的每个周期内，测量信号与绝对位置有一一对应的单值关系，不受干扰的影响。

（3）维护简单，寿命长。定尺和滑尺之间无接触磨损，在机床上安装简单。使用时需要加防护罩，防止切屑进入定尺和滑尺之间划伤导片，还能防止灰尘、油污的影响。

（4）测量距离长。可以根据测量长度的需要，将多块定尺拼接成所需要的长度，用于测量长距离位移。机床移动基本上不受限制，适合于大、中型数控机床。

（5）成本低，易于生产。

（6）与旋转变压器相比，感应同步器的输出信号比较微弱，需要一个放大倍数很高的前置放大器。

2. 感应同步器的工作原理

感应同步器的工作原理与旋转变压器基本一致。使用时，在滑尺绕组通以一定频率的交流电压，由于电磁感应，在定尺的绕组中产生了感应电压，其幅值和相位决定于定尺和滑尺的相对位置。图 4-12 所示为滑尺在不同的位置时，定尺上的感应电压。当定尺与滑尺重合时，如图中的 a 点，此时的感应电压最大。当滑尺相对于定尺平行移动后，其感应电压逐渐变小。在错开1/4节距的 b 点，感应电压为零。依次类推，在 1/2 节距的 c 点，感应电压幅值与 a 点相同，极性相反；在 3/4 节距的 d 点又变为零。当移动到一个节距的 e 点时，电压幅值与 a 点相同。这样，滑尺在移动一个节距的过程中，感应电压变化了一个余弦波形。滑尺每移动一个节距，感应电压就变化一个周期。

按照供给滑尺两个正交绕组励磁信号的不同，感应同步器的测量方式分为鉴相式和鉴幅式两种。

（1）鉴相方式

在这种工作方式下，给滑尺的 sin 绕组和 cos 绕组

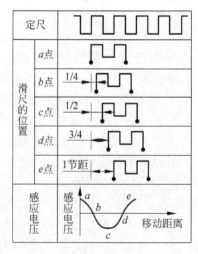

图 4-12 感应同步器的工作原理

分别通以幅值相等、频率相同、相位相差 90°的交流电压，即

$$U_S = U_m \sin\omega t$$
$$U_C = U_m \cos\omega t \tag{4-8}$$

励磁信号将在空间产生一个以 ω 为频率移动的行波。磁场切割定尺导片，并产生感应电压，该电势随着定尺与滑尺相对位置的不同而产生超前或滞后的相位差 θ。根据线性叠加原理，在定尺上的工作绕组中的感应电压为

$$\begin{aligned} U_0 &= nU_S\cos\theta - nU_C\sin\theta \\ &= nU_m(\sin\omega t\cos\theta - \cos\omega t\sin\theta) \\ &= nU_m\sin(\omega t - \theta) \end{aligned} \tag{4-9}$$

式中，ω 为励磁角频率；n 为电磁耦合系数；θ 为滑尺绕组相对于定尺绕组的空间相位角，且 $\theta = \dfrac{2\pi x}{P}$。

可见，在一个节距内，θ 与 x 是一一对应的。通过测量定尺感应电压的相位 θ，可以测量定尺对滑尺的位移 x。数控机床的闭环系统采用鉴相系统时，指令信号的相位角 θ_1 由数控装置发出，由 θ 和 θ_1 的差值控制数控机床的伺服驱动机构。当定尺和滑尺之间产生相对运动，定尺上的感应电压的相位将发生变化，其值为 θ。当 $\theta \neq \theta_1$ 时，机床伺服系统带动机床工作台移动。当滑尺与定尺的相对位置达到指令要求值时，即 $\theta = \theta_1$，工作台停止移动。

（2）鉴幅方式

给滑尺的正弦绕组和余弦绕组分别通以频率相同、相位相同、幅值不同的交流电压，即

$$U_S = U_m \sin\theta_电 \sin\omega t$$
$$U_C = U_m \cos\theta_电 \sin\omega t \tag{4-10}$$

若滑尺相对于定尺移动一个距离 x，其对应的相移为 $\theta_机$，且 $\theta_机 = \dfrac{2\pi x}{P}$。

根据线性叠加原理，在定尺上工作绕组中的感应电压为

$$\begin{aligned} U_0 &= nU_S\cos\theta_机 - nU_C\sin\theta_机 \\ &= nU_m\sin\omega t(\sin\theta_电\cos\theta_机 - \cos\theta_电\sin\theta_机) \\ &= nU_m\sin(\theta_机 - \theta_电)\sin\omega t \end{aligned} \tag{4-11}$$

由上式可知，若电气角 $\theta_电$ 已知，只要测出 U_0 的幅值 $nU_m\sin(\theta_机 - \theta_电)$，便可以间接地求出 $\theta_机$。若 $\theta_电 = \theta_机$，则 $U_0 = 0$，说明电气角 $\theta_电$ 的大小就是被测角位移 $\theta_机$ 的大小。采用鉴幅工作方式时，不断调整 $\theta_电$，让感应电压的幅值为 0，用 $\theta_电$ 代替对 $\theta_机$ 的测量，$\theta_电$ 可通过具体的电子线路测得。

定尺上的感应电压的幅值随指令给定的位移量 $x_1(\theta_电)$ 与工作台的实际位移 $x(\theta_机)$ 的差值按正弦规律变化。鉴幅型系统用于数控机床闭环系统时，当工作台未达到指令要求值时，即 $x \neq x_1$，定尺上的感应电压 $U_0 \neq 0$。该电压经过检波放大后控制伺服执行机构带动机床工作台移动。当工作台移动到 $x = x_1$（$\theta_电 = \theta_机$）时，定尺上的感应电压 $U_0 = 0$，工作台停止运动。

4.4 磁栅

4.4.1 磁栅的结构

磁栅又叫磁尺,是一种高精度的位置检测装置,它由磁性标尺、拾磁磁头和检测电路组成,遵循用拾磁原理进行工作。首先,用录磁磁头将一定波长的方波或正弦波信号录制在磁性标尺上作为测量基准。检测时,根据与磁性标尺有相对位移的拾磁磁头所拾取的信号,对位移进行检测。磁栅可用于长度和角度的测量,精度高,安装调整方便,对使用环境要求较低,如对周围的电磁场的抗干扰能力较强,在油污和粉尘较多的场合使用有较好的稳定性。高精度的磁栅位置检测装置可用于各种精密机床和数控机床,其结构如图 4-13 所示。

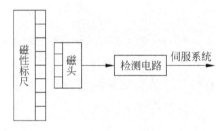

图 4-13 磁栅的结构

1. 磁尺

磁性标尺分为磁性标尺基体和磁性膜。磁性标尺的基体由非导磁性材料(如玻璃、不锈钢、铜等)制成。磁性膜是一层硬磁性材料(如 Ni-Co-P 或 Fe-Co 合金),用涂敷、化学沉积或电镀方式附着在磁性标尺上,呈薄膜状。磁性膜的厚度为 $10\sim20\mu m$,均匀地分布在基体上。磁性膜上有录制好的磁波,波长一般为 0.005mm、0.01mm、0.2、1mm 等几种。为了提高磁性标尺的寿命,一般在磁性膜上均匀涂一层 $1\sim2\mu m$ 的耐磨塑料保护层。

按磁性标尺基体的形状,磁栅分为平面实体型磁栅、带状磁栅、线状磁栅和回转型磁栅。前三种磁栅用于直线位移的测量,后一种用于角度测量。磁栅长度一般小于 600mm,测量长距离时可以用几根磁栅接长使用。

2. 拾磁磁头

拾磁磁头是一种磁电转换器件,它将磁性标尺上的磁信号检测出来,并转换成电信号。普通录音机上的磁头输出电压幅值与磁通的变化率成正比,属于速度响应型磁头。由于在数控机床上,在运动和静止时都要进行位置检测,因此应用在磁栅上的磁头是磁通响应型磁头。它不仅在磁头与磁性标尺之间有一定相对速度时能拾取信号,而且在它们相对静止时也能拾取信号,其结构如图 4-14 所示。该磁头有两组绕组,即绕在磁路截面尺寸较小的横臂上的激磁绕组和绕在磁路截面较大的竖杆上的拾磁绕组。当对激磁绕组施加励磁电流 $i_a = i_0 \sin\omega_0 t$ 时,在 i_a 的瞬时值大于某一数值以后,横臂上的铁心材料饱和,这时磁阻很大,磁路被阻断,磁性标尺的磁通 ϕ_0 不能通过磁头闭合,输出线圈不与 ϕ_0 交链。当在 i_a 的瞬时值小于某一数值时,i_a 所产生的磁通 ϕ_1 随之降低。两个横臂中的磁阻降低到很小,磁路开通,ϕ_0 与输出线圈交链。由此可见,励磁线圈的作用相当于磁开关。

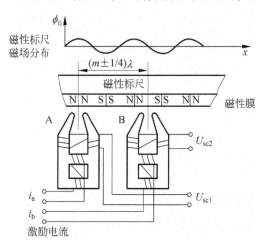

图 4-14　磁通响应型磁头

4.4.2　磁栅的工作原理

励磁电流在一个周期内两次过零、两次出现峰值。相应地,磁开关通、断各两次。在磁路由通到断的时间内,输出线圈中的交链磁通量由 $\phi_0 \to 0$;在磁路由断到通的时间内,输出线圈中的交链磁通量由 $0 \to \phi_0$。ϕ_0 是由磁性标尺中的磁信号决定的,由此可见,输出线圈输出的是一个调幅信号,即

$$U_{SC} = U_m \cos\left(\frac{2\pi x}{\lambda}\right)\sin\omega t \tag{4-12}$$

式中,U_{SC} 为输出线圈中的输出感应电压;U_m 为输出电势的峰值;λ 为磁性标尺节距。

若选定某一 N 极作为位移零点,x 为磁头对磁性标尺的位移量;ω 为输出线圈感应电压的幅值,它比励磁电流 i_a 的频率 ω_0 高 1 倍。

由式(4-12)可见,磁头输出信号的幅值是位移 x 的函数。只要测出 U_{SC} 过 0 的次数,就可以知道 x 的大小。

使用单个磁头的输出信号小,而且对磁性标尺上的磁化信号的节距和波形要求比较高。在实际中,将几十个磁头用一定的方式串联,构成多间隙磁头使用。

为了辨别磁头的移动方向,通常采用间距为 $(m+1/4)\lambda$ 的两组磁头($\lambda=1,2,3,\cdots$),并使两组磁头的励磁电流相位相差 45°,这样,两组磁头输出的电势信号相位相差 90°。

第一组磁头的输出信号如果是

$$U_{SC1} = U_m \cos\left(\frac{2\pi x}{\lambda}\right)\sin\omega t \tag{4-13}$$

则第二组磁头的输出信号是

$$U_{SC2} = U_m \sin\left(\frac{2\pi x}{\lambda}\right)\sin\omega t \tag{4-14}$$

磁栅检测是模拟量测量,必须和检测电路配合才能完成。磁栅的检测电路包括磁头激

磁电路、拾取信号放大电路、滤波及辨向电路、细分内插电路、显示及控制电路等部分。

根据检测方法的不同,分为幅值检测和相位检测两种。通常相位测量应用较多。

4.5 思考与练习

1. 位置检测装置的特点是什么?
2. 位置检测装置的分类有哪些?典型元件有哪些?
3. 光电编码器的工作原理和特点是什么?
4. 光栅由哪些部分组成?有何特点?
5. 莫尔条纹的特点有哪些?
6. 旋转变压器有哪些工作原理和特点?
7. 感应同步器的工作原理和特点是什么?
8. 磁栅由哪些部分组成?有什么特点?
9. 磁栅的工作原理是什么?
10. 光栅的特点和使用环境是什么?

第5章 数控机床伺服系统

5.1 数控机床驱动系统的概念

5.1.1 伺服系统的概念

数控机床伺服系统是以机械位移为直接控制目标的自动控制系统,也称为位置随动系统,简称伺服系统。数控机床伺服系统主要有两种:一种是进给伺服系统,它控制机床坐标轴的切削进给运动,以直线运动为主;另一种是主轴伺服系统,它控制主轴的切削运动,以旋转运动为主。

CNC 装置是数控机床发布命令的"大脑";伺服驱动则为数控机床的"四肢",是一种"执行机构",它能够准确地执行来自 CNC 装置的运动指令。驱动装置由驱动部件和速度控制单元组成。驱动部件由交流或直流电机、位置检测元件(例如旋转变压器、感应同步器、光栅等)及相关的机械传动和运动部件(滚珠丝杠副、齿轮副及工作台等)组成。

驱动系统的作用归纳如下:
(1) 放大 CNC 装置的控制信号,具有功率输出的能力。
(2) 根据 CNC 装置发出的控制信号,对机床移动部件的位置和速度进行控制。

数控机床的伺服驱动系统作为一种实现切削刀具与工件间运动的进给驱动和执行机构,是数控机床的一个重要组成部分,它在很大程度上决定了数控机床的性能,如数控机床的最高移动速度、跟踪精度、定位精度等一系列重要指标,取决于伺服驱动系统性能的优劣。因此,随着数控机床的发展,研究和开发高性能的伺服驱动系统,一直是现代数控机床研究的关键技术之一。

5.1.2 对伺服驱动系统的要求

1. 调速范围要宽

调速范围 R_n 是指机械装置要求电动机能提供的最高转速 n_{max} 和最低转速 n_{min} 之比(调速范围 $R_n = n_{max}/n_{min}$,n_{max} 和 n_{min} 一般是指额定负载时的转速。对于少数负载很轻的机械,也可以是实际负载时的转速)。在各种数控机床中,由于加工用刀具、被加工材料、主轴转速以及零件加工工艺要求的不同,为保证在任何情况下都能得到最佳切削条件,要求进给驱动系统必须具有足够宽的无级调速范围(通常大于 1:10 000),不仅要满足低速切削进给的要求,如 5mm/min,还要能满足高速进给的要求,如 10 000mm/min。尤其在低速(如小于 0.1r/min)时,要仍能平滑运动而无爬行现象。脉冲当量为 $1\mu m/P$ 的情况下,最先进的数控机床的进给速度在 0~240m/min 连续可调。但对于一般的数控机床,要求进给驱动系统在 0~24m/min 进给速度下工作就足够了。

2. 定位精度要高

伺服系统的定位精度是指输出量能复现输入量的精确程度。使用数控机床主要是为了保证加工质量的稳定性、一致性,减少废品率;解决复杂曲面零件的加工问题;解决复杂零件的加工精度问题,缩短制造周期等。数控机床是按预定的程序自动进行加工的,避免了操作者的人为误差,但是,它不可能应付事先没有预料到的情况。也就是说,数控机床不能像普通机床那样,可随时用手动操作来调整和补偿各种因素对加工精度的影响。因此,要求进给驱动系统具有较好的静态特性和较高的刚度,从而达到较高的定位精度,以保证机床具有较小的定位误差与重复定位误差(目前进给伺服系统的分辨率可达 $1\mu m$ 或 $0.1\mu m$,甚至 $0.01\mu m$);同时,进给驱动系统要具有较好的动态性能,以保证机床具有较高的轮廓跟随精度。伺服系统的位移精度是指指令脉冲要求机床工作台进给的位移量和该指令脉冲经伺服系统转化为工作台实际位移量之间的符合程度。两者误差越小,伺服系统的位移精度越高。通常,插补器或计算机的插补软件每发出一个进给脉冲指令,伺服系统将其转化为一个相应的机床工作台位移量,我们称此位移量为机床的脉冲当量。一般机床的脉冲当量为 0.01~0.005mm 脉冲,高精度 CNC 机床的脉冲当量可达 0.001mm 脉冲。脉冲当量越小,机床的位移精度越高。

3. 动态响应快,无超调

为了提高生产率和保证加工质量,除了要求有较高的定位精度外,还要求有良好的快速响应特性,即要求跟踪指令信号的响应要快。一方面,在启、制动时,要求加、减加速度足够大,以缩短进给系统的过渡过程时间,减小轮廓过渡误差。一般电机的速度从零变到最高转速,或从最高转速降至零的时间在 200ms 以内,甚至小于几十毫秒。这就要求进给系统要快速响应,但又不能超调,否则将形成过切,影响加工质量;另一方面,当负载突变时,要求速度的恢复时间要短,且不能有振荡,这样才能得到光滑的加工表面。要求进给电机必须具有较小的转动惯量和大的制动转矩,尽可能小的机电时间常数和启动电压。电机具有 $4000r/s^2$ 以上的加速度。

4. 低速大转矩,过载能力强

数控机床要求进给驱动系统有非常宽的调速范围。例如,在加工曲线和曲面时,拐角位置某轴的速度会逐渐降至零,这就要求进给驱动系统在低速时保持恒力矩输出,无爬行现象,并且具有长时间内较强的过载能力和频繁的启动、反转、制动能力。一般情况下,伺服驱动器具有数分钟甚至半小时内 1.5 倍以上的过载能力,在短时间内可以过载 4~6 倍而不损坏。

5. 可靠性高

数控机床,特别是自动生产线上的设备,要求具有长时间连续稳定工作的能力,同时数控机床的维护、维修也较复杂,因此,要求数控机床的进给驱动系统可靠性高、工作稳定性好,具有较强的温度、湿度、振动等环境适应能力,具有很强的抗干扰能力。

5.1.3 伺服驱动系统的组成

开环控制不需要位置检测及反馈,闭环控制需要位置检测及反馈。位置控制的职能是精确地控制机床运动部件的坐标位置,快速而准确地跟踪指令运动。一般开环伺服驱动系统由驱动控制单元、执行元件和机床组成。闭环驱动系统主要由以下几个部分组成。

1. 驱动装置

驱动电路接收 CNC 发出的指令,并将输入信号转换成电压信号,经过功率放大后,驱动电机旋转。转速的大小由指令控制。若要实现恒速控制功能,驱动电路应能接收速度反馈信号,将反馈信号与微机的输入信号进行比较,将差值信号作为控制信号,使电机保持恒速转动。

2. 执行元件

执行元件可以是步进电机、直流电机,也可以是交流电机。采用步进电机通常是开环控制。

3. 传动机构

传动机构包括减速装置和滚珠丝杠等。若采用直线电机作为执行元件,则传动机构与执行元件为一体。

4. 检测元件及反馈电路

检测元件及反馈电路包括速度反馈和位置反馈,有旋转变压器、光电编码器、光栅等。用于速度反馈的检测元件一般安装在电机上,位置反馈的检测元件则根据闭环的方式不同而安装在电机或机床上。在半闭环控制时,速度反馈和位置反馈的检测元件一般共用电机上的光电编码器;对于全闭环控制,分别采用各自独立的检测元件。

5.1.4 伺服驱动系统的分类

① 按驱动方式分类:分为液压伺服系统、气压伺服系统和电气伺服系统。

② 按执行元件的类别分类:分为直流电机伺服系统、交流电机伺服驱动系统和步进电机伺服系统。

③ 按有无检测元件和反馈环节分类:分为开环伺服系统、闭环伺服系统和半闭环伺服系统。

④ 按输出被控制量的性质分类:分为位置伺服系统、速度伺服系统。

5.1.5 伺服驱动系统的工作原理

驱动系统分为开环控制和闭环控制两类。开环控制与闭环控制的主要区别为是否采用了位置和速度检测反馈元件组成反馈系统。开环控制结构简单,精度低;闭环控制精度高,但构成较复杂,是进给驱动系统的主要形式。

1. 开环控制进给驱动系统

无位置反馈装置的伺服进给系统称为开环控制系统。采用步进电机(包括电液脉冲马达)作为伺服驱动元件,是其最明显的特点,如图 5-1 所示。在开环控制系统中,数控装置输出的脉冲经过步进驱动器的环形分配器或脉冲分配软件的处理,在驱动电路中进行功率放大后控制步进电动机,最终控制步进电动机的角位移。步进电机的旋转速度取决于指令脉冲的频率,转角的大小取决于脉冲数目。步进电动机再经过减速装置(或直接连接)带动丝杠旋转,通过丝杠将角位移转换为移动部件的直线位移。

由于系统中没有位置和速度反馈控制回路,工作台是否移动到位,取决于步进电机的步距角精度、齿轮传动间隙、丝杠螺母副精度等,因此,开环系统的精度较差。但由于其结构简单,易于调整,在精度不高的场合仍得到广泛应用。

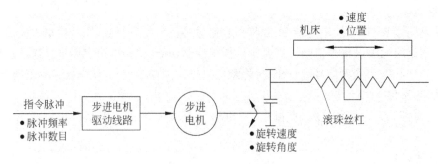

图 5-1 开环控制的进给驱动系统

2．闭环控制进给驱动系统

闭环控制一般采用伺服电机作为驱动元件,根据位置检测元件所处在数控机床不同的位置,分为半闭环、全闭环和混合闭环三种。半闭环控制一般将检测元件安装在伺服电机的非输出轴端,伺服电机角位移通过滚珠丝杠等机械传动机构转换为数控机床工作台的直线或角位移。全闭环控制是将位置检测元件安装在机床工作台或某些部件上,以获取工作台的实际位移量。混合闭环控制则采用半闭环控制和全闭环控制结合的方式。图 5-2 所示为半闭环控制进给驱动系统。

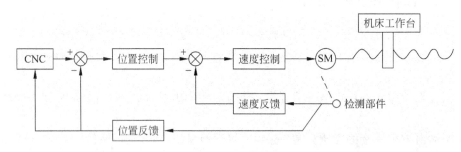

图 5-2 半闭环控制的进给驱动系统

半闭环位置检测方式一般将位置检测元件安装在电机的轴上,用以精确控制电机的角度,然后通过滚珠丝杠等传动机构,将角度转换成工作台的直线位移。如果滚珠丝杠的精度足够高,间隙小,精度要求一般可以得到满足。由于这种系统抛开了机械传动系统的刚度、间隙、制造误差和摩擦阻尼等非线性因素,所以这种系统调试比较容易,稳定性好。尽管这种系统不反映反馈回路之外的误差,但由于采用高分辨率的检测元件,也可以获得比较满意的精度。而且传动链上有规律的误差(如间隙及螺距误差)可以由数控装置补偿,因而可进一步提高精度。因此在精度要求适中的中、小型数控机床上,半闭环控制得到了广泛的应用。

半闭环方式的优点是闭环环路短(不包括传动机械),因而系统容易达到较高的位置增益,不发生振荡现象。它的快速性也好,动态精度高,传动机构的非线性因素对系统的影响小。但如果传动机构的误差过大或误差不稳定,则数控系统难以补偿。例如,由传动机构的扭曲变形所引起的弹性变形,因其与负载力矩有关,故无法补偿。由制造与安装所引起的重复定位误差,以及由于环境温度与丝杠温度的变化所引起的丝杠螺距误差也不能补偿。因此,要进一步提高精度,只有采用全闭环控制方式。

图 5-3 所示为全闭环控制进给驱动系统。它由伺服电机、检测反馈单元、驱动线路、比较环节等部分组成。检测反馈单元安装在机床工作台上,直接将测量的工作台位移量转换成电信号,然后反馈给比较环节,与指令信号相比较,并将其差值经伺服放大,控制伺服电机带动工作台移动,直至二者差值为零为止。

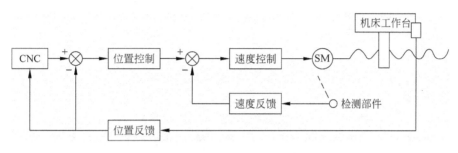

图 5-3 全闭环控制的进给驱动系统

全闭环伺服系统消除了进给传动系统的全部误差,所以精度很高(从理论上讲,精度取决于检测装置的测量精度)。然而,由于各个环节都包括在反馈回路内,所以机械传动系统的刚度、间隙、制造误差和摩擦阻尼等非线性因素都直接影响伺服系统的调制参数。由此可见,闭环伺服系统的结构复杂,其调试、维护都有较高的技术难度,价格也较昂贵,常用于精密数控机床。

全闭环方式直接从机床的移动部件上获取位置的实际移动值,因此其检测精度不受机械传动精度的影响。但不能认为全闭环方式可以降低对传动机构的要求。因闭环环路包括了机械传动机构,它的闭环动态特性不仅与传动部件的刚性、惯性有关,还取决于阻尼、油的黏度、滑动面摩擦系数等因素。这些因素对动态特性的影响在不同条件下会发生变化,这给位置闭环控制的调整和稳定带来了困难,导致调整闭环环路时必须要降低位置增益,从而对跟随误差与轮廓加工误差产生了不利影响。所以,采用全闭环方式时,必须增大机床的刚性,改善滑动面的摩擦特性,减小传动间隙,这样才有可能提高位置增益。

图 5-4 所示为混合闭环控制进给驱动系统。混合闭环方式采用半闭环与全闭环结合的方式。它利用半闭环所能达到的高位置增益,获得了较高的速度与良好的动态特性;它又利用全闭环补偿半闭环无法修正的传动误差,提高了系统的精度。混合闭环方式适用于重型、超重型数控机床,因为这些机床的移动部件很重,设计时提高刚性较困难。

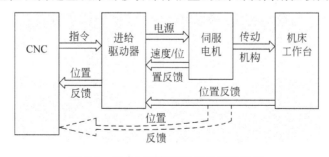

图 5-4 混合闭环控制的进给驱动系统

5.1.6 伺服驱动系统电机类型

1. 进给驱动用的伺服电机

(1) 改进型直流电机

这种电机在结构上与传统的直流电机没有区别,只是它设计成转动惯量较小,过载能力较强,且具有较好的换向性能。它的静态特性和动态特性方面较普通直流电机有所改进。在早期的数控机床上多采用这种电机。

(2) 小惯量直流电机

这类电机又分无槽圆柱体电枢结构和带印制绕组的盘形结构两种。因为小惯量直流电机最大限度地减少电枢的转动惯量,所以获得较好的快速性。在早期的数控机床上应用这类电机较多。为了获得电机的高角加速度,无论是小惯量直流电机还是改进型的直流电机,都设计成具有高的额定转速和低的惯量。因此,一般都要经过中间的机械传动(如齿轮减速器)才能与丝杠相连接。

(3) 步进电机

由于步进电机制造容易,它所组成的开环进给驱动装置也比较简单、易调,在20世纪60年代至70年代初,这种电机在数控机床上风行一时。但到现在,除经济型数控机床外,一般数控机床已不再使用。另外,在某些机床上也用来补偿刀具磨损运动以及精密角位移的驱动。

(4) 永磁直流伺服的电机

由于永磁直流电机能在较大过载转矩下长期工作,并且电机的转子惯量较大,因此,它能直接与丝杠相连而不需要中间传动装置,而且因为无励磁回路损耗,所以其外形尺寸比励磁式直流电机小。它还有一个特点是可在低速下运行,如能在1r/min甚至在0.1r/min下平稳运转。因此,这种电机获得广泛的应用,从20世纪70年代到80年代中期,在数控机床的进给驱动装置中,它占据着绝对的优势地位。至今,许多数控机床上仍使用永磁直流伺服电机。

(5) 无刷直流电机

无刷直流电机也叫无换向器直流电机,由同步电机和逆变器组成,逆变器由装在转子上的转子传感器控制。因此,它实质上是交流调速电机的一种。由于这种电机的性能达到直流电机的水平,又取消了换向器和电刷部件,使电机的寿命大约提高了一个数量级。

(6) 交流调速电机

自20世纪80年代中期开始,以异步电机和永磁同步电机为基础的交流进给驱动电机迅速发展,是数控机床进给驱动的发展方向。某些国家生产的数控机床已全部采用交流进给驱动。

到目前为止,我国大量的普通机床仍在生产第一线发挥主要作用。为了满足生产技术日益发展的需要,必须对普通机床进行数控化改造,改造的主要形式是采用步进电机开环伺服驱动系统。因此,由步进电机构成的开环控制系统在相当长的时间内都是人们应首先关注的伺服驱动系统。

2. 主轴驱动电机

数控机床主轴驱动可采用直流电机,也可采用交流电机。与进给驱动不同的是,主轴电机的功率要求更大,对转速要求更高,但对调速性能的要求远不如进给驱动那样高。因此在主轴调速控制中,除采用调压调速外,还采用了弱磁升速的方法,进一步提高其最高转速。在主轴驱动中,直流电机逐渐被淘汰,目前均使用交流电机。由于受永磁体的限制,交流同步电机的功率不易做得很大。因此,目前在数控机床的主轴驱动中,均采用笼型感应电机。

5.2 数控机床的进给驱动系统

数控系统所发出的控制指令是通过进给驱动系统驱动机械执行部件,最终实现机床精确的进给运动。数控机床的进给驱动系统是一种位置随动与定位系统,它的作用是快速、准确地执行由数控系统发出的运动命令,精确地控制机床进给传动链的坐标运动。

数控机床的进给系统是数控装置和机床机械传动部件间的联系环节,包含机械、电子及电动机等各种部件,并涉及强电与弱电控制,是一个比较复杂的控制系统。

数控机床进给伺服系统的高性能在很大程度上决定了数控机床的高效率、高精度和高柔性,因此数控机床对进给伺服系统的位置控制、速度控制及伺服电动机等方面都有很高的要求。

进给驱动系统的控制电机一般采用步进电机、直流伺服电机、交流伺服电机三类电机作为动力装置。

5.2.1 步进电机驱动的进给系统

步进伺服系统是一种用脉冲信号进行控制,并将脉冲信号转换成相应的角位移的控制系统。对步进电机施加一个电脉冲信号时,它就旋转一个固定的角度,称为一步。每一步所转过的角度叫做步距角。常用步进电机的步距角有 $0.36°/0.72°$、$0.75°/1.5°$ 和 $0.9°/1.8°$ 等,斜线前面的角度表示半步距角度,斜线后面的角度表示全步距角度。步进电机的角位移量和输入脉冲的个数严格地成正比,在时间上与输入脉冲同步。转速与脉冲频率成正比,通过改变脉冲频率可调节电动机的转速。因此,只需控制输入脉冲的数量、频率及电机绕组通电相序,便可获得所需要的转角、转速及旋转方向。没有脉冲输入时,在绕组电源激励下,气隙磁场能使转子保持原有位置而处于定位状态。由于步进电机所用电源是脉冲电源,所以也称为脉冲马达。

1. 步进电机的分类

(1) 按步进电机输出转矩的大小,分为快速步进电机和功率步进电机。快速步进电机连续工作频率高,而输出转矩小,只能驱动较小的负载,要与液压扭矩放大器配用,才能驱动数控机床工作台等较大的负载。功率步进电机的输出转矩比较大,可以直接驱动数控机床工作台等较大的负载。数控机床一般采用功率步进电机。

(2) 按转矩产生的工作原理步进电机分为可变磁阻式、永磁式和混合式三种基本类型。可变磁阻式步进电机又称为反应式步进电机,它的工作原理是由改变电机的定子和转子的软钢齿之间的电磁引力来改变定子和转子的相对位置。这种电机结构简单、步距角小。永磁式步进电机的转子铁心上装有多条永久磁铁,转子的转动与定位是由定、转子之间的电磁引力与磁铁磁力共同作用的。与反应式步进电机相比,相同体积的永磁式步进电机转矩大,步距角也大。混合式步进电机结合了反应式步进电机和永磁式步进电机的优点,采用永久磁铁提高电机的转矩,采用细密的极齿来减小步距角,是目前数控机床上应用最多的步进电机。

(3) 按励磁组数,分为两相、三相、四相、五相、六相,甚至八相步进电机。

(4) 从电流的极性上,分为单极性和双极性步进电机。

(5) 从运动的型式上,分为旋转、直线、平面步进电机。

2. 步进电机工作原理及特性

(1) 步进电机的组成和工作原理

步进电机主要由转子和定子组成。其中,转子上有绕组,根据绕组的数量分为二相、三相和五相等步进电机。各绕组按一定的顺序通以直流电,则电机按预定的方向旋转。转子和定子上均布有齿,绕组中的电流每变化一个周期,转子和定子的相对位置变化一个齿。

以三相反应式步进电机为例,按控制其绕组通电的方式,分为三相三拍(通电顺序为 A,B,C,A,…)和三相六拍(通电顺序为 A,AB,B,BC,C,CA,A,…)两种。若定子齿数为 24,则每一拍电机转过的角度(步距角)为

$$\beta = \frac{360°}{mZ_2} = \frac{360°}{3 \times 24} = 5°(三相三拍) 或 \beta = \frac{360°}{mZ_2} = \frac{360°}{6 \times 24} = 2.5°(三相六拍)$$

式中,β 为步距角;Z_2 为转子齿数;m 为周期的拍数。

实际使用的步进电机一般都要求有较小的步距角。因此,步距角越小,它所达到的位置精度越高。步进电机转速计算公式为

$$n = \frac{\theta}{360} \times 60f = \frac{\theta f}{6}$$

式中,n 为转速(r/min);f 为控制脉冲频率,即每秒输入步进电机的脉冲数;θ 为用度数表示的步距角。

图 5-5 所示为二相混合式步进电机结构原理图。定子与反应式步进电机的相似,均布 8 个磁极,A_1、A_2、A_3、A_4 为 A 相,B_1、B_2、B_3、B_4 为 B 相。同相磁极的线圈串联构成一相控制绕组,并使 A_1、A_3 与 A_2、A_4 极性相反,B_1、B_3 与 B_2、B_4 极性相反。每个定子磁极上均有三个齿,齿间夹角 12°。转子上没有绕组,均布 30 个齿,齿间夹角也为 12°;转子铁心分成两段,中间夹有环形永磁体,充磁方向为轴向。两段转子的铁心长度相同,它们的相对位置沿圆周方向相互错开 1/2 齿距(6°),即两段铁心的齿与槽相对。

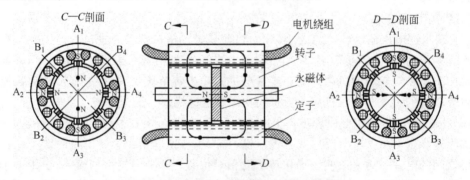

图 5-5 二相混合式步进电机结构原理图

若以转子左段铁心作为参考,当 A_1、A_3 极上的齿与转子齿对齐时,有 A_2、A_4 极上的齿与转子槽相对,B_1、B_3 极上的齿沿顺时针方向超前转子齿 1/4 齿距,B_2、B_4 极上的齿沿顺时针方向超前转子齿 3/4 齿距;在转子右段铁心,A_1、A_3 极上的齿与转子槽相对,A_2、A_4 极上的齿与转子齿对齐,B_1、B_3 极上的齿沿顺时针方向超前转子 3/4 齿距,B_2、B_4 极上的齿沿顺时针方向超前转子齿 1/4 齿距,如图 5-6 所示。

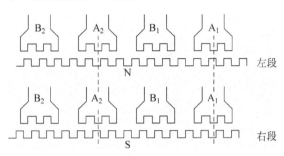

图 5-6 磁极上的齿与左、右段转子齿的相对位置

由于永磁体的作用,左段转子齿为 N 极性,右段转子齿为 S 极性。若 A 相通以正向电流,假定 A_1、A_3 极为 S 极性,A_2、A_4 极为 N 极性,则 A_1、A_3 极的齿与左段转子齿相吸引,A_2、A_4 极的齿与左段转子齿相排斥;同理,A_1、A_3 极的齿与右段转子齿相斥,而 A_2、A_4 极的齿与右段转子齿相吸引。最后,转子停留在左段转子齿与 A_1、A_3 极的齿相对齐的位置上。磁路的走向如图 5-5 中箭头所示的方向,即从永磁体 N 极出发,沿轴向穿过转子左段,径向从转子齿经气隙至右段转子齿,沿后段转至轴向至永磁体的 S 极。若 B 相能通以正向电流,断开 A 相,B_1、B_3 极为 S 极性,B_2、B_4 极为 N 极性,此时 B_1、B_3 极的定子齿与左段转子齿相吸引,B_2、B_4 极的定子齿与左段转子齿相斥,转子将沿顺时针方向转过 1/4 齿距(即 3°);依次断开 B 相,A 相通以负电流,A_2、A_4 极为 S 极性,A_1、A_3 极为 N 极性,转子将顺时针方向转过 1/4 齿距,停留在 A_2、A_4 磁极的定子齿与左段转子齿对齐的位置;再断开 A 相,B 相通以负电流,B_2、B_4 为 S 极性,B_1、B_3 为 N 极性,转子将顺时针方向转过 1/4 齿距,达到 B_2、B_4 极的定子齿与左段转子齿对齐的位置。若以 +A→−B→−A→+B→+A 电流顺序通电,步进电机将变成逆时针方向旋转。上述步进电机的通电循环周期为四拍,故可获得步距角为

$$\beta = \frac{360°}{mZ_2} = \frac{360°}{4 \times 30} = 3°$$

式中,β 为步距角;Z_2 为转子齿数;m 为周期的拍数。

若以 B+A→+A+B→−A+B→−A−B→−B+A 顺序通电(四拍通电方式),或 B+A→+A→+A+B→+B→−A+B→−A→−A−B→−B→−B+A 顺序通电(八拍通电方式),均可使混合式步进电机正确运行,只是在性能上有所不同。

若 A、B 两相电流按如图 5-7 所示,分成 40 等份的余弦函数和正弦函数采样点给定 A 相和 B 相电流,即一个电流周期的循环拍数将成为 40,则步进电机的步距角为

$$\beta = \frac{360°}{mZ_2} = \frac{360°}{40 \times 30} = 0.3°$$

这种以改变步进电机电流波形来获得更小步距角的方法,称为步距角细分。

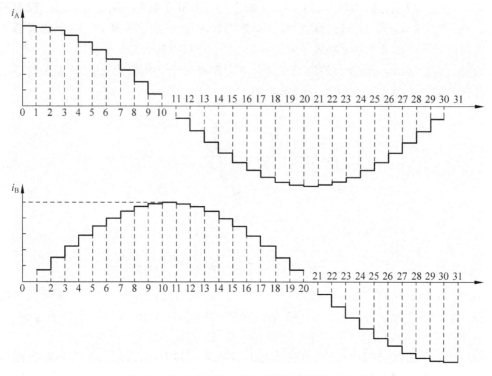

图 5-7　混合式步进电机细分时的控制电流波形

改变上述两相电流的采样点数,可以在一个驱动器上实现多种细分数,即获得多种不同的步距角。

在三相、五相步进电机中,定子极数随之增加,相应地增加了通电循环的拍数,在一定的转子齿数下,可获得更小的步距角。其结构原理与二相步进电机相似。

因为混合式的步进电机转子上有永磁钢,所以产生同样大小的转矩,需要的励磁电流大大减小。它的励磁绕组只需要单一电源供电,不像反应式需要高、低压电源。同时,它还具有步距角小,启动和运行频率较高,不通电时有定位转矩等优点,所以在数控机床、计算机外围设备等领域得到日益广泛的应用。

(2) 步进电机的主要特性

① 步距角的步距误差

步进电机每走一步,转子实际的角位移与设计的步距角存在步距误差。连续走若干步以后,上述步距误差形成累积值。因为转子转过一圈后,回至上一转的稳定位置,所以步进电机步距的误差不会无限累积,在一转的范围内存在一个最大累积误差。步进电机的步距角累积误差将以一圈为周期重复出现,转一周的累积误差为零。步距误差和累积误差通常用度、分或者步距角百分比表示。通常步进电机的静态步距误差在 $10'$ 以内。影响步距误差的主要因素有转子齿的分度精度、定子磁极与齿的分度精度;铁心叠压及装配精度;气隙的不均匀程度;各相励磁电流的不对称度。

② 静态矩角特性

所谓静态,是指通过步进电机的直流电为常数,转子不产生步进运动时的工作状态。步进电机某相通以直流电流时,空载下该相对应的定、转子齿对齐,这时转子的输出转矩为零。如果在电机轴上外加一个顺时针方向的负载转矩 M_L,步进电机转子按顺时针方向转过一个小角度 θ,并重新稳定。这时,转子电磁转矩 M_m 和负载转矩 W_L 相等,称 M_m 为静态转矩,称 θ 为失调角。描述步进电机稳态时,电磁转矩 M_m 与失调角 θ 之间的曲线称为矩角特性或静转矩特性。

③ 启动惯频特性

在负载转矩 $M_L = 0$ 的条件下,步进电机由静止状态突然启动,并进入不失步地正常运行状态所允许的最高启动频率,称为启动频率或突跳频率。它是衡量步进电机快速性能的重要数据。如果加给步进电机的指令脉冲大于启动频率,步进电机就不能够正常工作。启动频率不仅与电动机本身的参数(包括最大静态转矩、步距角及转子惯量等)有关,还与负载转矩有关。步进电机在带负载(尤其是惯性负载)下的启动频率比空载时要低,且随着负载的加重,启动频率进一步降低。

启动时的惯频特性是指电动机带动纯惯性负载时的突跳频率和负载转动惯量之间的关系。图 5-8 所示为启动频率与负载转动惯量之间的关系。一般来说,随着负载惯量的增加,启动频率下降。若同时存在负载转矩 M_L,启动频率将进一步降低。在实际应用中,由于 M_L 的存在,可采用的启动频率比惯频特性还要低。

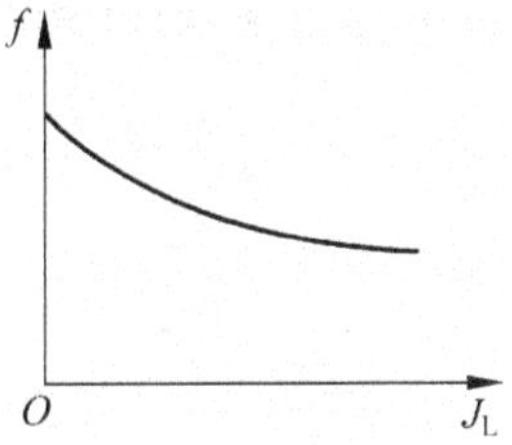

图 5-8 启动惯频特性

④ 连续运行频率

步进电机启动后,其运行速度能跟踪指令脉冲频率连续工作而不失步的最高频率,称为连续运行频率或最高工作频率。转动惯量主要影响运行频率连续升降的速度,而步进电机的绕组电感和驱动电源的电压对运行频率高低影响很大。在实际应用中,由于启动频率比运行频率低得多,通常采用自动升降频的方式,先在低频下使步进电机启动,然后逐渐升至运行频率。当需要步进电机停转时,先将脉冲信号的频率逐渐降低至启动频率以下,再停止输入脉冲,步进电机才能不失步地准确停止。

⑤ 矩频特性

矩频特性是描述步进电机在负载惯量一定且稳态运行时的最大输出转矩与脉冲重复频率的关系曲线,如图 5-9 所示。步进电机的最大输出转矩随脉冲重复频率的升高而下降,这是因为步进电机的绕组是感性负载,在绕组通电时,电流上升减缓,使有效转矩变小。绕组断电时,电流逐渐下降,产生与转动方向相反的转矩,使输出转矩变小。随着脉冲重复频率的升高,电流波形的前、后沿占通电时间的比例越来越大,输

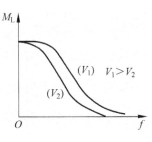

图 5-9 连续运行矩频特性

出转矩越来越小。当驱动脉冲频率高到一定的程度,步进电机的输出转矩已不足以克服自身的摩擦转矩和负载转矩时,步进电机的转子会在原位置振荡而不能做旋转运动,称之为电机产生堵转或失步现象。步进电机的绕组电感和驱动电源的电压对矩频特性影响很大,低电感或高电压,将获得下降缓慢的矩频特性。

由图 5-9 还可以看出,在低频区,矩频曲线比较平坦,电机保持额定转矩。在高频区,矩

频曲线急剧下降,这表明步进电机的高频特性差。因此,步进电机作为进给运动控制,从静止状态到高速旋转需要有一个加速过程。同样,步进电机从高速旋转状态到静止也要有一个减速过程。没有加速过程或者加、减速不当,步进电机会出现失步现象。

3. 步进电机驱动器的控制原理

步进电机各励磁绕组是按一定节拍,依次轮流通电工作的,为此,需将 CNC 发出的控制脉冲按步进电机规定的通电顺序分配到定子各励磁绕组中。完成脉冲分配的功能元件称为环形脉冲分配器。环形脉冲分配可由硬件实现,也可以用软件完成;环形脉冲分配器发出的脉冲功率很小,不能直接驱动步进电机,必须经驱动电路将信号电流放大到若干安培,才能驱动电机。因此,步进电机驱动器通常由环形脉冲分配器及功率放大器组成。加到环形脉冲分配器输入端的指令脉冲是 CNC 插补器输出的分配脉冲,经过加、减速控制,使脉冲频率平滑上升或下降,以适应步进电机的驱动特性。环形脉冲分配器将脉冲信号按一定顺序分配,然后送到驱动电路中进行功率放大,驱动步进电机工作。

环形分配器的功能可以由硬件完成(如 D 触发器组成的电路),也可由软件产生,将每相绕组的控制信号分别对应于 I/O 输出口之位,其输出状态可以用逻辑表达式或查表等方式来实现,比逻辑电路要简单得多。

功率放大器的作用是将环形分配器输出的通电状态信号经过若干级功率放大,控制步进电机各相绕组电流按一定顺序切换。晶体管、场效应管、晶闸管、IGBT 等功率开关器件都可用作步进电机的功率放大器。

5.2.2 直流伺服进给驱动

由于数控机床对伺服驱动装置有较高的要求,而直流电机具有良好的调速特性,为一般交流电机所不及,因此,数控机床半闭环、闭环控制伺服驱动均采用直流伺服电机。虽然当前交流伺服电机已逐渐取代直流伺服电机,但由于历史的原因,直流伺服电机仍被采用,并且已用于数控机床的大量直流伺服驱动还需要维护,因此了解直流伺服驱动装置仍是很必要的。

1. 直流电机的工作原理

图 5-10 所示为直流电机结构示意图,图 5-11 所示为直流电机工作原理示意图。N 极与 S 极为电机定子,是永久磁铁或激励绕组所形成的磁极。在 A、B 两个电刷间加直流电压时,电流从 B 刷流入,从 A 刷流出。由于两个电刷把 N 极和 S 极下的元件连接成两条并联支路,故不论转子如何转动,由于电刷的机械换向作用,N 极和 S 极下导体的电流方向是不变的。由图 5-10 可见,N 极下有效导体中的电流由纸面指向读者,S 极下有效导体中的电流由读者指向纸面。

根据物理学中的理论,通电导体在磁场中受到电磁力,电磁力的方向由左手定则确定,直流电机存在两组基本的关系

$$I_a R_a + E_a = U_a \quad (其中, E_a = C_e \Phi n)$$

$$M - M_f = \frac{J \mathrm{d} n}{\mathrm{d} t} \quad (其中, M = C_M \Phi I_a)$$

式中,R_a 为电枢电阻;I_a 为电枢电流;E_a 为电枢的反电动势;C_e 为反电势常数;Φ 为电机磁通量;n 为电机转速;M 为电机电磁力矩;M_f、J 为负载力矩和惯量;C_M 为力矩常数。

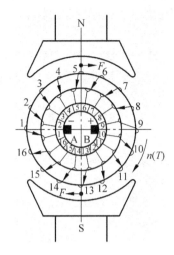

图 5-10 直流电机结构示意图

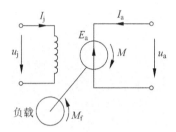

图 5-11 直流电机工作原理图

根据上式可得出直流电机的机械特性公式为

$$n = U_a/C_e\Phi n - MR_a/C_eC_M\Phi^2$$

该机械特性公式对应的机械特性曲线如图 5-12 所示。可见,当电机所加电压一定时,随着负载力矩 M 的增大,转速有一定降落。在伺服装置中,由于有转速反馈回路,这一降落可以克服。

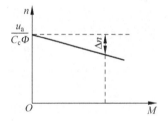

图 5-12 机械特性曲线

由式 $n = (U_a - I_aR_a)/C_e\Phi$ 可以看到,调速有以下三种方法:

(1) 改变电机控制电压 U_a,即改变电枢电压。

(2) 改变磁通 Φ,即改变励磁回路电流 I_j。

(3) 改变电枢电路的电阻。

由于后两种调速方法不能满足数控机床对进给伺服系统的要求,实际中均采用改变电枢电压 U_a 的调速方法。

2. 永磁直流伺服电机

实际生产中大量采用的是永磁直流伺服电机,其定子磁极是一个永磁体,采用的是新型的稀土钴等永磁材料,具有极大的矫顽力和很高的磁能积,因此抗去磁能力大为提高,体积大为缩小。在电枢方面,分为小惯量与大惯量两大类。

小惯量电机的主要特征是电机转子的惯量小,因此响应快,机电时间常数可以小于 10ms;与普通直流电机相比,转矩与惯量之比大出 40~50 倍,且调速范围广,运转平稳,适用于频繁启动与制动,要求有快速响应(如数控钻床、冲床等点定位)的场合。但由于其过载能力低,并且其自身惯量比机床相应运动部件的惯量小,因此限制了它的广泛使用。

宽调速直流伺服电机又称大惯量电机,是 20 世纪 60 年代末 70 年代初在小惯量电机和力矩电机的基础上发展起来的,能较好地满足进给驱动要求,很快得到了广泛使用。它具有下述优点:

(1) 能承受的峰值电流和过载能力高(能产生额定力矩10倍的瞬时转矩),以满足数控机床对其加、减速的要求。

(2) 具有大的转矩/惯量比,快速性好。由于电机自身惯量大,外部负载惯量相对来说较小,提高了抗机械干扰的能力,因此伺服系统的调整与负载几乎无关,大大方便了机床制造厂的安装调试工作。

(3) 低速时输出的转矩大。这种电机能与丝杠直接相连,省去了齿轮等传动机构,提高了机床的进给传动精度。

(4) 调速范围大。与高性能伺服单元组成速度控制装置时,调速范围1∶1000。

(5) 转子热容量大。电机的过载性能好,一般能过载运行几十分钟。

由于伺服系统的要求,永磁直流伺服电机的性能已不能简单地用电压、电流、转速等参数来描述,需要用一些特性曲线和参数来全面描述。如图5-13所示,以一个直流伺服电机为例,简要介绍了特性曲线和相关参数。

特性曲线主要有两种:

(1) 转矩—速度特性曲线,又叫工作曲线,如图5-13所示。图中伺服电机的工作区域分为三个:Ⅰ区域为连续工作区,在该区域里,转速和转矩的任意组合都可长期连续工作;Ⅱ区域为间断工作区,此时电机可根据负载周期曲线所决定的允许工作时间与断电时间间歇工作;Ⅲ区域为加、减速区,电机只能在加、减速时工作于该区,即只能在该区域中工作极短的一段时间。

(2) 负载周期曲线,描述了电机过载运行的允许时间,如图5-14所示。图中给出了在满足负载所需转矩,又确保电机不过热的情况下,允许电机的工作时间。

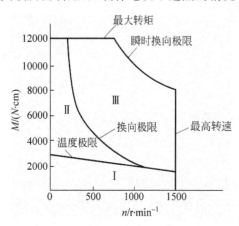

图 5-13 转矩—速度特性曲线

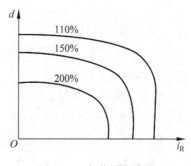

图 5-14 负载周期曲线

负载周期曲线的使用方法如下:

① 根据实际负载转矩,求出电机过载倍数 T_{md}。

② 在负载周期曲线的水平轴上找到实际所需工作时间 t_R,并从该点向上做垂线,与所要求的 T_{md} 的那条曲线相交;再以该交点作为水平线,与纵轴的交点即为允许的负载周期比,即

$$d = t_R/(t_R + t_F)$$

式中，t_R 为电机工作时间；t_F 为电机断电时间。最短断电时间 $t_F = t_R(1/d - 1)$。

3. 永磁直流伺服电机的结构

永磁直流电机分为驱动用永磁直流电机和永磁直流伺服电机两大类。驱动用永磁直流电机通常指不带稳速装置，没有伺服要求的电机；而永磁直流伺服电机除具有驱动用永磁直流电机的性能外，还具有一定的伺服特性和快速响应能力，在结构上与反馈部件做成一体。当然，永磁直流伺服电机也可作为驱动用电机。因为永磁直流伺服电机允许有宽的调速范围，所以也称为宽调速直流电机，其结构如图 5-15 所示。电机本体由三部分组成：机壳、定子磁极和转子电枢。反馈用的检测部件有高精度的测速机、旋转变压器以及脉冲编码器等，安装在电机的尾部。

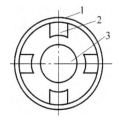

图 5-15 永磁直流伺服电机结构

定子磁极是一个永磁体。永磁体材料有下述三类：

（1）铸造型铝镍和钼镍合金，有价格昂贵、性能差和过载能力低的缺点。

（2）各向异性铁氧体磁铁的矫顽力很高，有很强的抗去磁能力；磁铁装配后，不需要进行开路、短路、堵转或反转等稳定性处理；原料价格便宜；铁氧体的密度很小，重量轻，电阻率高。因此，采用铁氧体的永磁电机不但成本低、重量轻，而且电枢反应的去磁作用很小，过载能力强。但环境温度对磁性能的影响较大，不适用于环境温度变化大的场合，而适用于要求温度稳定性高的场合。

（3）稀土钴永磁合金具有极大的矫顽力，是铁氧体的 2~3 倍；具有很高的最大磁能积，是铁氧体的 10 倍。因此，采用稀土钴合金的永磁电机具有很高的去磁能力，尤其适用于瞬时短路、堵转和突然反转等运行状态。用稀土钴合金制造的永磁电机的体积可以大大缩小。稀土钴是一种极有前途的永磁材料。由于其原料贵重，制造工艺复杂，因而影响了它的大量推广应用。

电枢结构在电枢方面，分为普通型和小惯量型两大类。小惯量型电枢又分为空心杯形电枢、无槽电枢和印刷绕组电枢三类。空心杯形电枢的主要特点是电枢由漆包线编织成杯形，用环氧树脂将其固化成一个整体，且无铁心。因此，这种电机特别轻巧，惯量极小，电枢绕组电感很小，电气时间常数小，重复启、停频率可达 200Hz 以上；其缺点是气隙较大，单位体积的输出功率较小，且电枢结构复杂，工艺难度大。无槽电枢的电枢铁心上没有槽，为一个光滑的由硅钢片叠成的圆柱体，用漆包线在其表面编织成包子形的绕组。由于电枢上无槽，所以气隙磁密度高，且无齿槽效应，使电机运转平稳，噪声小。对于印刷绕组电枢，因电枢圆盘很轻，惯量很小；由于电枢无铁心，铁耗很小，电气时间常数和机械时间常数均很小，很适合于低速和频繁启动及反转的场合。上述三种小惯量型电枢的共同特点是电枢惯量小，适合于要求快速响应的伺服系统，因此，在早期的数控机床上得到应用。但由于过载能力低，电枢惯量与机械传动系统匹配较差，因此近期在数控机床上多采用普通型的有槽电枢。普通型有槽电枢的结构与一般的直流电机电枢相同，只是电枢铁心上的槽数较多，采用斜槽，即将铁心叠片扭转一个齿距，且在一个槽内分几个虚槽，以减小转矩的波动。

4. 直流伺服驱动装置

目前,直流伺服驱动装置均采用晶闸管(俗称可控硅 SCR)调速系统或晶体管脉宽调制(即 PWM)调速系统。

在晶闸管调速系统中,多采用三相全控桥式整流电路作为直流速度控制单元的主回路,通过对 12 个晶闸管触发角的控制,达到控制电机电枢电压的目的。而脉宽调速系统是利用脉宽调制器对大功率晶体管的开关时间进行控制,将直流电压转换成某一频率的方波电压,加到电机电枢的两端。通过对方波脉冲宽度的控制,改变电枢两端的平均电压,达到控制电枢电流,进而控制电机转速的目的。

采用晶体管脉宽调速系统与晶闸管控制方式相比,具有如下主要优点:

(1) 避开与机械的共振。由于 PWM 调速系统的开关工作频率高(约为 2kHz),远高于转子所能跟随的频率,避开了机械共振区。

(2) 电枢电流脉动小。由于 PWM 调速系统的开关频率高,仅靠电枢绕组的电感滤波即可获得脉动很小的电枢电流,因此低速工作十分平滑、稳定,调速比可做得很大,如 1∶10 000 或更高。

(3) 动态特性好。PWM 调速系统不像 SCR 调速系统有固有的延时时间,其反应速度很快,具有很宽的频带。因此,它具有极快的定位速度和很高的定位精度,抗负载扰动的能力强。

由于晶体管脉宽调速系统具有上述明显的优点,因而在直流驱动装置上被大量采用。其主要的缺点是:不能承受高的过载电流,功率还不能做得很大。目前,在中、小功率的伺服驱动装置中,大多采用性能优异的晶体管脉宽调速系统;而在大功率场合中,采用晶闸管调速系统。

不论上述哪种调速系统,其控制调节器的原理都是一样的,如图 5-16 所示。

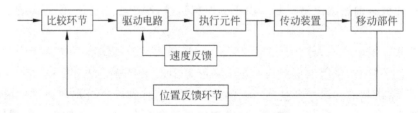

图 5-16 控制调节器的原理图

理论与实践均证明,这是一种有效的性能优异的闭环控制系统,目前的直流调速系统均采用这种控制方案。其特点是通过电流互感器或采样电阻获得电枢电流的实际值,构成电流反馈回路;再通过与电机同轴安装的测速发电机获得电机的实际转速,从而构成速度反馈回路,其速度调节器 ST 与电流调节器 LT 均采用 PID 调节器。因为系统是由电流速度两个反馈回路组成的,所以称为双环系统。

在实际的速度控制单元中,为了保证其安全、可靠地工作,具有多种自动保护电路。一般具有如下报警保护措施:

(1) 一般过载保护通过在主回路中串联热继电器,在电机、伺服变压器、散热片内埋入能检测温度的热控开关来进行过载保护。

(2) 过电流保护包括当$|I|>I_{max}$时产生的报警,或当电流的平均值大于I_{max}时产生的报警。

(3) 失控保护。失控是指电机在正常运转时,速度反馈突然消失(如测速发电机断线),使得电机转速急骤上升,即所谓"飞车",这对人身和设备都是有危险的。失控保护一般通过监测测速发电机电压和电枢电压来实现。

5.2.3　交流伺服电机驱动的进给系统

交流伺服驱动因其无刷、响应快、过载能力强等优点,已全面替代直流驱动。

交流伺服电机依据电机运行原理的不同,分为永磁同步式、永磁直流无刷式、感应(或称异步)式、磁阻同步式。这些电机具有相同的三相绕组的定子结构。

感应式交流伺服电机的转子电流由滑差电势产生,并与磁场相互作用产生转矩,其主要优点是无刷,结构坚固,造价低,免维护,对环境要求低,其主磁通由激磁电流产生,很容易实现弱磁控制,高转速可以达到4～5倍的额定转速;缺点是需要激磁电流,内功率因数低,效率较低,转子散热困难,要求较大的伺服驱动器容量,电机的电磁关系复杂,要实现电机的磁通与转矩的控制比较困难,电机非线性参数的变化影响控制精度,必须进行参数在线辨识才能达到较好的控制效果。

永磁同步交流伺服电机气隙磁场由稀土永磁体产生,转矩控制由调节电枢的电流实现,转矩的控制较感应电机简单,并且能达到较高的控制精度;转子无铜、铁损耗,效率高,内功率因数高,也具有无刷、免维护的特点,体积和惯量小,快速性好;在控制上需要轴位置传感器,以便识别气隙磁场的位置;价格较感应电机贵。

无刷直流伺服电机的结构与永磁同步伺服电机相同,它借助较简单的位置传感器(如霍耳磁敏开关)的信号控制电枢绕组的换向,控制最为简单;由于每个绕组的换向都需要一套功率开关电路,电枢绕组的数目通常只采用三相,相当于只有三个换向片的直流电机,因此运行时,电机的脉动转矩大,造成速度脉动,需要采用速度闭环才能运行于较低转速。该电机的气隙磁通为方波分布,可降低电机制造成本。有时,将无刷直流伺服系统与同步交流伺服混为一谈,外表上很难区分,实际上两者的控制性能是有较大差别的。

磁阻同步交流伺服电机转子磁路具有不对称的磁阻特性,无永磁体或绕组,也不产生损耗;其气隙磁场由定子电流的激磁分量产生,定子电流的转矩分量产生电磁转矩;内功率因数较低,要求较大的伺服驱动器容量,也具有无刷、免维护的特点;它克服了永磁同步电机弱磁控制效果差的缺点,可实现弱磁控制,速度控制范围可达到0.1～10 000r/min,兼有永磁同步电机控制简单的优点,但需要轴位置传感器;价格较永磁同步电机便宜,但体积较大。

目前应用较广泛的交流伺服电机以永磁同步式为主,永磁无刷直流式为辅,因此本节将以永磁同步式交流伺服电机为中心,介绍其工作原理。

1. 永磁直流无刷伺服电机的工作原理

三相永磁直流无刷伺服电机工作原理如图5-17所示,它由一台三相永磁步进电机、功率逻辑开关单元和转子位置传感器组成。位置传感器采用光电器件VP_1、VP_2、VP_3,它们均匀分布,相差120°;电机轴上的旋转遮光板使从光源射来的光线依次照射在各个光电器件上。由于此时光电器件 VP_1 被照射,使功率晶体管 V_1 呈导通状态,电流流入 A 相绕组。该绕组电流产生定子磁势 F_s 与转子磁势 F_m,作用后产生的转矩使转子顺时针方向转动,如图 5-18(a)所示。当转子磁极转到图 5-18(b)所示的位置时,转子轴上的旋转遮光板遮住 VP_1,使 VP_2 受光照射,从而使晶体管 V_1 截止,晶体管 V_2 导通,电流流入绕组 B,使得转子磁极继续顺时针方向转动。当转子磁极转至图 5-18(c)所示的位置时,旋转遮光板遮住 VP_2,使 VP_3 被光照射,导致晶体管 V_2 截止,晶体管 V_3 导通,因而电流流入绕组 C,于是驱动转子继续顺时针方向旋转,并重新回到图 5-18(a),VP_3 被遮住,VP_1 被照射,导致晶体管 V_3 截止,晶体管 V_1 导通,开始新一轮的通电循环,转子便能顺时针地继续旋转。

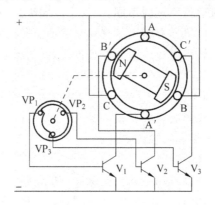

图 5-17　三相永磁直流无刷电机工作原理

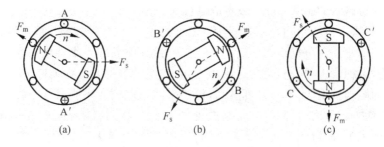

图 5-18　开关顺序及定子磁场旋转示意图

2. 永磁同步式交流伺服电机的工作原理

交流伺服电机以永磁同步电机响应快、控制简单而被广泛地应用。永磁同步式交流伺服电机的定子绕组对称 Y 接三相绕组,当通以对称三相电流时,定子的合成磁场 F_S 为一个旋转磁场,其幅值不变,空间的相位角与电流某时刻的相位角有关。例如,当 A 相电流达到正最大值时,F_S 的相位角与 A 相绕组轴线重合,如图 5-19 所示。若电流相序为 A-B-C 时,F_S 磁场将以逆时针方向旋转。电机的转子由稀土永磁材料制成,产生转子磁场 F_R,F_S 和 F_R 相互作用产生电磁转矩,其方向趋于使 F_S 与 F_R 重合,即产生逆时针方向的转矩 T_M,该转矩正

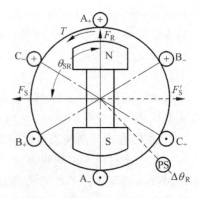

图 5-19　交流伺服电机的工作原理图

比于 $F_sF_R\sin\theta S_R$ 的乘积。若 $\theta_{SR}=\dfrac{\pi}{2}$，则转矩正比于 F_sF_R 的乘积。

在电磁转矩 T_M 的作用下，转子逆时针方向转动，由驱动控制器读取转子位置传感器 PS 的值，给出转子磁场 F_R 的移动量 $\Delta\theta_R$，用以控制定子的三相电流值，即改变三相电流相位，使其合成磁场 F_S 沿转子旋转方向，也移动相同的角度，即 $\Delta\theta_S=\Delta\theta_R$，以保持 $\theta_{SR}=\pi/2$ 不变，实现 T_M 不变。

电磁转矩 T_M 的大小通过控制三相电流的幅值 I_M 来实现，即控制 F_S 的大小。当需要转子反方向旋转时，改变三相电流的方向，使其合成磁场 F_S 改变 $180°$，成为 F_S'，电磁转矩 T_M 也改变了方向，对转子起制动作用。当速度达到零以后，转子将反方向加速至运行转速。

在这种控制方式下，永磁同步交流伺服电机运行于自同步状态，称为磁场定向控制或矢量控制。

5.3 数控机床的主轴驱动系统

数控机床主轴驱动可采用直流电机，也可采用交流电机。与进给驱动不同的是，主轴电机的功率要求更大，对转速要求更高，但对调速性能的要求远不如进给驱动那样高。因此在主轴调速控制中，除采用调压调速外，还采用了弱磁升速的方法，进一步提高其最高转速。

5.3.1 直流主轴驱动

1. 对主轴驱动的要求

随着数控机床的不断发展，传统的主轴驱动方式已不能满足要求，现代数控机床对主传动提出了更高的要求。

(1) 数控机床主传动要有较宽的调速范围，以保证加工时选用合理的切削用量，从而获得最佳的生产率、加工精度和表面质量。特别对于具有多工序自动换刀的数控机床——加工中心，为适应各种刀具、工序和各种材料的要求，对主轴的调速范围要求更高。

(2) 数控机床主轴的变速是依指令自动进行的，要求能在较宽的转速范围内进行无级调速，并减少中间传递环节，简化主轴箱。

(3) 要求主轴在整个速度范围内均能提供切削所需的功率，并尽可能在全速度范围内提供主轴电机的最大功率，即恒功率范围要宽。由于主轴电机在低速段均为恒转矩输出，为满足数控机床低速强力切削的需要，常采用分段无级变速的方法，即在低速段采用机械减速装置，以提高输出转矩。

(4) 要求主轴在正、反向转动时均可进行自动加、减速控制，要求有四象限的驱动能力，并且加、减速时间短。

(5) 为满足加工中心自动换刀(ATC)以及某些加工工艺(例如，精镗孔时退刀、刀具通过小孔镗大孔等)的需要，要求主轴具有高精度的准停控制。

(6) 在车削中心上，还要求主轴能具有旋转进给轴(C 轴)的控制功能。主轴变速分为有级变速、无级变速以及分段无级变速三种形式。其中，有级变速仅用于经济型数控床上，大多数数控机床均采用无级变速或分段无级变速的方法。为满足上述要求,早期数控机床多采用直流主轴驱动系统,但由于直流电机使用机械换向器,其使用和维护都较麻烦,并且其恒功率调速范围较小。进入20世纪80年代后,随着微处理器技术、控制理论和大功率半导体技术的发展,交流驱动系统进入实用化阶段,现在绝大多数数控机床均采用笼式感应交流电机配置矢量变换变频调速系统的主轴驱动系统。这是因为,一方面,笼式感应交流电机不像直流电机那样在高速、大功率方面受到限制;另一方面,交流主轴驱动的性能已达到直流驱动系统的水平,甚至在噪声方面还有所降低。但是,在现有的数控机床上,直流主轴驱动也应用得很多。

2. 直流主轴电机

(1) 直流主轴电机结构特点

为了满足上述数控机床对主轴驱动的要求,主轴电机必须具备下述性能:

① 电机的输出功率要大。

② 在大的调速范围内,速度应该稳定。

③ 在断续负载下,电机转速波动小。

④ 加速和减速时间短。

⑤ 电机温升低。

⑥ 振动、噪声小。

⑦ 电机可靠性高,寿命长,容易维修。

⑧ 体积小,重量轻,与机械连接容易。

⑨ 电机过载能力强。

直流主轴电机的结构与永磁式直流伺服电机的结构不同。因为要求主轴电机输出很大的功率,所以在结构上不能做成永磁式,而与普通的直流电机相同,也是由定子和转子两部分组成,其转子与直流伺服电机的转子相同,由电枢绕组和换向器组成。定子则完全不同,它由主磁极和换向极组成。有的主轴电机在主磁极上不但有主磁极绕组,还带有补偿绕组。

这类电机在结构上的特点是:为了改善换向性能,在电机结构上都有换向极;为缩小体积,改善冷却效果,以免使电机热量传到主轴上,采用了轴向强迫通风冷却或水管冷却。为适应主轴调速范围宽的要求,一般主轴电机都能在调速比1:100的范围内实现无级调速,而且在基本速度以上达到恒功率输出,在基本速度以下为恒转矩输出,以适应重负荷的要求。电机的主极和换向极都采用硅钢片叠成,以便在负荷变化或加速、减速时有良好的换向性能。电机外壳结构为密封式,以适应机加工车间的环境。在电机的尾部一般都同轴安装有测速发电机,作为速度反馈元件。

(2) 直流主轴电机性能

直流主轴电机的转矩—速度特性曲线如图5-20所示。在基本速度以下时属于恒转矩范围,用改变电枢电压来调速;在基本速度以上时属于恒功率范围,采用控制励磁的调速方法调速。一般来说,恒转矩的速度范围与恒功率的速度范围之比为1:2。直流主轴电机一般都有过载能力,且

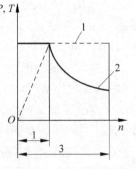

图 5-20 转矩—速度特性曲线图

大都能过载150%(即为连续额定电流的1.5倍)。至于过载的时间,根据生产厂的不同,有较大的差别,1～30min不等。

FANUC直流他激式主轴电机采用的是三相全控晶闸管无环流可逆调速系统,可实现基速以下的调压调速和基速以上的弱磁调速。其调速范围35～3500r/min(1∶100),输出电流33～96A,其控制框图如图5-21所示。

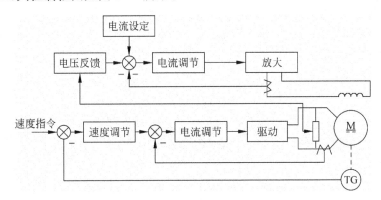

图5-21　FANUC直流他激式主轴电机控制框图

主轴转速的信号可由直流0～±10V模拟电压直接给定;也可给定2位BCD码或12位二进制码的数字量,由D/A转变为模拟量。

直流主轴控制系统调压调速部分与直流伺服系统类似,也是由电流环和速度环组成的双环系统。由于主轴电机的功率较大,因此主回路功率元件常采用晶闸管器件。因为主轴电机为他激式电机,励磁绕组与电枢绕组无连接关系,需要由另一个直流电源供电。磁场控制回路由励磁电流设定回路、电枢电压反馈回路及励磁电流反馈回路三者的输出信号经比较后控制励磁电流。当电枢电压低于210V时,电枢反馈电压低于6.2V,此时磁场控制回路中的电枢电压反馈相当于开路,不起作用,只有励磁电流的反馈作用。维持励磁电流不变,实现调压调速。当电枢电压高于210V时,电枢反馈电压高于6.2V,此时励磁电流反馈相当于开路,不起作用,而引入电枢反馈电压形成负反馈,随着电枢电压的稍许提高,调节器对磁场电流进行弱磁升速,使转速上升。

同时,FANUC直流主轴驱动装置具有速度到达、零速检测等辅助信号输出,还具有速度反馈消失、速度偏差过大、过载、失磁等多项报警保护措施,以确保系统安全、可靠地工作。

5.3.2　交流主轴驱动

1. 结构特点

前面提到,交流伺服电机的结构有笼型感应电机和永磁式同步电机两种结构,而且大都为后一种结构形式。而交流主轴电机与伺服电机不同。交流主轴电机采用感应电机形式。这是因为受永磁体的限制,当容量做得很大时,电机成本太高,使数控机床无法使用。另外,数控机床主轴驱动系统不必像伺服驱动系统那样,要求如此高的性能,调速范围也不要太大。因此,采用感应电机进行矢量控制就完全能满足数控机床主轴的要求。

笼型感应电机在总体结构上由三相绕组的定子和有笼条的转子构成。虽然也可采用普通感应电机作为数控机床的主轴电机,但一般而言,交流主轴电机是专门设计的,各有特色。如为了增加输出功率,缩小电机的体积,都采用定子铁心在空气中直接冷却的办法,没有机壳,而且在定子铁心上加工有轴向孔以利通风等。为此,在电机的外形上呈多边形,而不是圆形。交流主轴电机结构和普通感应电机的比较如图 5-22 所示。转子结构与一般笼型感应电机相同,多为带斜槽的铸铝结构。在这类电机轴的尾部装有检测用脉冲发器或脉冲编码器。

在电机安装上,一般有法兰式和底脚式两种,可根据不同需要来选用。

2．交流主轴电机性能

交流主轴电机结构及特性曲线如图 5-22 所示。从图中曲线可以看出,交流主轴电机的特性曲线与直流主轴电机类似:在基本速度以下为恒转矩区域,在基本速度以上为恒功率区域。但有些电机,如图 5-22 所示,当电机速度超过某一定值之后,其功率—速度曲线向下倾斜,不能保持恒功率。对于一般主轴电机,恒功率的速度范围只有 1∶3 的速度比。另外,交流主轴电机也有一定的过载能力,一般为额定值的 1.2~1.5 倍,过载时间则从几分钟到半个小时不等。

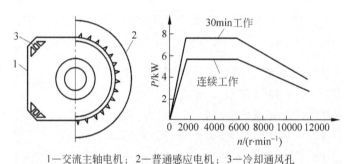

1—交流主轴电机; 2—普通感应电机; 3—冷却通风孔

图 5-22　交流主轴电机结构及特性曲线图

3．新型主轴电机结构

从较有代表性的 FANUC 公司的研制情况来看,交流主轴电机结构有下述三方面的新发展。

(1) 输出转换型交流主轴电机 为了满足机床切削的需要,要求主轴电机在任何刀具切削速度下都提供恒定的功率。但主轴电机本身由于特性的限制,在低速时,输出功率发生变化(即为恒转矩输出),在高速区则为恒功率输出。主轴电机的恒定特性可用在恒转矩范围内的最高速和恒功率时的最高速之比来表示。对于一般的交流主轴电机,这个比例为 1∶4~1∶3。因此,为了满足切削的需要,在主轴和电机之间装有齿轮箱,使之在低速时仍有恒功率输出。如果主轴电机本身有宽的恒功率范围,可省略主轴变速箱,简化整个主轴机构。

为此,FANUC 公司开发出一种称为输出转换型交流主轴电机,使输出切换方便很多,包括△-Y(三角—星形)切换和绕组数切换,或二者组合切换。尤其是绕组数切换方法格外方便,而且每套绕组都能分别设计成最佳的功率特性,能得到非常宽的恒功率范围,一般能达到 1∶30~1∶8。

(2) 液体冷却主轴电机 在电机尺寸一定的条件下,为了得到大的输出功率,必然大幅度增加电机发热量。为此,必须解决电机的散热问题。一般是采用风扇冷却的方法散热,但采用液体(润滑油)强迫冷却法能在保持小体积条件下获得大的输出功率。它的结构形式如图 5-23 所示。

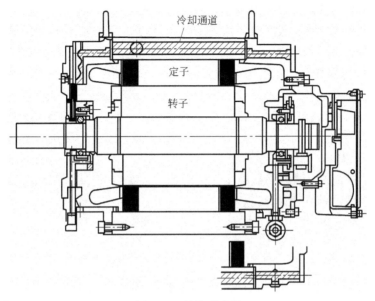

图 5-23　结构形式图

液体冷却主轴电机的结构特点是在电机外壳和前端盖中间有一个独特的油路通道,用强循环的润滑油经此来冷却绕组和轴承,使电机可在 20 000r/min 高速下连续运行。这类电机的恒功率范围也很宽。

(3) 内装式主轴电机如果能将主轴与电机制成一体,可省去齿轮机构,使主轴驱动机构简化。如图 5-24 所示的内装式主轴电机,就是将主轴与电机合为一体:电机轴就是主轴本身,电机的定子被拼在主轴头内。

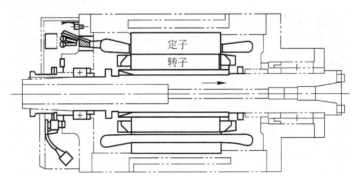

图 5-24　内装式主轴电机结构形式图

由图可见,内装式主轴电机由三个基本部分组成:空心轴转子、带绕组的定子和检测器。由于取消了齿轮变速箱的传动及与电机的连接,简化了构成,这样,降低了噪声、共振,即使在高速下运行,振动也极小。

4．交流主轴控制单元

矢量变换控制(Tranvektor control)是 1971 年由德国 Felix Blaschke 等人提出的,是对

交流电机调速控制的理想方法,其基本思路是把交流电机模拟成与直流电机相似,能够像直流电机一样,通过对等效电枢绕组电流和励磁绕组电流的控制来控制转矩和励磁磁通。感应电机的这种控制方法的数学模型与直流电机的数学模型极其相似。因此,采用矢量变换控制的感应电机能得到与直流电机同样优越的调速性能。由于矢量变换理论比较复杂,这里不再叙述。

例如,SIEMENS 晶体管脉宽调制主轴驱动装置 6SC 65 由微处理器的全数字交流主轴系统与 IPH5/6 型三相感应电机配套使用。6SC 65 采用西门子公司精心设计的矢量控制原理,确保了主轴具有良好的控制特性,其动态特性超过相应的直流驱动系统,其特点如下:

(1) 交流笼型感应电机功率范围是 3～63kW,最高转速分别可达 8000r/min、6300r/min 和 5000r/min;交流电机采用强迫冷却,冷却空气从驱动端流向非驱动端,以控制其温升。

(2) 采用安装在轴端的编码器检测主轴转速和转子位置,定子绕组的温度由安装在电机内的热敏电阻监测,以防电机过热。

(3) 采用配套变速齿轮箱可以降速,从而增大转矩。

(4) 在主轴驱动装置上,采用键盘与数码管显示将近 200 个控制驱动装置的参数输入,因此可以很方便地调整和改变其驱动特性,使其达到最佳状态。

(5) 具有很宽的恒功率调速范围,例如 IPH5107 电机驱动特性曲线如图 5-25 所示。

(6) 将先进的微电子技术与笼型感应电机维护简便和坚固耐用的特点结合在一起,加上完备的故障诊断与报警功能,确保可靠运行。

(7) 西门子主轴交流驱动装置通过增加 C 轴控制选件,使其本身具有的进给功能转速为 0.01～300r/min,定位精度可达±0.01°。

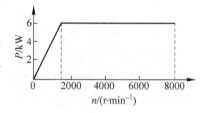

图 5-25 特性曲线

(8) 当数控系统不具备主轴准停控制功能时,西门子交流驱动装置可采用主轴定位选件,自身完成准停控制,其准停位置可作为标准参数设定于驱动装置中。

5.4 思考与练习

1. 对数控机床的伺服系统的要求是什么?
2. 对主轴伺服系统有什么特殊要求?
3. 步进电机有哪些类型?步进电机的工作原理是什么?
4. 直流伺服电机有哪几类?
5. 直流伺服电机的调速原理是什么?有哪些调速方法?
6. 交流伺服电机有哪几类?
7. 交流伺服电机的调速原理是什么?有哪些调速方法?
8. 变频调速有哪几种类型?
9. 什么是位置控制?位置控制的特点是什么?

第6章 数控机床可编程控制器

6.1 概述

6.1.1 PLC 的产生与发展

可编程控制器(Programmable Logic Controller,PLC),它是一类以微处理器为基础的通用型自动控制装置。它一般以顺序控制为主,回路调节为辅,能够完成逻辑、顺序、计时、计数和算术运算等功能。既能控制开关量,也能控制模拟量。

近年来 PLC 技术发展很快,每年都推出不少新产品。据不完全统计,美国、日本、德国等生产 PLC 的厂家已达 150 多家,产品有数百种。PLC 的功能不断增长,主要表现在以下方面:

(1) 控制规模不断扩大,单台 PLC 可控制成千乃至上万个点,多台 PLC 进行同位链接可控制数万个点。

(2) 指令系统功能增强,能进行逻辑运算、计时、计数、算术运算、PID 运算、数制转换、ASCII 码处理。高档 PLC 还能处理中断、调用子程序等。使得 PLC 能够实现逻辑控制、模拟量控制、数值控制和其他过程监控,以至在某些方面可以取代小型计算机控制。

(3) 处理速度提高,每个点的平均处理时间从 $10\mu s$ 左右提高到 $1\mu s$ 以内。

(4) 编程容量增大,从几千字节增大到几十千字节,甚至上百千字节。

(5) 编程语言多样化,大多数使用梯形图语言和语句表语言,有的还可使用流程图语言或高级语言。

(6) 增加通信与联网功能,多台 PLC 之间能互相通信,互相交换数据;PLC 还可以与上位计算机通信,接收计算机的命令,并将执行结果告诉计算机。通信接口多采用 RS-422/RS-232C 等标准接口,以实现多级集散控制。

目前,为了适应不同的需要,进一步扩大 PLC 在工业自动化领域的应用范围,PLC 正朝着以下两个方向发展:其一是低档 PLC 向小型、简易、廉价方向发展,使之广泛地取代继电器控制;其二是中、高档 PLC 向大型、高速、多功能方向发展,使之能取代工业控制微机的部分功能,对大规模的复杂系统进行综合性的自动控制。

在数控机床上采用 PLC 代替继电器控制,使数控机床结构更紧凑,功能更丰富,响应速度和可靠性大大提高。在数控机床、加工中心等自动化程度高的加工设备和生产制造系统中,PLC 是不可缺少的控制装置。

6.1.2 PLC 的基本功能

在数控机床出现以前,顺序控制技术在工业生产中广泛应用。许多机械设备的工作过程都需要遵循一定的步骤或顺序。顺序控制是以机械设备的运行状态和时间为依据,使其按预先规定好的动作次序顺序地进行工作的一种控制方式。

数控机床所用的顺序控制装置(或系统)主要有两种,一种是传统的"继电器逻辑电路",简称 RLC(Relay Logic Circuit)。另一种是"可编程序控制器",即 PLC。

RLC 是将继电器、接触器、按钮、开关等机电式控制器件用导线连接而成的实现规定的顺序控制功能的电路。在实际应用中,RLC 存在一些难以克服的缺点。例如,只能解决开关量的简单逻辑运算,以及定时、计数等有限几种功能控制,难以实现复杂的逻辑运算、算术运算、数据处理,以及数控机床所需要的许多特殊控制功能;修改控制逻辑需要增、减控制元器件和重新布线,安装和调整周期长,工作量大;继电器、接触器等器件体积较大,每个器件工作触点有限。当机床受控对象较多,或控制动作顺序较复杂时,需要采用大量的器件,因而整个 RLC 体积庞大,功耗高,可靠性差等。由于 RLC 存在上述缺点,因此只能用于一般的工业设备和数控车床、数控钻床、数控镗床等控制逻辑较为简单的数控机床。

与 RLC 比较,PLC 是一种工作原理完全不同的顺序控制装置。PLC 具有如下基本功能:

(1) PLC 是由计算机简化而来的。为适应顺序控制的要求,PLC 省去了计算机的一些数字运算功能,强化了逻辑运算控制功能,是一种功能介于继电器控制和计算机控制之间的自动控制装置。

PLC 具有与计算机类似的一些功能器件和单元,包括 CPU、用于存储系统控制程序和用户程序的存储器、与外部设备进行数据通信的接口及工作电源等。为与外部机器和过程实现信号传送,PLC 还具有输入、输出信号接口。PLC 有了这些功能器件和单元,即可用于完成各种指定的控制任务。

(2) 具有面向用户的指令和专用于存储用户程序的存储器。用户控制逻辑用软件实现,适用于控制对象动作复杂,控制逻辑需要灵活变更的场合。

(3) 用户程序多采用图形符号和逻辑顺序关系与继电器电路十分近似的"梯形图"编辑。梯形图形象、直观,工作原理易于理解和掌握。

(4) PLC 可与专用编程机、编程器、个人计算机等设备连接,可以很方便地实现程序的显示、编辑、诊断、存储和传送等操作。

(5) PLC 没有继电器那种接触不良、触点熔焊、磨损和线圈烧断等故障。运行中无振动、无噪声,且具有较强的抗干扰能力,可以在环境较差(如粉尘、高温、潮湿等环境)的条件下稳定、可靠地工作。

(6) PLC 结构紧凑、体积小、容易装入机床内部或电气箱内,便于实现数控机床的机电一体化。

PLC 的开发利用,为数控机床提供了一种新型的顺序控制装置,并很快在实际应用中显示出强大的生命力。现在 PLC 已成为数控机床的一种基本的控制装置。与 RLC 相比较,采用 PLC 的数控机床结构更紧凑,功能更丰富,工作更可靠。对于车削中心、加工中心、FMC、FMS 等机械运动复杂、自动化程度高的加工设备和生产制造系统,PLC 是不可缺少的控制装置。

6.1.3 PLC 的基本结构

可编程序控制器实施控制,其实质就是按一定算法进行输入/输出变换,并将这个变换予以物理实现。输入/输出变换、物理实现可以说是 PLC 实施控制的两个基本点;同时,物理实现是 PLC 与普通微机相区别之处,要考虑实际控制的需要,应能排除干扰信号适应于工业现场,输出应放大到工业控制的水平,能方便实际控制系统使用,所以 PLC 采用了典型的计算机结构,主要由微处理器(CPU)、存储器(RAM/ROM)、输入/输出接口(I/O)电路、通信接口及电源组成。PLC 的基本结构如图 6-1 所示。

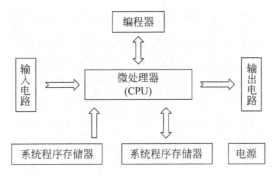

图 6-1 PLC 的基本结构

1. 中央处理单元(CPU)

中央处理单元(CPU)是 PLC 的控制核心。PLC 系统程序赋予它的功能包括:
① 接收并存储从用户程序和数据;
② 检查电源、存储器、I/O 以及警戒定时器的状态,并能诊断用户程序中的语法错误。

当 PLC 投入运行时,首先 CPU 以扫描的方式采集现场各输入装置的状态和数据,并分别存入 I/O 映像寄存区;然后从用户程序存储器中逐条读取用户程序,经过命令解释后按指令的规定执行逻辑或算术运算,并将结果送入 I/O 映像寄存区或数据寄存器内;等所有的用户程序执行完毕之后,将 I/O 映像寄存区的各输出状态或输出寄存器内的数据传送到相应的输出装置;如此循环,直到停止运行。为了进一步提高 PLC 的可靠性,近年来对大型 PLC 采用双 CPU 构成冗余系统,或采用三 CPU 的表决式系统。这样,即使某个 CPU 出现故障,整个系统仍能正常运行。

2. 存储器

可编程序控制器的存储器分为系统程序存储器和用户程序存储器。存放系统软件(包括监控程序、模块化应用功能子程序、命令解释程序、故障诊断程序及其各种管理程序)的存储器称为系统程序存储器;存放用户程序(用户程序和数据)的存储器称为用户程序存储器,所以又分为用户存储器和数据存储器两部分。

PLC 常用的存储器类型包括:

(1) RAM (Random Assess Memory):这是一种读/写存储器(随机存储器),其存取速度最快,由锂电池支持。

(2) EPROM(Erasable Programmable Read Only Memory):这是一种可擦除的只读存

储器。在断电情况下,存储器内的所有内容保持不变(在紫外线连续照射下,可擦除存储器内容)。

(3) EEPROM(Electrical Erasable Programmable Read Only Memory):这是一种电可擦除的只读存储器。使用编程器能很容易地对其所存储的内容进行修改。

PLC 存储空间的分配情况如下:虽然各种 PLC 的 CPU 的最大寻址空间各不相同,但是根据 PLC 的工作原理,其存储空间一般包括三个区域:系统程序存储区、系统 RAM 存储区(包括 I/O 映像寄存区和系统软设备等)和用户程序存储区。

(1) 系统程序存储区:在系统程序存储区中存放着相当于计算机操作系统的系统程序,包括监控程序、管理程序、命令解释程序、功能子程序、系统诊断子程序等。由制造厂商将其固化在 EPROM 中,用户不能直接存取。它和硬件一起决定了该 PLC 的性能。

(2) 系统 RAM 存储区:系统 RAM 存储区包括 I/O 映像寄存区以及各类软元件,如逻辑线圈、数据寄存器、计时器、计数器、变址寄存器、累加器等存储器。

① I/O 映像寄存区:由于 PLC 投入运行后,只是在输入采样阶段才依次读入各输入状态和数据,在输出刷新阶段才将输出的状态和数据送至相应的外设。因此,它需要一定数量的存储单元(RAM)来存放 I/O 的状态和数据,这些单元称作 I/O 映像寄存区。一个开关量 I/O 占用存储单元中的一个位,一个模拟量 I/O 占用存储单元中的一个字。因此,整个 I/O 映像寄存区可看作由两部分组成:开关量 I/O 映像寄存区和模拟量 I/O 映像寄存区。

② 系统软元件存储区:除了 I/O 映像寄存区以外,系统 RAM 存储区还包括 PLC 内部各类软元件(逻辑线圈、计时器、计数器、数据寄存器和累加器等)的存储区。该存储区又分为具有失电保持的存储区域和失电不保持的存储区域。前者在 PLC 断电时,由内部的锂电池供电,数据不会丢失;后者当 PLC 断电时,数据被清零。

(3) 用户程序存储区:用户程序存储区存放用户编制的用户程序。不同类型的 PLC,其存储容量各不相同。

3. 输入接口电路

输入/输出信号有开关量、模拟量、数字量三种,在学校的实训室涉及的信号当中,开关量最普遍,也是实验条件所限。在此主要介绍开关量接口电路。可编程序控制器的优点之一是抗干扰能力强。这也是其 I/O 设计的优点之处,经过电气隔离,信号才送入 CPU 执行,防止现场的强电干扰进入。图 6-2 所示就是采用光电耦合器(一般采用反光二极管和光电三极管组成)的开关量输入接口电路。

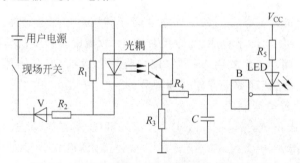

图 6-2 采用光电耦合器的开关量输入接口电路

4．输出接口电路

可编程序控制器的输出包括继电器输出(M)、晶体管输出(T)、晶闸管输出(SSR)三种输出形式。

(1) 输出接口电路的隔离方式

输出接口电路的隔离方式如图 6-3 所示。

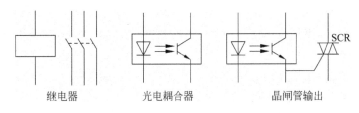

图 6-3　输出接口电路的隔离方式

(2) 输出接口电路的主要技术参数

① 响应时间：响应时间是指 PLC 从"ON"状态转变成"OFF"状态，或从"OFF"状态转变成"ON"状态所需要的时间。继电器输出型响应时间平均约为 10ms；晶闸管输出型响应时间为 1ms 以下；晶体管输出型在 0.2ms 以下为最快。

② 输出电流：继电器输出型具有较大的输出电流，交流 250V 以下的电路电压可驱动 2A 的纯电阻负载及 1000W 以下的灯负载，PLC 每个输出端口的输出电流是 0.5A，但是由于温度上升的原因，每个端口的输出电流为 0.8A，输出电压约为 1.5V，因此驱动时，请注意元件的输入电压特性。

③ 开路漏电流：开路漏电流是指输出处于"OFF"状态时，输出回路中的电流。继电器输出型输出节点"OFF"是无漏电流；晶体管输出型漏电流在 0.1mA 以下；晶闸管有较大漏电流，主要由内部 RC 电路引起，需在设计系统时注意。

(3) 输出公共端(COM)

公共端与输出各组之间形成回路，从而驱动负载。各公共端单元可以驱动不同电源电压系统的负载。

5．电源

PLC 的电源在整个系统中起着十分重要的作用。如果没有一个良好的、可靠的电源，系统是无法正常工作的，因此 PLC 的制造商对电源的设计和制造十分重视。一般交流电压波动在±10%(±15%)范围内，可以不采取其他措施，将 PLC 直接连接到交流电网。例如，FX1S 额定电压 AC 100～240V，电压允许范围在 AC 85～264V 之间。允许瞬时停电在 10ms 以下，能继续工作。

一般小型 PLC 的电源输出分为两部分：一部分供 PLC 内部电路工作；一部分向外提供给现场传感器等的工作电源。因此，PLC 对电源的基本要求如下：

(1) 能有效地控制、消除电网电源带来的各种干扰；

(2) 电源发生故障，不会导致其他部分产生故障；

(3) 允许较宽的电压范围；

(4) 电源本身的功耗低，发热量小；

(5) 内部电源与外部电源完全隔离；

(6) 有较强的自保护功能。

6. PLC 软件系统

PLC 的软件系统是指 PLC 所使用的各种程序的集合。它包括系统程序和用户程序。

(1) 系统程序

系统程序包括监控程序、编译程序及诊断程序等。监控程序又称为管理程序，主要用于管理全机。编译程序用来把程序语言翻译成机器语言。诊断程序用来诊断机器故障。系统程序由 PLC 生产厂家提供，并固化在 EPROM 中，用户不能直接存取，因此不需要用户干预。

(2) 用户程序

用户程序是用户根据现场控制的需要，用 PLC 的程序语言编制的应用程序，用于实现各种控制要求。用户程序由用户用编程器输入到 PLC 内存。小型 PLC 的用户程序比较简单，不需要分段，而是顺序编制。大、中型 PLC 的用户程序很长，也比较复杂，为使用户程序编制简单、清晰，可按功能结构或使用目的将用户程序划分成各个程序模块。按模块结构组成的用户程序，每个模块用来解决一个确定的技术功能，能使很长的程序编制得易于理解，还使得程序的调试和修改变得很容易。

对于数控机床来说，数控机床 PLC 中的用户程序由机床制造厂提供，并已固化到用户 EPROM 中，机床用户不需进行写入和修改；只是当机床发生故障时，根据机床厂提供的梯形图和电气原理图来查找故障点，进行维修。

6.1.4 PLC 的规模和几种常用名称

在实际应用中，当需要对 PLC 的规模作出评价时，较为普遍的做法是根据输入/输出点数的多少或者程序存储器容量（字数）的大小作为评价的标准，将 PLC 分为小型、中型和大型（或小规模、中规模和大规模）三类，如表 6-1 所示。

表 6-1 PLC 的规模分类

PLC 规模	评价指标	
	输入/输出点数（二者总点数）	程序存储容量（KB=千字）
小型 PLC	小于 128 点	1KB 以下
中型 PLC	128～512 点	1～4KB
大型 PLC	512 点以上	4KB 以上

存储器容量的大小决定存储用户程序的步数或语句条数的多少。输入/输出点数与程序存储器容量之间有内在的联系。当输入/输出点数增加时，顺序程序处理的信息量增大，程序加长，因而需加大程序存储器的容量。

一般来说，数控车床、铣床、加工中心等单机数控设备所需输入或输出点数多在 128 点以下，少数复杂设备在 128 点以上。对于大型数控机床，FMC、FMS、FA 需要采用中规模或大规模 PLC。

为了突出可编程序控制器作为工业控制装置的特点，或者为了与个人计算机"PC"或脉冲编码器"PLC"等术语相区别，除通称可编程控制器为"PLC"外，目前不少厂家，其中有些

是世界著名的 PLC 厂家,还采用了与 PLC 不同的其他名称。几种常见名称列举如下:
(1) 微机可编程控制器(Microprocessor Programmable Controller,MPC)
(2) 可编程接口控制器(Programmable Interface Controller,PIC)
(3) 可编程机器控制器(Programmable Machine Controller,PMC)
(4) 可编程顺序控制器(Programmable Sequence Controller,PSC)

6.2 数控机床用 PLC

6.2.1 PLC

数控机床用 PLC 分为两类:一类是专为实现数控机床顺序控制而设计制造的"内装型"(Built-in Type)PLC;另一类是输入/输出信号接口技术规范、输入/输出点数、程序存储容量以及运算和控制功能等均能满足数控机床控制要求的"独立型"(Stand-alone Type)PLC。

1. 内装型 PLC

内装型 PLC(或称内含型 PLC、集成式 PLC)从属于 CNC 装置,PLC 与 NC 间的信号传送在 CNC 装置内部即可实现。PLC 与 MT 间通过 CNC 输入/输出接口电路实现信号传送(如图 6-4 所示)。

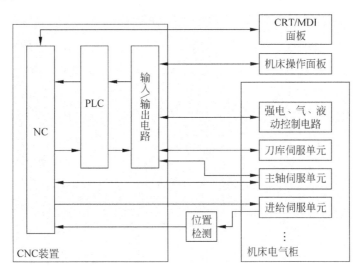

图 6-4 具有内装型 PLC 的 CNC 机床系统框图

内装型 PLC 有如下特点:

(1) 内装型 PLC 实际上是 CNC 装置带有的 PLC 功能,一般是作为一种基本的或可选择的功能提供给用户。

(2) 内装型 PLC 的性能指标(如输入/输出点数、程序最大步数、每步执行时间、程序扫描周期、功能指令数目等)是根据所从属的 CNC 系统的规格、性能、适用机床的类型等确定的。其硬件和软件部分是被作为 CNC 系统的基本功能或附加功能与 CNC 系统其他功能一起统一设计、制造的。因此,系统硬件和软件整体结构十分紧凑,且 PLC 所具有的功能针对性强,技术指标亦较合理、实用,尤其适用于单机数控设备的应用场合。

(3) 在系统的具体结构上,内装型 PLC 可与 CNC 共用 CPU,也可以单独使用一个 CPU;硬件控制电路可与 CNC 其他电路制作在同一块印刷板上,也可以单独制成一块附加板,当 CNC 装置需要附加 PLC 功能时,将此附加板插装到 CNC 装置上;内装 PLC 一般不单独配置输入/输出接口电路,而是使用 CNC 系统本身的输入/输出电路;PLC 控制电路及部分输入/输出电路(一般为输入电路)所用电源由 CNC 装置提供,不需另备电源。

(4) 采用内装型 PLC 结构,CNC 系统可以具有某些高级的控制功能,如梯形图编辑和传送功能,在 CNC 内部直接处理 NC 窗口的大量信息等。

自 20 世纪 70 年代末以来,世界上著名的 CNC 厂家在其生产的 CNC 产品中,大多开发了内装型 PLC 功能。随着大规模集成电路的开发利用,带与不带 PLC 功能,CNC 装置的外形尺寸没有明显的变化。一般来说,采用内装型 PLC 省去了 PLC 与 NC 间的连线,又具有结构紧凑、可靠性好、安装和操作方便等优点,和在拥有 CNC 装置后,又去另外配购一台通用型 PLC 作为控制器的情况相比较,无论在技术上还是经济上,对用户来说都是有利的。

国内常见的外国公司生产的带有内装型 PLC 的系统有:FANUC 公司的 FS-0(PMC-L/M)、FS-0 Mate(PMC-L/M)、FS-3(PLC-D)、FS-6(PLC-A、PLC-B)、FS-10/11(PMC-1)、FS-15(PMC-N);Siemens 公司的 SINUMERIK 810、SINUMERIK 820;A-B 公司的 8200、8400、8600 等。

2. 独立型 PLC

独立型 PLC 又称通用型 PLC,是独立于 CNC 装置,具有完备的硬件和软件功能,能够独立完成规定控制任务的装置。具有独立型 PLC 的 CNC 机床系统框图如图 6-5 所示。

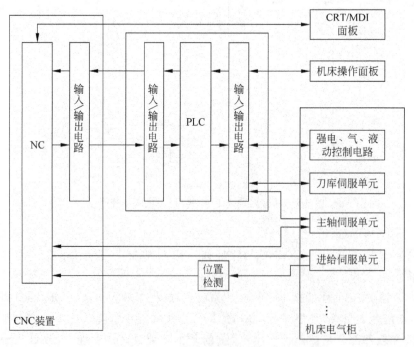

图 6-5 具有独立型 PLC 的 CNC 机床系统框图

独立型 PLC 有如下特点：

(1) 独立型 PLC 具有如下基本功能结构：CPU 及其控制电路、系统程序存储器、用户程序存储器、输入/输出接口电路、与编程机等外部设备通信的接口和电源等。

(2) 独立型 PLC 一般采用积木式模块化结构或笼式插板式结构，各功能电路多做成独立的模块或印刷电路插板，具有安装方便，功能易于扩展和变更等优点。例如，可采用通信模块与外部输入/输出设备、编程设备、上位机、下位机等进行数据交换；采用 D/A 模块，可以对外部伺服装置直接进行控制；采用计数模块可以对加工工件数量、刀具使用次数、回转体回转分度数等进行检测和控制；采用定位模块可以直接对诸如刀库、转台、直线运动轴等机械运动部件或装置进行控制。

(3) 独立型 PLC 的输入/输出点数可以通过 I/O 模块或插板的增、减灵活配置。有的独立型 PLC 还可通过多个远程终端连接器构成有大量输入/输出点的网络，以实现大范围的集中控制。

在独立型 PLC 中，那些专为用于 FMS、FA 而开发的独立型 PLC 具有强大的数据处理、通信和诊断功能，主要用作单元控制器，是现代自动化生产制造系统重要的控制装置。独立型 PLC 也用于单机控制。国外有些数控机床制造厂家，或是为了展示自己长期形成的技术特色，或是为了保密某些技术诀窍，或纯粹是因管理上的需要，在购进的 CNC 系统中舍弃了 PLC 功能，而采用外购或自行开发的独立型 PLC 作为控制器，这种情况在从日本、欧美引进的数控机床中屡见不鲜。

国内已引进应用的独立型 PLC 有：SIEMENS 公司的 SIMATIC S5 系列产品；A-B 公司的 PLC 系列产品；FANUC 公司的 PMC-J 等。

6.2.2　PLC 的工作过程

用户程序通过编程器顺序输入到用户存储器，CPU 对用户程序循环扫描并顺序执行，这是 PLC 的基本工作过程。

当 PLC 运行时，用户程序中有众多的操作需要执行，但是 CPU 不能同时执行多个操作，只能按照分时操作原理，每一时刻执行一个操作。但由于 CPU 运算处理速度很高，使得外部出现的结果从宏观来看似乎是同时完成的。这种分时操作的过程，称为 CPU 对程序的扫描(CPU 处理执行每条指令的平均时间：小型 PLC 如 OMRON-P 系列为 $10\mu s$，中型 PLC 如 FANUC-PLC-B 为 $7\mu s$)。

PLC 接通电源并开始运行后，立即进行自诊断。自诊断时间的长短随用户程序的长短而变化。自诊断通过后，CPU 就扫描用户程序。扫描从 0000H 地址所存的第一条用户程序开始，顺序进行，直到用户程序占有的最后一个地址为止，形成一个扫描循环，周而复始。顺序扫描的工作方式简单直观，它简化了程序的设计，并为 PLC 的可靠运行提供了保证。一方面，所扫描到的指令被执行后，其结果马上就可以被将要扫描到的指令所利用；另一方面，通过 CPU 设置扫描时间监视定时器来监视每次扫描是否超过规定的时间，从而避免由于 CPU 内部故障使程序执行进入死循环而造成的故障。

对用户程序的循环扫描执行过程,分为输入采样、程序执行、输出刷新三个阶段,如图 6-6 所示。

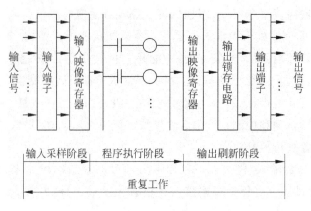

图 6-6　PLC 程序执行的过程

1. 输入采样阶段

在输入采样阶段,PLC 以扫描方式将所有输入端的输入信号状态(ON/OFF 状态)读入到输入映像寄存器中寄存起来,称为对输入信号的采样。接着转入程序执行阶段,在程序执行期间,即使输入状态变化,输入映像寄存器的内容也不会改变。输入状态的变化只能在下一个工作周期的输入采样阶段才被重新读入。

2. 程序执行阶段

在程序执行阶段,PLC 对程序按顺序扫描。如程序用梯形图表示,则总是按先上后下、先左后右的顺序扫描。每扫描到一条指令时所需要的输入状态或其他元素的状态,分别由输入映像寄存器或输出映像寄存器读入,然后进行相应的逻辑或算术运算,运算结果存入专用寄存器。若执行程序输出指令,则将相应的运算结果存入输出映像寄存器。

3. 输出刷新阶段

在所有指令执行完毕后,输出映像寄存器中的状态就是欲输出的状态。在输出刷新阶段将其转存到输出锁存电路,再经输出端子输出信号去驱动用户输出设备,这就是 PLC 的实际输出。PLC 重复地执行上述三个阶段,每重复一次就是一个工作周期(或称扫描周期)。工作周期的长短与程序的长短有关。

由于输入/输出模块滤波器的时间常数,输出继电器的机械滞后以及执行程序时按工作周期进行等原因,会使输入/输出响应出现滞后现象,对一般工业控制设备来说,这种滞后现象是允许的。但一些设备的某些信号要求作出快速响应,因此,有些 PLC 采用高速响应的输入/输出模块,也有的将顺序程序分为快速响应的高级程序和一般响应速度的低级程序两类。例如,FANUC-BESK PLC 规定高级程序每 8ms 扫描一次,而把低级程序自动划分分割段。当开始执行程序时,首先执行高级顺序程序,然后执行低级程序的分割段 1;接着执行高级程序,再执行低级程序的分割段 2,这样,每执行完低级程序的一个分割段,都要重新扫描执行一次高级程序,以保证高级程序中信号响应的快速性。

6.3 FANUC PLC 指令系统

6.3.1 继电器触点

继电器触点指令如表 6-2 所示。

表 6-2 继电器触点指令

符 号	名称及功能	符 号	名称及功能
-| |-	常开点	-|/|-	常闭点
-|↑|-	脉冲正跳变有效	-|↓|-	脉冲负跳变有效
-FAULT]-	参考值有故障输出	-NOFL T]-	参考值没有故障输出
-HIALR]-	超高报警	-LO ALR]-	超低报警

6.3.2 继电器线圈指令

继电器线圈指令如表 6-3 所示。

表 6-3 继电器线圈指令

符 号	名称及功能	符 号	名称及功能
-( )-	线圈有信号输出	-(/)-	线圈没有信号输出
-(M)-	线圈有信号立即输出	-(/M)-	线圈没有信号立即输出
-(↓)-	信号从高到低变化时输出	-(↑)-	信号从低到高变化时输出
-(S)-	置位,数值保持为 1	-(R)-	复位,数值回复位 0
-(SM)-	位置(断电保持)	-(RM)-	复位(断电保持)
＜+＞---	连接延长线		

6.3.3 计时器

GE FANUC PLC 计时器分为三种类型：延时计时器、保持延时计时器和断电延时计时器。

1. 延时计时器

延时计时器梯形图如图 6-7 所示。

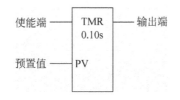

图 6-7 延时计时器梯形图

其工作波形图如图 6-8 所示。

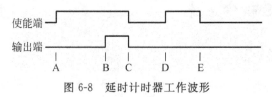

图 6-8　延时计时器工作波形

A——当使能端由 0→1 时,计时器开始计时。
B——当一次计时后,输出端置"1",计时器继续计时。
C——当使能端由 1→0 时,输出端置"0",计时器停止计时,当前值被清零。
D——当使能端由 0→1 时,计时器开始计时。
E——当当前值没有达到预置值时,使能端由 1→0,输出端仍旧为零,计时器停止计时,当前值被清零。

2．保持延时计时器

保持延时计时器梯形图如图 6-9 所示。

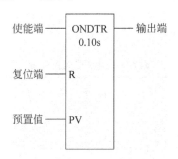

图 6-9　保持延时计时器梯形图

其工作波形图如图 6-10 所示。

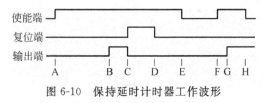

图 6-10　保持延时计时器工作波形

A——当使能端由 0→1 时,计时器开始计时。
B——当一次计时后,输出端置"1",计时器继续计时。
C——当复位端由 0→1 时,输出端被清零；计时值被复位。
D——当复位端由 1→0 时,计时器重新开始计时。
E——当使能端由 1→0 时,计时器停止计时,但当前值被保留。
F——当使能端再由 0→1 时,计时器从前一次保留值开始计时。
G——当一次计时后,输出端置"1",计时器继续计时,直到使能端为"0"且复位端为"1",或当前值达到最大值。
H——当使能端由 1→0 时,计时器停止计时,但输出端仍旧为"1"。

3. 断电延时计时器

断电延时计时器梯形图如图 6-11 所示。

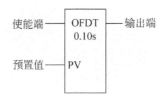

图 6-11　断电延时计时器梯形图

其工作波形图如图 6-12 所示。

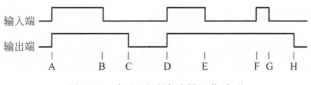

图 6-12　断电延时计时器工作波形

A——当使能端由 0→1 时；输出端也由 0→1。
B——当使能端由 1→0 时，计时器开始计时；输出端继续为"1"。
C——当当前值达到预置值时，输出端由 1→0，计时器停止计时。
D——当使能端由 0→1 时，计时器复位（当前值被清零）。
E——当使能端由 1→0 时；计时器开始计时。
F——当使能端又由 0→1 时，且当前值不等于预置值时，计时器复位（当前值被清零）。
G——当使能端再由 0→1 时，计时器开始计时。
H——当当前值达到预置值时，输出端由 1→0，计时器停止计时。

6.3.4　计数器

GE FANUC PLC 的计数器有两种：加计数器和减计数器。

1. 加计数器

加计数器梯形图如图 6-13 所示。

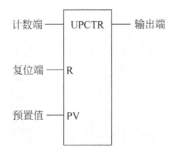

图 6-13　加计数器梯形图

当计数端输入由 0→1(脉冲信号)时,当前值加"1";当当前值等于预置值时,输出端置"1"。只要当前值大于或等于预置值,输出端始终为"1",而且该输出端带有断电自保功能,在上电时不自动初始化。

该计数器是复位优先的计数器,当复位端为"1"时(无需上升沿跃变),当前值与预置值均被清零;如有输出,也被清零。

另外,该计数器计数范围为 0~+32 767。

注意:

(1) 每一个计数器需占用 3 个连续的寄存器变量。

(2) 计数端的输入信号一定是脉冲信号,否则将屏蔽下一次计数。

2. 减计数器

减计数器梯形图如图 6-14 所示。

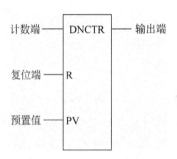

图 6-14　减计数器梯形图

当计数端输入由 0→1(脉冲信号)时,当前值减"1";当当前值等于"0"时,输出端置"1"。只要当前值小于或等于预置值,输出端始终为"1",而且该输出端带有断电自保功能,在上电时不自动初始化。

该计数器是复位优先的计数器,当复位端为"1"时(无需上升沿跃变),当前值被置成预置值;如有输出,也被清零。

该计数器的最小预置值为"0",最大预置值为"+32 767",最小当前值为"-32 767"。

注意:

(1) 每一个计数器需占用 3 个连续的寄存器变量。

(2) 计数端的输入信号一定是脉冲信号,否则会屏蔽下一次计数。

6.3.5　数学运算

1. 四则运算和求余

四则运算的梯形图及语法基本类似,下面以加法指令为例来说明。

加法运算梯形图如图 6-15 所示。

(1) 在 I_1 端为被加数,I_2 端为加数,Q 为和,其操作为 $Q=I_1+I_2$。当使能端为"1"时(无需上升沿跃变),指令就被执行。

I_1、I_2 与 Q 是三个不同的地址时,使能端是长信号还是脉冲信号没有不同。

(2) 当 I_1 或 I_2 之中有一个地址与 Q 地址相同,即 $I_1(Q)=I_1+I_2$ 或 $I_2(Q)=I_1+I_2$,其

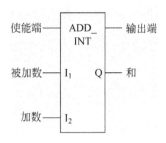

图 6-15　加法运算梯形图

使能端要注意是长信号还是脉冲信号。若是长信号,该加法指令成为一个累加器,每个扫描周期执行一次,直至溢出;若是脉冲信号,当使能端为"1"时,执行一次。

(3) 当计算结果发生溢出时,Q 保持当前数型的最大值(如是带符号的数,则用符号表示是正溢出还是负溢出)。

(4) 当使能端为"1"时,指令正常执行,没有发生溢出,输出端为"1",除非发生以下情况:

① 对 ADD 来说,$(+\infty)+(-\infty)$;

② 对 SUB 来说,$(\pm\infty)-(-\infty)$;

③ 对 MUL 来说,$0\times(\infty)$;

④ 对 DIV 来说,$0/0$ 或 $1/\infty$;

⑤ I_1 和(或)I_2 不是数字。

注意:要注意四则运算的数型,相同的数型才能运算:

① INT:带符号整数(16 位),$-32\,768\sim +32\,767$;

② UINT:不带符号整数(16 位),$0\sim 65\,535$;

③ DINT:双精度整数(32 位),$\pm 2\,147\,483\,648$;

④ REAL:浮点数(32 位);

⑤ MIXED:混合型(GE 90-70 PLC 乘、除法时用,见图 6-16)。

图 6-16　混合型运算

2．开方

开方运算梯形图如图 6-17 所示。

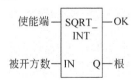

图 6-17　开方运算梯形图

要求 IN 端的平方根,当使能端为"1"时(无需上升沿跃变),Q 端为 IN 的平方根(整数部分)。

当使能端为"1"时,OK 端就为"1",除非发生下列情况:

① IN<0;

② IN 不是数值。

6.3.6 比较指令

1. 普通比较指令

比较指令的梯形图及语法基本类似,下面以等于指令为例来说明。

等于指令梯形图如图 6-18 所示。

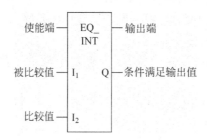

图 6-18 等于指令梯形图

比较 I_1 和 I_2 的值,若满足指定条件,且当使能端为"1"时(无需上升沿跃变),Q 端置"1",否则置"0"。

比较指令执行如下比较:$I_1 = I_2$,$I_1 > I_2$ 等。

当使能端为"1"时,输出端为"1",除非 I_1 或 I_2 不是数值。

比较指令支持如下数型(相同数型才能比较):INT,DINT,REAL,UNIT。

2. CMP 指令

CMP 指令梯形图如图 6-19 所示。

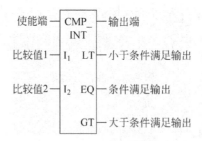

图 6-19 CMP 指令梯形图

比较 I_1 和 I_2 的值,且当使能端为"1"时(无需上升沿跃变),如 $I_1 > I_2$,GT 端置"1";$I_1 = I_2$,EQ 端置"1";$I_1 < I_2$,LT 端置"1"。

比较指令执行如下比较:$I_1 = I_2$,$I_1 > I_2$,$I_1 < I_2$。

当使能端为"1"时,输出端为"1",除非 I_1 或 I_2 不是数值。

注意：
比较指令支持如下数型（相同数型才能比较）：INT,DINT,REAL,UNIT。

3．Range 指令

Range 指令梯形图如图 6-20 所示。

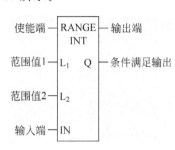

图 6-20　Range 指令梯形图

当使能端为"1"时（无需上升沿跃变），该指令比较输入端 IN 是否在 L_1 和 L_2 所指定的范围内（$L_1 \leqslant IN \leqslant L_2$ 或 $L_2 \leqslant X \leqslant L_1$）。如条件满足，Q 端置"1"，否则置"0"。

当使能端为"1"时，输出端为"1"，除非 L_1，L_2 和 IN 不是数值。

注意：Range 指令支持的数型（相同数型才能比较）如下所示：INT,DINT,UNIT,WORD,DWORD。

6.3.7　位操作指令

1．与、或、非操作

与、或、非操作指令的格式基本一致。下面以"AND"指令为例来说明。

与指令的梯形图如图 6-21 所示：

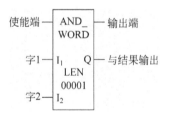

图 6-21　与指令梯形图

当使能端为"1"时（无需上升沿跃变），该指令执行与操作，其功能如图 6-22 所示。

字	0	0	0	1	1	1	1	1	1	0	0	1	0	0	0
字	1	0	1	1	1	0	0	0	0	0	0	1	1	1	
Q	0	0	0	1	1	1	0	0	0	0	0	1	0	0	0

图 6-22　与指令功能

该指令最多对 256 个字（128 个双字）执行与操作。

当使能端为"1"时，OK 端为"1"。

2. 移位指令（左移、右移指令）

左移指令与右移指令除了移动的方向不一致外，其余参数都一致。下面以左移指令为例来说明。

左移指令梯形图如图 6-23 所示。

图 6-23　左移指令梯形图

当使能端为"1"时（无需上升沿跃变），该指令执行移位操作，其功能如下：
移位前的字串内容如图 6-24 所示。

图 6-24　移位前的字串内容

移位指令执行图示如图 6-25 所示。

图 6-25　移位指令执行图示

各参数取值如下：
IN＝Q
B1＝ALW＿ON＝1
B2＝％M1
N＝3

3. 位测试指令

位测试指令检测字串中指定位的状态，决定当前位是"1"还是"0"，结果输出至 Q。
位测试指令梯形图如图 6-26 所示。

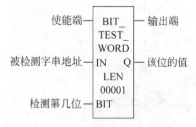

图 6-26　位测试指令梯形图

当使能端为"1"时(无需上升沿跃变),该指令执行如图 6-27 所示操作。

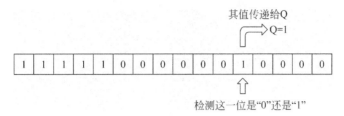

图 6-27　位测试指令执行的操作

其中,BIT=5。

4. 位置位(BSET)与位清零(BCLR)指令

位置位与位清零指令功能相反,但参数一致。下面以位置位指令为例来说明。
位置位指令梯形图如图 6-28 所示。

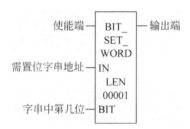

图 6-28　位置位指令梯形图

当使能端为"1"时(无需上升沿跃变),该指令操作过程如图 6-29 所示。

图 6-29　位置位指令操作过程

其中,BIT=5。

5. 定位指令(BPOS)

定位指令搜寻指定字串第一个为"1"的位的位置。
定位指令梯形图如图 6-30 所示。

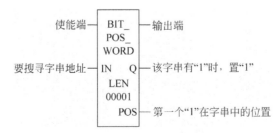

图 6-30　定位指令梯形图

当使能端为"1"时(无需上升沿跃变),该指令操作过程如图6-31所示。

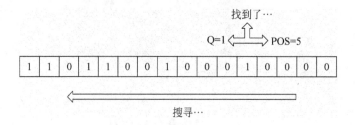

图 6-31　定位指令操作过程

如果没有找到"1",则 Q=0,POS=0。

6. 屏蔽比较指令(MSKCMP)

屏蔽比较指令比较两个字串相应的每个位的值是否一致。

屏蔽比较指令梯形图如图 6-32 所示。

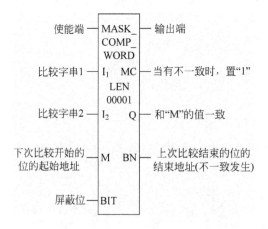

图 6-32　屏蔽比较指令梯形图

当使能端为"1"时(无需上升沿跃变),该指令操作过程如图 6-33 所示。
其参数地址如下所示:

$I_1 = \%I_1$

$I_2 = \%Q_1$

$M = \%R_1$

$BIT = \%R_{10}$

$MC = \%M_1$

$Q = \%P_1$

$BN = \%R_{10}$

若两个字串完全相等,则 M=0,BN=16(字长)。

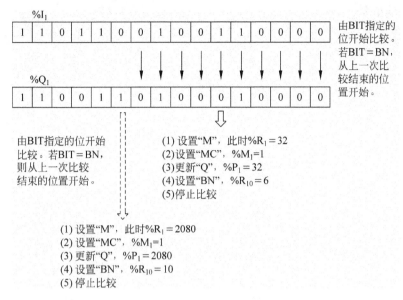

图 6-33 屏蔽比较指令操作过程

6.3.8 数据移动指令

1. 数据移动指令（MOVE）

该指令可以将数据从一个存储单元复制到另一个存储单元。由于数据是以位的格式复制的，所以新的存储单元无需与原存储单元具有相同的数据类型。其指令梯形图如图 6-34 所示。

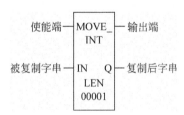

图 6-34 数据移动指令梯形图

当使能端为"1"时（无需上升沿跃变），该指令执行如图 6-35 所示操作。

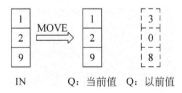

图 6-35 数据移动指令操作过程

该指令支持如下数型：INT，UINT，DINT，BIT，WORD，DWORD，REAL。

2．块移动指令

块移动指令可将 7 个常数复制到指定的存储单元。

块移动指令梯形图如图 6-36 所示。

图 6-36　块移动指令梯形图

当使能端为"1"时（无需上升沿跃变），该指令执行如图 6-37 所示操作。

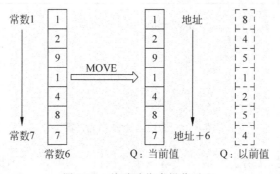

图 6-37　块移动指令操作过程

该指令支持如下数型：INT，WORD，REAL。

3．块清零指令（BLKCLR）

块清零指令对指定的地址区清零。

块清零指令梯形图如图 6-38 所示。

当使能端为"1"时（无需上升沿跃变），该指令执行如图 6-39 所示操作。

该指令支持如下数型：WORD。

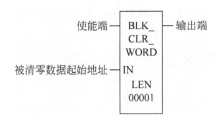

图 6-38　块清零指令梯形图

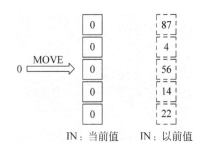

图 6-39　块清零指令操作

4．翻转指令（SWAP）

该指令翻转一个字中高字节与低字节的位置或一个双字中两个字的前、后位置。翻转指令梯形图如图 6-40 所示。

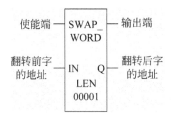

图 6-40　翻转指令梯形图

当使能端为"1"时（无需上升沿跃变），该指令执行如图 6-41 所示操作。

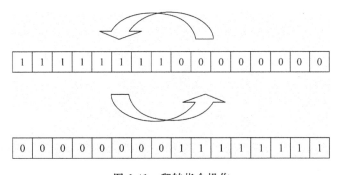

图 6-41　翻转指令操作

该指令支持如下数型：WORD,DWORD。

5．通信指令（COMMREQ）

当 CPU 需要读取智能模块的数据时,使用该指令。

通信指令梯形图如图 6-42 所示。

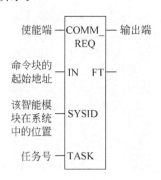

图 6-42　通信指令梯形图

该指令使能端是长信号还是短信号,取决于不同的智能模块。该指令包含命令块和数据块,其参数都在这两个块中设定。在数据块中,各种智能模块大都有自己的参数,不尽相同,其长度最长可到 127 个字；命令块大致相同。命令块中的格式如下：

① 地址：数据块的长度；
② 地址＋1：等待/不等待标志；
③ 地址＋2：状态指针存储器；
④ 地址＋3：状态指针偏移量；
⑤ 地址＋4：闲置超时值；
⑥ 地址＋5：最长通信时间。

6．数据初始化指令（DATA_INIT）

该指令定义寄存器地址的数据类型,没有实际的编程功能,但提供很强的调试功能。在首次编程时,其值被初始化为"0"。

数据初始化指令梯形图如图 6-43 所示。

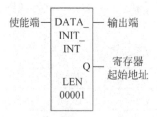

图 6-43　数据初始化指令梯形图

当使能端为"1"时（无需上升沿跃变）,该指令按照相应的数据格式初始化寄存器数据类型。其常数值输入如下：

① LM90。光标移至该指令上,按 F10 键,然后按照屏幕格式输入数据。

② Cimplicity Control。双击该指令,根据屏幕格式输入数据。

另外,数据初始化指令还包括 DATA_INIT_ASCII 指令。在功能上,这两种指令类似。

6.3.9 数据表格指令

GE FANUC PLC 提供了数据移动指令,这些指令提供数据自动移动的能力。该功能用于向数据表中输入数据或从表中复制出数据。对数据表指针的正确使用,是掌握该组指令的要点。

写入数据移入、移出的基本形式如图 6-44 所示。

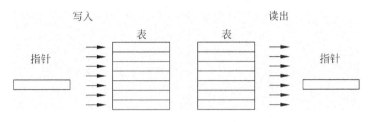

图 6-44 数据移入、移出的基本形式

1. 表读出指令(TBLRD)

表读出指令用来顺序地读出一个表中的值。

表读出指令梯形图如图 6-45 所示。

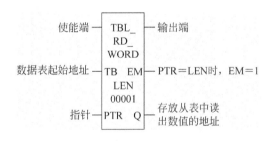

图 6-45 表读出指令梯形图

当使能端为"1"时(无需上升沿跃变),该指令执行如图 6-46 所示操作。

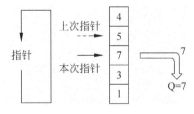

图 6-46 表读出指令操作

该指令支持如下数型:INT,UINT,DINT,WORD,DWORD。

2. 表写入指令(TBLWRT)

表写入指令连续更新数据表中的数据。

表写入指令梯形图如图 6-47 所示。

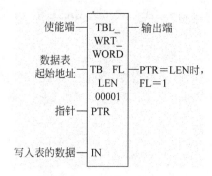

图 6-47　表写入指令梯形图

当使能端为"1"时（无需上升沿跃变），该指令执行如图 6-48 所示操作。

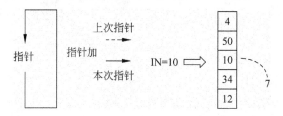

图 6-48　表写入指令操作

该指令支持如下数型：INT，UINT，DINT，WORD，DWORD。

3．堆栈指令

堆栈指令分为读指令（LIFORD）和写指令（LIFOWRT）。这两条指令一般来说同时使用。

1）读指令（LIFORD）

堆栈读指令梯形图如图 6-49 所示。

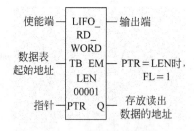

图 6-49　堆栈读指令梯形图

当使能端为"1"时（无需上升沿跃变），该指令执行如图 6-50 所示操作。
该指令支持如下数型：INT，UINT，DINT，WORD，DWORD。

2）写指令（LIFOWRT）

堆栈写指令梯形图如图 6-51 所示。
当使能端为"1"时（无需上升沿跃变），该指令执行如图 6-52 所示操作。
该指令支持如下数型：INT，UINT，DINT，WORD，DWORD。

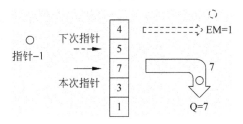

图 6-50　堆栈读指令操作

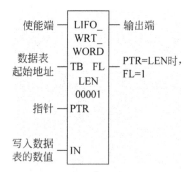

图 6-51　堆栈写指令梯形图

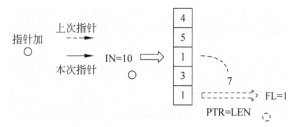

图 6-52　堆栈与指令操作

4．数组移动（ARRAY_MOVE）

数组移动指令从源数组复制指定数据到目标数组。

数组移动指令梯形图如图 6-53 所示。

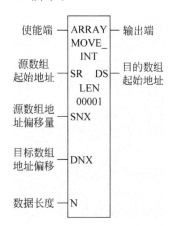

图 6-53　数组移动指令梯形图

当 Enable 端为"1"时(无需上升沿跃变),该指令执行如图 6-54 所示操作。

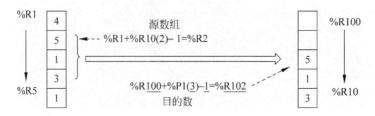

图 6-54 数组移动指令操作

各参数取值如下:
① SR:%R1
② SRX:%R10=2
③ DNX:%P1=3
④ N:%P10=3
⑤ DS:%R100

该指令支持如下数型:INT,UINT,DINT,BIT,BYTE,WORD,DWORD。

6.3.10 数据转换指令

GE FANUC PLC 提供了数据转换指令,该组指令的语法大同小异。下面以 BCD-4 转 INT 指令为例来说明,其指令梯形图如图 6-55 所示。

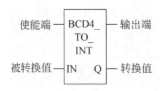

图 6-55 数据转换指令梯形图

当使能端为"1"时(无需上升沿跃变),该指令执行如下操作:把 IN 端的值转换成程序所指定的值,并存放在 Q 端。

6.3.11 控制指令

GE FANUC PLC 提供了控制指令,该组指令提供控制 PLC 程序运行顺序的功能。

1. 调用子程序(CALL,CALL EXTERNAL)

调用子程序指令提供模块化编程的功能,其梯形图如图 6-56 所示。

图 6-56 调用子程序指令梯形图

该指令执行如图 6-57 所示功能。

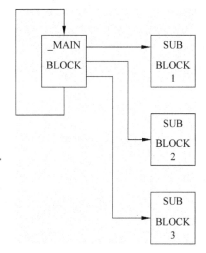

图 6-57　调用子程序指令功能

2．分支指令（MCR、ENDMCR）

分支指令变更程序的执行顺序。

分支指令梯形图如图 6-58 所示。

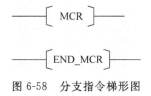

图 6-58　分支指令梯形图

该指令执行如下功能：

(1) MCR 和 END_MCR 之间的程序被忽略，不执行；

(2) 其中间的子程序不被调用；

(3) 其中间计时器当前值被清零；

(4) 其中间所用的常开线圈被复位。

注意：

(1) MCR 和 END_MCR 的名字必须一致；

(2) 任意几个 MCR 和 END_MCR 之间不能交叉使用；

(3) MCR 和 END_MCR 可以嵌套使用，其嵌套深度由 CPU 的类型决定。

3．跳转指令（JUMP、LABLE）

跳转指令变更程序的执行顺序。

跳转指令梯形图如图 6-59 所示。

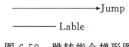

图 6-59　跳转指令梯形图

该指令执行如下功能：

(1) JUMP 和 LABLE 之间的程序被忽略，不执行；

(2) 其中间的子程序不被调用；

(3) 其中间的计时器当前值被保持；

(4) 其中间程序的执行结果保持上一次的执行结果。

注意：

(1) JUMP 和 LABLE 的名字必须一致；

(2) 任意几个 JUMP 和 LABLE 之间不能交叉使用；

(3) JUMP 和 LABLE 可以嵌套使用，其嵌套深度由 CPU 的类型决定。

4．PLC Service Request(SVCREQ)

该指令提供一系列 PLC 的功能指令，其梯形图如图 6-60 所示。

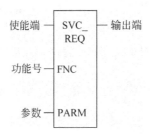

图 6-60　SVCREQ 梯形图

(1) ＃7 读写系统时钟(FNC＝7)

PLC 服务请求指令功能号含义详见图 6-61 所示。

0＝读系统时钟 1＝设置系统时钟	地址 1(word 1)
0＝十进制数 1＝BCD 码格式 2＝解包 BCD 码格式 3＝打包 ASCII 格式	地址 2(word 2)
数据	地址 3(word 3)

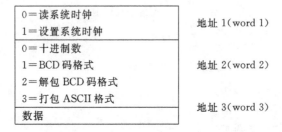

图 6-61　PLC 服务请求指令功能号含义

其时间格式如下所示。

① 十进制数：如图 6-62 所示。

年	地址 3(word 3)
月	
日	
时	
分	
秒	
周	

图 6-62　十进制数时间格式

② BCD 码：如图 6-63 所示。

月	年
时	日
秒	分
（空）	周

地址 3(word 3)

图 6-63　BCD 码时间格式

③ 解包 BCD 码：如图 6-64 所示。

年（十位数，个位数各用 BCD 码表示）
月（十位数，个位数各用 BCD 码表示）
日（十位数，个位数各用 BCD 码表示）
时（十位数，个位数各用 BCD 码表示）
分（十位数，个位数各用 BCD 码表示）
秒（十位数，个位数各用 BCD 码表示）
周（十位数，个位数各用 BCD 码表示）

地址 3(word 3)

图 6-64　解包 BCD 码时间格式

④ 打包 ASCII 码：如图 6-65 所示。

年（个位数）	年（十位数）
月（十位数）	空格
空格	月（个位数）
日（个位数）	日（十位数）
时（十位数）	空格
：	时（个位数）
分（个位数）	分（十位数）
秒（个位数）	：
空格	秒（十位数）
周（个位数）	周（30h）

地址 3(word 3)

图 6-65　打包 ASCII 码时间格式

(2) ♯14 清除 PLC 故障表中的登录错误(FNC＝14)

PLC 服务请求指令数据故障代码详见图 6-66 所示。

0＝清除 PLC 故障表中的故障
1＝清除 I/O 故障表中的故障

地址 1(word 1)

图 6-66　PLC 服务请求指令数据故障代码

(3) ♯13 关闭 PLC(FNC＝13)

该指令无需参数，但在 PARM 中必须填写一个地址，否则语法错误。

6.4 SIMATIC 系列可编程控制器简介

西门子(SIEMENS)公司生产的可编程序控制器 PLC 在我国应用得相当广泛,涵盖冶金、化工、印刷生产线等领域,其产品包括 LOGO、S7-200(CN)、S7-1200、S7-300、S7-400、工业网络、HMI 人机界面、工业软件等。西门子 S7 系列 PLC 产品体积小、速度快、标准化,具有网络通信能力,功能更强,可靠性更高,分为微型 PLC(如 S7-200)、小规模性能要求的 PLC(如 S7-300)和中、高性能要求的 PLC(如 S7-400)等。

1. SIMATIC S7-200

SIMATIC S7-200 是超小型化的 PLC,适用于各行各业、各种场合中的自动检测、监测及控制等。S7-200 PLC 的强大功能使其无论单机运行,或连成网络,都能实现复杂的控制功能。S7-200 PLC 提供 4 个不同的基本型号与 8 种 CPU 供选用。

S7-200 的主机单元集成一定数字 I/O 点的 CPU 共有两个系列:CPU21X(CPU212、214、215、216,为 S7-200 的第一代产品)及 CPU22X(CPU221、222、224、226、226XM)。CPU22X 系列产品的特点如表 6-4 所示。

表 6-4 CPU22X 系列产品特点

	CPU221	CPU222	CPU224	CPU226	CPU226XM
本机 DI/DO	6 入/4 出	8 入/6 出	14 入/10 出	24 入/16 出	24 入/16 出
扩展后最大输入/输出	无 I/O 扩展能力	2 个模块 数字 40/38 模拟(8 入/2 出)或 4 出	7 个模块 数字 94/74 模拟(28 入/7 出)或 14 出	7 个模块 数字 128/120 模拟(28 入/7 出)或 14 出	7 个模块 数字 128/120 模拟(28 入/7 出)或 14 出
存储器	6KB	6KB	13KB	13KB	26KB
30kHz 高速计数器	4 个	4 个	6 个	6 个	6 个
20kHz 高速脉冲输出	2 路	2 路	2 路	2 路	2 路
PID 控制器	无	有	有	有	有
RS-485 通信/编程口	1 个	1 个	1 个	2 个	2 个
PPI 点对点协议	有	有	有	有	有
MPI 多点协议	有	有	有	有	有
自由方式通信	有	有	有	有	有
其他	适用于小型数字量控制	是具有扩展能力、适应性更广泛的小型 PLC	是具有较强控制能力的小型 PLC	用于有较高要求的中小型控制系统	用于有较高要求的中小型控制系统

S7-200 系列目前可以提供三大类共 9 种数字量输入/输出扩展模板,如表 6-5 所示。

表 6-5 数字量输入/输出扩展模板特性

名 称	型 号	I/O 点数
数字量输入(DI)扩展模板	EM221	8 点 DC 输入(光电耦合器隔离)
数字量输出(DO)扩展模板	EM222	8 点 24V DC 输出
		8 点继电器输出
数字量混合输入/输出(DI/DO)扩展模板	EM223	24V DC 4 入/4 出
		24V DC 4 入/继电器 4 出
		24V DC 8 入/8 出
		24V DC 8 入/继电器 8 出
		24V DC 16 入/16 出
		24V DC 16 入/继电器 16 出

模拟量扩展单元模板特性如表 6-6 所示。

表 6-6 模拟量扩展单元模板特性

名 称	型 号	I/O 点数
模拟量输入(AI)扩展模板	EM231	4 路 12 位模拟量输入
模拟量输出(AO)扩展模板	EM232	2 路 12 位模拟量输出
模拟量混合输入/输出(AI/AO)扩展模板	EM235	4 路模拟量输入/1 路模拟量输出

智能模板型号与功能如表 6-7 所示。

表 6-7 智能模板型号与功能

名 称	型 号	功 能
通信处理器	EM277	是连接 SIMATIC 现场总线 PROFIBUS-DP 从站的通信模板,可将 S7-200 CPU 作为现场总线 PROFIBUS-DP 从站接到网络中
通信处理器	CP243-2	是 S7-200 的 AS-i 主站。通过连接 AS-i,可显著地增加 S7-200 的数字量输入/输出点数。每个主站最多可连接 31 个 AS-i 从站。S7-200 最多可同时处理 2 个 CP243-2,每个 CP243-2 的 AS-i 上最大有 124DI/124DO

此外,还有一些其他特殊的功能模块。所有这些模块可以十分方便地组成不同规模的控制器,其控制规模从几点到几百点。S7-200 PLC 可以方便地组成 PLC-PLC 网络和微机—PLC 网络,完成规模更大的工程。

其他设备的说明如表 6-8 所示。

表 6-8 其他设备说明

分 类	名 称	备 注
编程设备	手持编程器	PG702
	图形编程器	PG740Ⅱ、PG760Ⅱ
	PC	使用专用编程软件,S7-200 使用 STEP7-Micro/WIN32 V3.1,通过一条 PC/PPI 电缆将用户程序送入 PLC
人机操作界面 HMI	文本显示器	TD200 是操作员界面,不需要单独的电源,只需将其连接电缆接到 CPU22X 的 PPI 接口上,用 STEP7-Micro/WIN 进行编程
	触摸屏	TP070、TP170A、TP170B 及 TP7、TP27

2. SIMATIC S7-300

SIMATIC S7-300 是模块化小型 PLC 系统,能满足中等性能要求的应用。各种单独的模块之间可进行广泛组合,构成不同要求的系统。与 S7-200 PLC 相比较,S7-300 PLC 采用模块化结构,具备较高($0.6\sim0.1\mu s$)的指令运算速度;它采用浮点数运算,比较有效地实现了更为复杂的算术运算;它有一个带标准用户接口的软件工具,方便用户给所有模块进行参数赋值;方便的人机界面服务已经集成在 S7-300 操作系统内,人机对话的编程要求大大减少。SIMATIC 人机界面(HMI)从 S7-300 中取得数据,S7-300 按用户指定的刷新速度传送这些数据。S7-300 操作系统自动地处理数据传送;CPU 的智能化诊断系统连续监控系统的功能是否正常,记录错误和特殊系统事件(例如超时、模块更换,等等);其多级口令保护措施使用户高度有效地保护其技术机密,防止未经允许的复制和修改。S7-300 PLC 设有操作方式选择开关,可以像钥匙一样拔出。当钥匙拔出时,就不能改变操作方式,防止非法删除或改写用户程序。它具备强大的通信功能,S7-300 PLC 可通过编程软件 STEP 7 的用户界面提供通信组态功能,使得组态非常容易、简单。S7-300 PLC 具有多种不同的通信接口,并通过多种通信处理器来连接 AS-I 总线接口和工业以太网总线系统;其串行通信处理器用来连接点到点的通信系统;其多点接口(MPI)集成在 CPU 中,用于同时连接编程器、PC、人机界面系统及其他 SIMATIC S7/M7/C7 等自动化控制系统。

3. SIMATIC S7-400

S7-400 PLC 是用于中、高档性能范围的可编程序控制器。它采用模块化无风扇的设计,可靠、耐用,同时可以选用多种级别(功能逐步升级)的 CPU,并配有多种通用功能的模板,使用户能根据需要组合成不同的专用系统。当控制系统规模扩大或升级时,只要适当地增加一些模板,便能使系统升级和充分满足需要。

4. 工业通信网络

通信网络是自动化系统的支柱,西门子的全集成自动化网络平台提供了从控制级一直到现场级的一致性通信,"SIMATIC NET"是全部网络系列产品的总称,它们能在工厂的不同部门、在不同的自动化站以及通过不同的级交换数据;它们有标准的接口,并且相互之间完全兼容。

5. 人机界面(HMI)硬件

HMI 硬件配合 PLC 使用,为用户提供数据、图形和事件显示,主要有文本操作面板 TD200(可显示中文)、OP3、OP7、OP17 等;图形/文本操作面板 OP27、OP37 等;触摸屏操作面板 TP7、TP27/37、TP170A/B 等；SIMATIC 面板型 PC670 等。个人计算机(PC)也可以作为 HMI 硬件使用。HMI 硬件需要经过软件(如 ProTool)组态才能配合 PLC 使用。

6. SIMATIC S7 工业软件

西门子的工业软件分为以下三个不同的种类。

（1）编程和工程工具

编程和工程工具包括所有基于 PLC 或 PC 用于编程、组态、模拟和维护等控制所需的工具。STEP 7 标准软件包 SIMATIC S7 是用于 S7-300/400、C7 PLC 和 SIMATIC WinAC 基于 PC 控制产品的组态编程和维护的项目管理工具，STEP 7-Micro/WIN 是在 Windows 平台上运行的 S7-200 系列 PLC 的编程、在线仿真软件。

（2）基于 PC 的控制软件

基于 PC 的控制系统 WinAC 允许使用个人计算机作为可编程序控制器(PLC)运行用户的程序，运行在安装了 Windows NT4.0 操作系统的 SIMATIC 工控机或其他任何商用机上。WinAC 提供两种 PLC，一种是软件 PLC，在用户计算机上作为视窗任务运行；另一种是插槽 PLC(在用户计算机上安装一个 PC 卡)，它具有硬件 PLC 的全部功能。WinAC 与 SIMATIC S7 系列处理器完全兼容，其编程采用统一的 SIMATIC 编程工具(如 STEP 7)，编制的程序既可运行在 WinAC 上，也可运行在 S7 系列处理器上。

（3）人机界面软件

人机界面软件为用户自动化项目提供人机界面(HMI)或 SCADA 系统，支持大范围的平台。人机界面软件有两种，一种是应用于机器级的 ProTool，另一种是应用于监控级的 WinCC。ProTool 适用于大部分 HMI 硬件的组态，从操作员面板到标准 PC，都可以用集成在 STEP 7 中的 ProTool 有效地完成组态。ProTool/lite 用于文本显示的组态，如 OP3、OP7、OP17、TD17 等。ProTool/Pro 用于组态标准 PC 和所有西门子 HMI 产品，ProTool/Pro 不只是组态软件，其运行版也用于 Windows 平台的监控系统。WinCC 是一个真正开放的、面向监控与数据采集的 SCADA(Supervisory Control and Data Acquisition)软件，可在任何标准 PC 上运行。WinCC 操作简单，系统可靠性高。

6.5 思考与练习

1. PLC 由哪些部分组成？各有什么特点？
2. PLC 的软件部分包含哪些内容？其特点是什么？
3. 内装型 PLC 的特点是什么？
4. 独立型 PLC 的特点是什么？
5. 简述 PLC 的工作过程和特点。
6. 列举常见的西门子 PLC 的规格及其区别。

第 7 章 数控机床的机械结构

7.1 概述

数控机床是高精度和高生产率的自动化机床,其加工过程中的动作顺序、运动部件的坐标位置及辅助功能,都是通过数字信息自动控制的,操作者在加工过程中无法干预,不能像在普通机床上加工零件那样,对机床本身的结构和装配的薄弱环节进行人为补偿,所以数控机床几乎在任何方面均要求比普通机床设计得更为完善,制造得更为精密。为满足高精度、高效率、高自动化程度的要求,数控机床的结构设计已形成自己的独立体系,在这一结构的完善过程中,数控机床出现了不少完全新颖的结构及元件。与普通机床相比,数控机床的机械结构有许多特点。

在主传动系统方面,具有下列特点:

(1) 目前数控机床的主传动电机已不再采用普通的交流异步电机或传统的直流调速电机,它们已逐步被新型的交流调速电机和直流调速电机所代替。

(2) 转速高,功率大。它能使数控机床进行大功率切削和高速切削,实现高效率加工。

(3) 变速范围大。数控机床的主传动系统要求有较大的调速范围,一般 $R_n>100$,以保证加工时能选用合理的切削用量,从而获得最佳的生产率、加工精度和表面质量。

(4) 主轴速度的变换迅速、可靠。数控机床的变速是按照控制指令自动进行的,因此变速机构必须适应自动操作的要求。由于直流和交流主轴电机的调速系统日趋完善,不仅能够方便地实现宽范围的无级变速,而且减少了中间传递环节,提高了变速控制的可靠性。

在进给传动系统方面,具有下列特点:

(1) 尽量采用低摩擦的传动副。如采用静压导轨、滚动导滚和滚珠丝杠等,以减小摩擦力。

(2) 选用最佳的降速比,达到提高机床分辨率,使工作台尽可能大地加、速以达到跟踪指令、系统折算到驱动轴上的惯量尽量小的要求。

(3) 缩短传动链以及用预紧的方法提高传动系统的刚度。如采用大扭矩宽调速的直流电机与丝杠直接相连应用预加负载的滚动导轨和滚动丝杠副,丝杠支承设计成两端轴向固定的,并可预拉伸的结构等办法来提高传动系统的刚度。

(4) 尽量消除传动间隙,减小反向死区误差。如采用消除间隙的联轴节,采用有消除间隙措施的传动副等。

7.2 数控机床的主传动系统和主轴部件

7.2.1 对主传动系统的要求

(1) 具有更大的调速范围,并能实现无级调速。数控机床为了保证加工时能选用合理的切削用量,获得最高的生产率、加工精度和表面质量,必须具有更大的调速范围。对于自动换刀的数控机床,为了适应各种工序和各种加工材料的需要,主运动的调速范围还应进一步扩大。

(2) 有较高的精度和刚度,传动平稳,噪声低。数控机床加工精度的提高,与主传动系统具有较高的精度密切相关。为此,要提高传动件的制造精度与刚度,齿轮齿面应高频感应加热淬火以增加耐磨性;最后一级采用斜齿轮传动,使传动平稳;采用精度高的轴承及合理的支承跨距等,以提高主轴组件的刚性。

(3) 良好的抗震性和热稳定性。数控机床在加工时,可能由于断续切削、加工余量不均匀、运动部件不平衡以及切削过程中的自振等原因引起的冲击力或交变力的干扰,使主轴产生振动,影响加工精度和表面粗糙度,严重时可能破坏刀具或主传动系统中的零件,使其无法工作。主传动系统发热,使其中的所有零部件产生热变形,降低传动效率,破坏零部件之间的相对位置精度和运动精度,造成加工误差。为此,主轴组件要有较高的固有频率,实现动平衡,保持合适的配合间隙并进行循环润滑等。

7.2.2 主传动的变速方式

数控机床的主传动要求较大的调速范围,以保证加工时能选用合理的切削用量,从而获得最佳的生产率、加工精度和表面质量。

数控机床的变速是按照控制指令自动进行的,因此变速机构必须适应自动操作的要求。所以,大多数数控机床采用无级变速系统。数控机床主传动系统主要有以下三种配置方式。

(1) 带有变速齿轮的主传动(如图 7-1 所示)

大、中型数控机床采用这种配置方式较多。它通过少数几对齿轮降速,使之成为分段无级变速,确保低速时的扭矩,以满足主轴输出扭矩特性的要求。但有一部分小型数控机床也采用这种传动方式,以获得强力切削时所需要的扭矩。滑移齿轮的移位大都采用液压拨叉,或直接由液压缸带动齿轮来实现,主要应用在小型数控机床上,避免齿轮传动时引起的振动和噪声,但它只能适用于低扭矩特性要求的主轴。

(2) 通过带传动的主传动(如图 7-2 所示)

同步带传动是一种综合了带、链传动优点的新型传动。同步带的结构和传动如图 7-2 所示。带的工作面及带轮外圆上均制成齿形,通过带轮与轮齿相嵌合,完成无滑动的啮合传动。带内采用了承载后无弹性伸长的材料作为强力层,以保持带的节距不变,使主、从动带轮可作无相对滑动的同步传动。

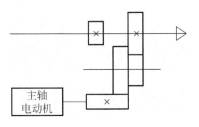

图 7-1 带有变速齿轮的主传动

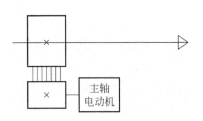

图 7-2 通过带传动的主传动

(3) 由调速电动机直接驱动的主传动(如图 7-3 所示)

这种主传动方式大大简化了主轴箱体与主轴的结构,有效地提高了主轴部件的刚度,但主轴输出扭矩小,电动机发热对主轴的精度影响较大。

直流主轴电动机,在低于额定转速时为恒转矩输出,高于额定转矩时为恒功率输出。使用这种电动机可实现纯电气定向,而且主轴的控制功能可以很容易与数控系统相连接,并实现修调输入、速度和负载测量输出等。

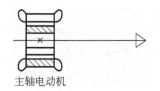

图 7-3 由调速电动机直接驱动的主传动

7.2.3 主轴部件

1. 主轴部件

对于一般数控机床和自动换刀数控机床(加工中心)来说,由于采用了电动机无级变速,减少了机械变速装置,因此,主轴箱的结构较普通机床简化;但主轴箱材料要求较高,一般用 HT250 或 HT300,制造与装配精度也较普通机床要高。

对于数控落地铣镗床来说,主轴箱结构比较复杂,主轴箱可沿立柱上的垂直导轨上下移动,主轴可在主轴箱内作轴向进给运动。除此以外,大型落地铣镗床的主轴箱结构还有携带主轴的部件作前后进给运动的功能,它的进给方向与主轴的轴向进给方向相同。此类机床的主轴箱结构通常有两种方案,即滑枕式和主轴箱移动式。

(1) 滑枕式

数控落地铣镗床有圆形滑枕、方形或矩形滑枕以及棱形或八角形滑枕。滑枕内装有铣轴和镗轴,除镗轴可实现轴向进给外,滑枕自身也可作沿镗轴轴线方向的进给,且两者可以叠加。滑枕进给传动的齿轮和电动机是与滑枕分离的,通过花键轴或其他系统将运动传给滑枕,以实现进给运动。

(2) 主轴箱移动式

这种结构又有两种形式,一种是主轴箱移动式,另一种是滑枕主轴箱移动式。

① 主轴箱移动式:主轴箱内装有铣轴和镗轴,镗轴实现轴向进给,主轴箱箱体在滑板上可作沿镗轴轴线方向的进给。箱体作为移动体,其断面尺寸远比同规格滑枕式铣镗床大得多。对于这种主轴箱端面可以安装各种大型附件,使其工艺适应性增加,扩大了功能;其缺点是接近工件性能差,箱体移动时对平衡补偿系统的要求高,主轴箱热变形后产生的主轴中心偏移大。

② 滑枕主轴箱移动式:这种形式的铣镗床,其本质仍属于主轴箱移动式,只不过是把大断面的主轴箱移动体尺寸做成同等主轴直径的滑枕式而已。对于这种主轴箱结构,铣轴和镗轴及其传动和进给驱动机构都装在滑枕内,镗轴实现轴向进给,滑枕在主轴箱内作沿镗轴轴线方向的进给。滑枕断面尺寸比同规格的主轴箱移动式的主轴箱小,但比滑枕移动式的大,其断面尺寸足可以安装各种附件。这种结构形式不仅具有主轴箱移动式的传动链短、输出功率大及制造方便等优点,还具有滑枕式的接近工件方便、灵活的优点,克服了主轴箱体移动式的具有危险断面和主轴中心受热变形后位移大等缺点。

2. 主轴组件

机床的主轴部件是机床的重要部件之一,它带动工件或刀具执行机床的切削运动,因此数控机床主轴部件的精度、抗震性和热变形对加工质量有直接的影响。由于数控机床在加工过程中不进行人工调整,这些影响更为严重。主轴在结构上要处理好卡盘或刀具的装卡,主轴的卸荷,主轴轴承的定位和间隙调整,主轴部件的润滑和密封等一系列问题。

(1) 数控机床的主轴轴承配置主要有三种形式

① 前支承采用圆锥孔双列圆柱滚子轴承和双向推力角接触球轴承组合,后支承采用成对角接触球轴承(如图7-4所示)

图 7-4　第一种配置方式

这种配置形式使主轴的综合刚度得到大幅度提高,可以满足强力切削的要求,所以目前各类数控机床的主轴普遍采用这种配置形式。

② 前轴承采用高精度双列向心推力球轴承(如图7-5所示)。

角接触球轴承具有较好的高速性能,主轴最高转速可达 4000r/min;但是这种轴承的承载能力小,因而适用于高速、轻载和精密的数控机床主轴。

③ 双列圆锥滚子轴承和圆锥滚子轴承(如图7-6所示)

这种轴承径向和轴向刚度高,能承受重载荷,尤其能承受较大的动载荷,安装与调整性能好,但是这种轴承配置方式限制了主轴的最高转速和精度,所以仅适用于中等精度、低速与重载的数控机床主轴。

图 7-5　第二种配置方式

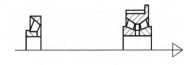

图 7-6　第三种配置方式

随着材料工业的发展,在数控机床主轴中有使用陶瓷滚珠轴承的趋势。这种轴承的特点是:滚珠重量轻,离心力小,动摩擦力矩小;因温升引起的热膨胀小,使主轴的预紧力稳定;弹性变形量小,刚度高,寿命长;缺点是成本较高。

在主轴的结构上,要处理好卡盘或刀具的装夹、主轴的卸荷、主轴轴承的定位和间隙的调整、主轴组件的润滑和密封以及工艺上的一系列问题。为了尽可能减少主轴组件温升引起的热变形对机床工作精度的影响,通常利用润滑油的循环系统把主轴组件的热量带走,使主轴组件和箱体保持恒定的温度。在某些数控铣镗床上采用专用的制冷装置,比较理想地实现了温度控制。近年来,某些数控机床的主轴轴承采用高级油脂润滑,每加一次油脂可以使用7~10年,简化了结构,降低了成本,且维护保养简单,但需防止润滑油和油脂混合。通常采用迷宫式密封方式。

对于数控车床主轴,因为在它的两端安装着动力卡盘和夹紧液压缸,主轴刚度必须进一步提高,并应设计合理的连接端,以改善动力卡盘与主轴端部的连接刚度。

(2) 主轴内刀具的自动夹紧和切屑清除装置

在带有刀库的自动换刀数控机床中,为实现刀具在主轴上的自动装卸,其主轴必须设计有刀具的自动夹紧机构。自动换刀数控立式铣镗床主轴部件如图 7-7 所示。刀夹 1 以锥度为 7∶24 的锥柄在主轴 3 前端的锥孔中定位,并通过拧紧在锥柄尾部的拉钉 2 拉紧在锥孔中。夹紧刀夹时,液压缸上腔接通回油,弹簧 11 推活塞 6 上移,处于图示位置,拉杆 4 在碟形弹簧 5 作用下向上移动;由于此时装在拉杆前端径向孔中的钢球 12,进入主轴孔中直径较小的 d_2 处,如图 7-7(b)所示,被迫径向收拢而卡进拉钉 2 的环形凹槽内,因而刀杆被拉杆拉紧,依靠摩擦力紧固在主轴上。切削扭矩则由端面键 13 传递。换刀前需将刀夹松开时,压力油进入液压缸上腔,活塞 6 推动拉杆 4 向下移动,碟形弹簧被压缩;当钢球 12 随拉杆一起下移至进入主轴孔直径较大的 d_1 处时,它就不再能约束拉钉的头部,紧接着拉杆前端内孔的台肩端面碰到拉钉,把刀夹顶松。此时行程开关 10 发出信号,换刀机械手随即将刀夹取下。与此同时,压缩空气由管接头 9 经活塞和拉杆的中心通孔吹入主轴装刀孔内,把切屑或脏物清除干净,以保证刀具的安装精度。机械手把新刀装上主轴后,液压缸 7 接通回油,碟形弹簧又拉紧刀夹。刀夹拉紧后,行程开关 8 发出信号。

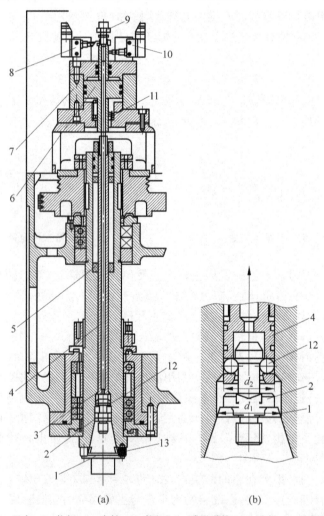

1—刀夹;2—拉钉;3—主轴;4—拉杆;5—碟形弹簧;6—活塞;7—液压缸
8、10—行程开关;9—压缩空气管接头;11—弹簧;12—钢球;13—端面键

图 7-7 自动换刀数控立式铣镗床主轴部件(JCS-018)

自动清除主轴孔中切屑和灰尘是换刀操作中一个不容忽视的问题。如果在主轴锥孔中掉进了切屑或其他污物,在拉紧刀杆时,主轴锥孔表面和刀杆的锥柄会被划伤,甚至使刀杆发生偏斜,破坏了刀具的正确定位,影响加工零件的精度,甚至使零件报废。为了保持主轴锥孔的清洁,常用压缩空气吹屑。图 7-7 中的活塞 6 的中心钻有压缩空气通道,当活塞向左移动时,压缩空气经拉杆 4 吹出,将主轴锥孔清理干净。喷气头中的喷气小孔要有合理的喷射角度,并均匀分布,以提高其吹屑效果。

3. 主轴准停装置

在自动换刀数控铣镗床上,切削扭矩通常是通过刀杆的端面键来传递的,因此在每一次自动装卸刀杆时,都必须使刀柄上的键槽对准主轴上的端面键,这就要求主轴具有准确周向定位的功能。在加工精密坐标孔时,由于每次都能在主轴固定的圆周位置上装刀,以保证刀尖与主轴相对位置的一致性,从而提高孔径的正确性。这是主轴准停装置带来的另一个好处。

图 7-8 所示是电气控制的主轴准停装置。这种装置利用装在主轴上的磁性传感器作为位置反馈部件,由它输出信号,使主轴准确停止在规定位置上。它不需要机械部件,可靠性好,准停时间短,只需要简单的强电顺序控制,且有高的精度和刚性。在传动主轴旋转的多楔带轮 1 的端面上装有一个厚垫片 4,垫片上又装有一个体积很小的永久磁铁 3。在主轴箱箱体的对应于主轴准停的位置上,装有磁传感器 2。当机床需要停车换刀时,数控装置发出主轴停转指令,主轴电动机立即降速;在主轴 5 以最低转速慢转很少几转后,永久磁铁 3 对准磁传感器 2 时,后者发出准停信号。此信号经放大后,由定向电路控制主轴电动机准确地停止在规定的周向位置上。

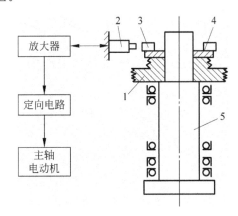

1—多楔带轮;2—磁传感器;3—永久磁铁;4—垫片;5—主轴

图 7-8 电气控制的主轴准停装置

7.3 数控机床的进给传动系统

7.3.1 数控机床对进给传动系统的要求

为了确保数控机床进给系统的传动精度和工作平稳性等,在设计机械传动装置时,提出如下要求。

1. 高的传动精度与定位精度

数控机床进给传动装置的传动精度和定位精度对零件的加工精度起着关键性的作用，对采用步进电动机驱动的开环控制系统尤其如此。无论对点位、直线控制系统，还是轮廓控制系统，传动精度和定位精度都是表征数控机床性能的主要指标。设计中，通过在进给传动链中加入减速齿轮，以减小脉冲当量，预紧传动滚珠丝杠，消除齿轮、蜗轮等传动件的间隙等办法，可达到提高传动精度和定位精度的目的。由此可见，机床本身的精度，尤其是伺服传动链和伺服传动机构的精度，是影响工作精度的主要因素。

2. 宽的进给调速范围

伺服进给系统在承担全部工作负载的条件下，应具有很宽的调速范围，以适应各种工件材料、尺寸和刀具等变化的需要，工作进给速度范围可达 3～6000mm/min。为了完成精密定位，伺服系统的低速趋近速度达 0.1mm/min；为了缩短辅助时间，提高加工效率，快速移动速度应高达 15m/min。在多坐标联动的数控机床上，合成速度维持常数，是保证表面粗糙度要求的重要条件。为保证较高的轮廓精度，各坐标方向的运动速度也要配合适当，这是对数控系统和伺服进给系统提出的共同要求。

3. 响应速度要快

所谓快速响应特性，是指进给系统对指令输入信号的响应速度及瞬态过程结束的迅速程度，即跟踪指令信号的响应要快；定位速度和轮廓切削进给速度要满足要求；工作台应能在规定的速度范围内灵敏而精确地跟踪指令，进行单步或连续移动，在运行时不出现丢步或多步现象。进给系统响应速度的大小不仅影响机床的加工效率，而且影响加工精度。设计中，应使机床工作台及其传动机构的刚度、间隙、摩擦以及转动惯量尽可能达到最佳值，以提高进给系统的快速响应特性。

4. 无间隙传动

进给系统的传动间隙一般指反向间隙，即反向死区误差，它存在于整个传动链的各传动副中，直接影响数控机床的加工精度。因此，应尽量消除传动间隙，减小反向死区误差。设计中，可采用消除间隙的联轴节及有消除间隙措施的传动副等方法。

5. 稳定性好、寿命长

稳定性是伺服进给系统能够正常工作的最基本的条件，特别是在低速进给情况下不产生爬行，并能适应外加负载的变化而不发生共振。稳定性与系统的惯性、刚性、阻尼及增益等都有关系，适当选择各项参数，并能达到最佳的工作性能，是伺服系统设计的目标。所谓进给系统的寿命，主要指其保持数控机床传动精度和定位精度的时间长短，及各传动部件保持其原来制造精度的能力。设计中，各传动部件应选择合适的材料及合理的加工工艺与热处理方法，对于滚珠丝杠和传动齿轮，必须具有一定的耐磨性和适宜的润滑方式，以延长其寿命。

6. 使用维护方便

数控机床属高精度自动控制机床，主要用于单件、中小批量、高精度及复杂件的生产加工，机床的开机率相应就高。因此，进给系统的结构设计应便于维护和保养，最大限度地减少维修工作量，以提高机床的利用率。

7.3.2 进给传动机构

在数控机床中,无论是开环还是闭环伺服进给系统,为了达到前述提出的要求,机械传动装置的设计中应尽量采用低摩擦的传动副,如滚珠丝杠等,以减小摩擦力;通过选用最佳降速比来降低惯量;采用预紧的办法来提高传动刚度;采用消隙的办法来减小反向死区误差等。

下面从机械传动的角度对数控机床伺服系统的主要传动装置进行扼要介绍。

1. 减速机构

(1) 齿轮传动装置

齿轮传动是应用非常广泛的一种机械传动,各种机床中的传动装置几乎都离不开齿轮传动。在数控机床伺服进给系统中采用齿轮传动装置的目的有两个,一是将高转速低转矩的伺服电机(如步进电机、直流或交流伺服电机等)的输出,改变为低转速大转矩的执行件的输出;另一个是使滚珠丝杠和工作台的转动惯量在系统中占有较小的比重。此外,对开环系统还可以保证所要求的精度。

① 速比的确定

在步进电机驱动的开环系统中(如图 7-9 所示),步进电机至丝杠间设有齿轮传动装置,其速比取决于系统的脉冲当量、步进电机步矩角及滚珠丝杠导程,其运动平衡方程式为

$$\frac{1}{m}iL = \delta$$

所以,其速比计算如下:

$$i = \frac{m\delta}{L} = \frac{360°\delta}{\alpha L}$$

式中,m 为步进电机每转所需脉冲数 $\left(m = \frac{360°}{\alpha}\right)$;$\alpha$ 为步进电机步距角(°/脉冲);δ 为脉冲当量(mm/脉冲);L 为滚珠丝杠的导程(mm)。

因为开环系统执行件的运动位移取决于脉冲数目,故算出的速比不能随意更改。

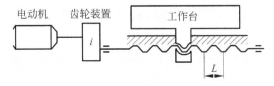

图 7-9 开环系统丝杠传动

对于闭环系统,执行件的位置取决于反馈检测装置,与运动速度无直接关系,其速比主要是由驱动电动机的额定转速或转矩与机床要求的进给速度或负载转矩决定的,所以可对它进行适当的调整。电动机至丝杠间的速比运动平衡方程式如下:

$$niL = v$$

$$i = \frac{v}{nL}$$

式中，n 为伺服电机的转速，$n = \dfrac{60f}{m}$（r/min）；f 为脉冲频率（次/s）；v 为工作台在电动机转速为 n 时的移动速度，$v = 60f\delta$（mm/min）。其余符号同前。

当负载和丝杠转动惯量在总转动惯量中所占比重不大时，齿轮速比可取上面算出的数值，即降速不必过多。这样不仅可以简化伺服传动链，而且可降低伺服放大器的增益。当主要考虑静态精度或低平滑跟踪时，可选降速多一些。这样，可以减小电机轴上的负载转动惯量，并且减少负载惯量对稳态差异的影响。

② 啮合对数及各级速比的确定

在驱动电动机至丝杠的总降速比一定的情况下，若啮合对数及各级速比选择不当，将会增加折算到电机轴上的总惯量，从而增大电机的时间常数，并增大要求的驱动扭矩。因此，应按最小惯量的要求来选择齿轮啮合对数及各级降速比，使其具有良好的动态性能。

图 7-10 所示为机械传动装置中的两对齿轮降速后，将运动传到丝杠的示意图。第一对齿轮的降速比为 i_1，第二对齿轮的降速比为 i_2，i_1 及 i_2 均大于 1。假定小齿轮 A、C 直径相同，大齿轮 B、D 为实心齿轮。这两对齿轮折算到电动机轴的总惯量为

$$\begin{aligned}
J &= J_A + \frac{J_B}{i_1^2} + \frac{J_C}{i_1^2} + \frac{J_D}{i_1^2 i_2^2} \\
&= J_A + \frac{J_A i_1^4}{i_1^2} + \frac{J_A}{i_1^2} + \frac{J_A i_2^4}{i_1^2 i_2^2} \\
&= J_A \left(1 + i_1^2 + \frac{1}{i_1^2} + \frac{i_2^2}{i_1^2} \right) \\
&= J_A \left(1 + i_1^2 + \frac{1}{i_1^2} + \frac{i^2}{i_1^4} \right)
\end{aligned}$$

式中，i 为总降速比，$i = i_1 i_2$。

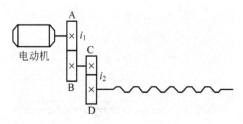

图 7-10 两对齿轮降速传动

令 $\dfrac{\partial J}{\partial i_1} = 0$，可得最小惯量的条件为

$$i_1^6 - i_1^2 - 2i^2 = 0$$

将 $i = i_1 i_2$ 代入，得两对齿轮间满足最小惯量要求的降速比关系式：

$$i_2 = \sqrt{\frac{i_1^4 - 1}{2}} \approx \frac{i_1^2}{\sqrt{2}}, \quad i_1^4 \geqslant 1$$

不同啮合对数时，可相应的得到各级满足最小惯量要求的降速比关系式。若为三级传动，可按上述方法求得三级传动比为：

$$i_2 = i_1^2 / \sqrt{2}$$

$$i_3 = i_2{}^2/\sqrt{2}$$
$$i = i_1 i_2 i_3$$

计算出各级齿轮降速比后,还应进行机械进给装置的惯量验算。对于开环系统,机械传动装置折算到电动机轴上的负载转动惯量应小于电动机加速要求的允许值。对于闭环系统,除满足加速要求外,机械传动装置折算到电动机轴上的负载转动惯量应与伺服电机转子惯量合理匹配。如果电机转子惯量远小于机械进给装置的转动惯量(折算到电动机转子轴上),则机床进给系统的动态特性主要取决于负载特性,此时运动部件(包括工件)不同质量的各坐标的动态特性将有所不同,使系统不易调整。根据实践经验,推荐伺服电机转子转动惯量 J_M 与机械进给装置折算到电动机轴上的转动惯量 J_L 相匹配的合理关系为

$$\frac{1}{4} \leqslant \frac{J_L}{J_M} \leqslant 1$$

设电动机经一对齿轮传动丝杠时,J_1 为小齿轮的转动惯量,J_2 为大齿轮的转动惯量,J_s 为丝杠的转动惯量,W 为工作台重力,齿轮副降速比 $i(i>1)$,L 为丝杠螺距,则

$$J_L = J_1 + \frac{J_2}{i^2} + \frac{J_s}{i^2} + \frac{W}{gi^2}\left(\frac{L}{2\pi}\right)^2$$

即

$$J_L = J_1 + J_1 i^2 + \frac{J_s}{i^2} + \frac{W}{gi^2}\left(\frac{L}{2\pi}\right)^2$$

对于机械伺服进给系统选用的伺服电机,当工作台为最大进给速度时,其最大转矩 T_{max} 应满足机床工作台的加速度要求。若 α_{max} 为伺服电机能达到的最大加速度,常取

$$\alpha \leqslant \frac{\alpha_{max}}{2}$$

一般要求 $\alpha=2\sim 5 \text{m/s}^2$,则 $\alpha_{max} \geqslant 4\sim 10 \text{m/s}^2$。

当伺服电机主要用于惯量加速时,忽略切削力及摩擦力作用(其值一般仅占10%),则

$$\alpha_{max} = \frac{T_{max}}{J} \frac{iL}{2\pi}$$

式中,J 为伺服进给系统折算到丝杠上的总转动惯量。当一对降速齿轮传动时,有

$$J = J_M i^2 + J_1 i^2 + J_1 i^4 + J_s + \frac{W}{g}\left(\frac{L}{2\pi}\right)^2$$

(2) 同步齿形带传动

同步齿形带传动是一种新型的带传动,它利用齿形带的齿形与带轮的轮齿依次相啮合传动运动和动力,因而兼有带传动、齿轮传动及链传动的优点,即无相对滑动,平均传动比准确,传动精度高,而且齿形带的强度高,厚度小,重量轻,故可用于高速传动;齿型带无需特别张紧,故作用在轴和轴承等上的载荷小,传动效率高,在数控机床上亦有应用。

2. 滚珠丝杠螺母副机构

(1) 滚珠丝杠副的工作原理及特点

滚珠丝杠副是一种新型的传动机构,它的结构特点是具有螺旋槽的丝杠螺母间装有滚珠作为中间传动件,以减少摩擦,如图7-11所示。图中,丝杠和螺母上都磨有圆弧形的螺旋槽,这两个圆弧形的螺旋槽对合起来形成螺旋线滚道,在滚道内装有滚珠。当丝杠回转时,

滚珠相对于螺母上的滚道滚动,因此丝杠与螺母之间基本上为滚动摩擦。为了防止滚珠从螺母中滚出来,在螺母的螺旋槽两端设有回程引导装置,使滚珠能循环流动。

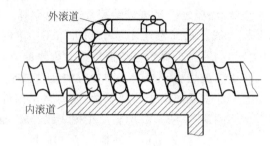

图 7-11　滚珠丝杠螺母

滚珠丝杠副的特点是:

① 传动效率高,摩擦损失小。滚珠丝杠副的传动效率 $\eta=0.92\sim0.96$,比常规的丝杠螺母副提高 3～4 倍。因此,功率消耗只相当于常规的丝杠螺母副的 1/4～1/3。

② 给予适当预紧,可消除丝杠和螺母的螺纹间隙;反向时,可以消除空行程死区,定位精度高,刚度好。

③ 运动平稳,无爬行现象,传动精度高。

④ 运动具有可逆性,可以从旋转运动转换为直线运动,也可以从直线运动转换为旋转运动,即丝杠和螺母都可以作为主动件。

⑤ 磨损小,使用寿命长。

⑥ 制造工艺复杂。滚珠丝杠和螺母等元件的加工精度要求高,表面粗糙度也要求高,故制造成本高。

⑦ 不能自锁。特别是对于垂直丝杠,由于自重惯力的作用,下降时,当传动切断后,不能立刻停止运动,故常需添加制动装置。

(2) 滚珠丝杠副的参数

滚珠丝杠副的参数如下所述(如图 7-12 所示):

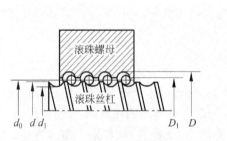
(a) 滚珠丝杠副轴向剖面图
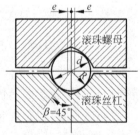
(b) 滚珠丝杠副法向剖面图

图 7-12　滚珠丝杠螺母副基本参数

① 名义直径 d_0:滚珠与螺纹滚道在理论接触角状态时包络滚珠球心的圆柱直径,它是滚珠丝杠副的特征尺寸。

② 导程 L:丝杠相对于螺母旋转任意弧度时,螺母上基准点的轴向位移。

③ 基本导程 L_0:丝杠相对于螺母旋转 2π 弧度时,螺母上基准点的轴向位移。

④ 接触角 β：在螺纹滚道法向剖面内，滚珠球心与滚道接触点的连线和螺纹轴线的垂直线间的夹角。理想接触角 β 等于 $45°$。

此外，还有丝杠螺纹大径 d、丝杠螺纹小径 d_1、螺纹全长 l、滚珠直径 d_b、螺母螺纹大径 D、螺母螺纹小径 D_1、滚道圆弧偏心距 e 以及滚道圆弧半径 R 等参数。

导程的大小是根据机床的加工精度要求确定的。精度要求高时，应将导程取小些。这样，在一定的轴向力作用下，丝杠上的摩擦阻力较小。为了使滚珠丝杠副具有一定的承载能力，滚珠直径 d_b 不能太小。导程取小了，势必将滚珠直径 d_b 取小，滚珠丝杠副的承载能力随之减小。若丝杠副的名义直径 d_0 不变，导程小，则螺旋升角 λ 也小，传动效率 η 也变小。因此，导程的数值在满足机床加工精度的条件下，应尽可能取大些。

名义直径 d_0 与承载能力直接有关，有的资料推荐滚珠丝杠副的名义直径 d_0 应大于丝杠工作长度的 $1/30$。

对于数控机床常用的进给丝杠，名义直径 $d_0 = \phi 30 \sim \phi 80 \text{mm}$。

滚珠直径 d_b 应根据轴承厂提供的尺寸选用。滚珠直径 d_b 大，则承载能力也大。但在导程已确定的情况下，滚珠直径 d_b 受到丝杠相邻两螺纹间的凸起部分宽度所限制。在一般情况下，滚珠直径 $d_b \approx 0.6 L_0$。

设滚珠的工作圈数为 j，滚珠总数为 N。由试验结果可知，在每一个循环回路中，各圈滚珠所受的轴向负载不均匀。第一圈滚珠承受总负载的 50% 左右，第二圈约承受 30%，第三圈约为 20%。因此，滚珠丝杠副中的每个循环回路的滚珠工作圈数为 $j = 2.5 \sim 3.5$。工作圈数大于 3.5，无实际意义。

对于滚珠的总数 N，有关资料介绍不要超过 150 个。若设计计算时超过规定的最大值，则因流通不畅容易产生堵塞现象。若出现此种情况，可从单回路式改为双回路式，或加大滚珠丝杠的名义直径 d_0，或加大滚珠直径 d_b 来解决。反之，若工作滚珠的总数 N 太少，将使得每个滚珠的负载加大，引起过大的弹性变形。

(3) 滚珠丝杠副的结构和轴向间隙的调整方法

各种不同结构的滚珠丝杠副，其主要区别是在螺纹滚道型面的形状、滚珠循环方式及轴向间隙的调整和预加负载的方法等三个方面。

① 螺纹滚道型面的形状及其主要尺寸

螺纹滚道型面的形状有多种，国内投产的仅有单圆弧型面和双圆弧型面两种。在图 7-13 中，滚珠与滚道型面接触点法线与丝杠轴线的垂直线间之夹角称为接触角 β。

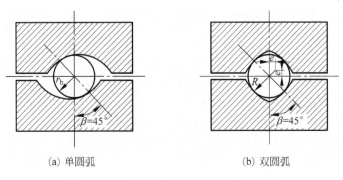

(a) 单圆弧　　　　　　　　(b) 双圆弧

图 7-13　滚珠丝杠副螺纹滚道型面的截形

单圆弧型面如图 7-13(a)所示。通常,滚道半径 R 稍大于滚珠半径 r_b,可取 $R=(1.04\sim 1.11)r_b$。对于单圆弧型面的圆弧滚道,接触角 β 随轴向负荷 F 的大小而变化。当 $F=0$ 时,$\beta=0$。承载后,随 F 的增大,β 也增大,β 的大小由接触变形的大小决定。当接触角 β 增大后,传动效率 η、轴向刚度 J 以及承载能力随之增大。

双圆弧型面如图 7-13(b)所示。当偏心 e 决定后,只在滚珠直径 d_b 滚道内相切的两点接触,接触角 β 不变。两圆弧交接处有一个小空隙,可容纳一些脏物,这对滚珠的流动有利。从有利于提高传动效率 η 和承载能力及流动畅通等要求出发,接触角 β 应选大些。但 β 过大,将使得制造较难(磨滚道型面),建议取 $\beta=45°$,螺纹滚道的圆弧半径 $R=1.04r_b$ 或 $R=1.11r_b$。偏心距 $e=(R-r_b)\sin 45°=0.707(R-r_b)$。

② 滚珠循环方式

目前国内外生产的滚珠丝杠副分为内循环及外循环两类。图 7-14 所示为外循环螺旋槽式滚珠丝杠副,在螺母的外圆上铣有螺旋槽,并在螺母内部装上挡珠器,挡珠器的舌部切断螺纹滚道,迫使滚珠流入通向螺旋槽的孔中而完成循环。图 7-15 所示为内循环滚珠丝杠副,在螺母外侧孔中装有接通相邻滚道的反向器,以迫使滚珠翻越丝杠的齿顶而进入相邻滚道。通常在一个螺母上装有三个反向器(即采用三列的结构),这三个反向器彼此沿螺母圆周相互错开 120°,轴向间隔为 $4/3\sim 7/3p$(p 为螺距);有的装两个反向器(即采用双列结构),反向器错开 180°,轴向间隔为 $3/2p$。

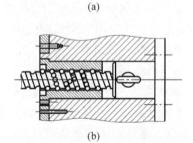

图 7-15 内循环滚珠丝杠

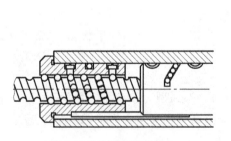

图 7-14 外循环滚珠丝杠

由于滚珠在进入和离开循环反向装置时容易产生较大的阻力,而且滚珠在反向通道中的运动多属前珠推后珠的滑移运动,很少有"滚动",因此滚珠在反向装置中的摩擦力矩 $M_反$ 在整个滚珠丝杠的摩擦力矩 M_t 中所占比重较大;而不同的循环反向装置由于回珠通道的运动轨迹不同,以及曲率半径的差异,因而 $M_反/M_t$ 的比值不同。表 7-1 列出了国产滚珠丝杠副的几种不同循环反向方式的比较。

第7章 数控机床的机械结构

表 7-1 国产滚珠丝杠副不同循环方式的比较

循环方式	内循环		外循环	
	浮动式	固定式	插管式	螺旋槽式
JB-3162.1-82部标代号	F	G	C	L
含义	在整个循环过程中,滚珠始终与丝杠螺纹的各滚切表面滚切和接触		滚珠循环反向时,离开丝杠螺纹滚道,在螺母体内或体外循环运动	
结构特点	循环滚珠链最短,螺母外径比外循环小,结构紧凑,反向装置刚性好,寿命长;扁圆型反向器的轴向尺寸短,制造工艺复杂		循环滚珠链较长,轴向排列紧凑,承载能力较强,径向尺寸较大	
	$M_{反}/M_t$ 最小	$M_{反}/M_t$ 不大	$M_{反}/M_t$ 较小	$M_{反}/M_t$ 较大
	具有较好的摩擦特性,预紧力矩为固定反向器的 1/3~1/4。在预紧时,预紧力矩 M_t 上升平缓	制造装配工艺性不佳,摩擦特性次于 F 型,优于 L 型	结构简单,工艺性优良,适合成批生产。回珠管可设计、制造成较理想的运动通道	在螺母体上的回珠螺旋槽与回珠孔不易准确平滑连接,拐弯处曲率变化较大,滚珠运动不平稳。挡珠机构刚性差,易磨损
适用场合	各种高灵敏、高刚度的精密进给定位系统。重载荷、多头螺纹、大导程不宜采用	各种高灵敏、高刚度的精密进给定位系统。重载荷、多头螺纹、大导程不宜采用	重载荷传动,高速驱动及精密定位系统。在大导程、小导程、多头螺纹中显示出独特优点	一般工程机械、机床。在高刚度传动和高速运转的场合不宜采用
备注	是内循环产品中有发展前途的结构	正逐渐被 F 型取代	是目前应用最广泛的结构	

③ 滚珠丝杠副轴向间隙的调整和施加预紧力的方法

滚珠丝杠副除了对本身单一方向的进给运动精度有要求外,对其轴向间隙也有严格的要求,以保证反向传动精度。滚珠丝杠副的轴向间隙,是负载在滚珠与滚道型面接触点的弹性变形所引起的螺母位移量和螺母原有间隙的总和。因此,要把轴向间隙完全消除相当困难。通常采用双螺母预紧的方法,把弹性变形量控制在最小限度内。目前制造的外循环单螺母的轴向间隙达 0.05mm,而双螺母经加预紧力后基本上能消除轴向间隙。应用这一方法来消除轴向间隙时需注意以下两点:

- 通过预紧力产生预拉变形,以减少弹性变形所引起的位移时,该预紧力不能过大,否则会引起驱动力矩增大、传动效率降低和使用寿命缩短。
- 要特别注意减小丝杠安装部分和驱动部分的间隙。

常用的双螺母消除轴向间隙的结构型式有以下三种。

- 垫片调隙式(如图 7-16 所示):通常用螺钉来连接滚珠丝杠两个螺母的凸缘,并在凸缘间加垫片。调整垫片的厚度,使螺母产生轴向位移,以达到消除间隙和产生预拉紧力的目的。

这种结构的特点是构造简单、可靠性好、刚度高以及装卸方便。但调整费时,并且在工作中不能随意调整,除非更换厚度不同的垫片。

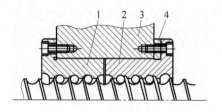

1,2—单螺母；3—螺母座；4—调整垫片

图 7-16　双螺母垫片调隙式结构

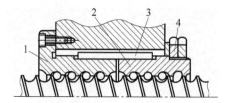

1,2—单螺母；3—平键；4—调整螺母

图 7-17　双螺母螺纹调隙式结构

- 螺纹调隙式(如图 7-17 所示)：其中一个螺母的外端有凸缘,另一个螺母的外端没有凸缘而制有螺纹,它伸出套筒外,并用两个圆螺母固定。旋转圆螺母时,即可消除间隙,并产生预拉紧力。调整好后,再用另一个圆螺母把它锁紧。
- 齿差调隙式(如图 7-18 所示)：在两个螺母的凸缘上各制有圆柱齿轮,两者齿数相差一个齿,并装入内齿圈。内齿圈用螺钉或定位销固定在套筒上。调整时,先取下两端的内

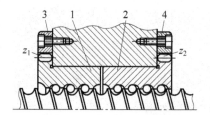

1,2—单螺母；3,4—内齿圈

图 7-18　双螺母齿差调隙式结构

齿圈。当两个滚珠螺母相对于套筒同方向转动相同齿数时,一个滚珠螺母对另一个滚珠螺母产生相对角位移,从而使滚珠螺母对于滚珠丝杠的螺旋滚道相对移动,达到消除间隙并施加预紧力的目的。

除了上述三种双螺母加预紧力的方式外,还有单螺母变导程自预紧及单螺母钢球过盈预紧方式。

各种预紧方式的特点及适用场合如表 7-2 所示。

(4) 滚珠丝杠副的精度

滚珠丝杠副的精度等级为 1、2、3、4、5、7、10 级,代号分别为 1、2、3、4、5、7、10。其中,1 级为最高,依次逐级降低。

滚珠丝杠副的精度包括各元件的精度和装配后的综合精度,其中包括导程误差、丝杠大径对螺纹轴线的径向圆跳动、丝杠和螺母表面粗糙度、有预加载荷时螺母安装端面对丝杠螺纹轴线的圆跳动、有预加载荷时螺母安装直径对丝杠螺纹轴线的径向圆跳动以及滚珠丝杠名义直径尺寸变动量等。

在开环数控机床和其他精密机床中,滚珠丝杠的精度直接影响定位精度和随动精度。对于闭环系统的数控机床,丝杠的制造误差使得它在工作时负载分布不均匀,从而降低承载能力和接触刚度,并使预紧力和驱动力矩不稳定。因此,传动精度始终是滚珠丝杠最重要的质量指标。

第7章 数控机床的机械结构

表7-2 国产滚珠丝杠副预加负荷方式及其特点

预加负荷方式	双螺母齿差预紧	双螺母垫片预紧	双螺母螺纹预紧	单螺母变导程自预紧	单螺母钢珠过盈预紧
JB3162.1—82 部标代号	C	D	L	B	—
螺母受力方式	拉伸式	拉伸式压缩式	拉伸式(外)压缩式(内)	拉伸式(+ΔL) 压缩式(—ΔL)	—
结构特点	可实现0.002mm以下精密微调,预紧密可靠,不会松弛,调整预紧力较方便	结构简单,刚性高,预紧可靠且不易松弛。预紧力可随时调整,使用中不便随时调整预紧力	预紧力调整方便,使用中可随时调整预紧力,定量微调螺母,轴向尺寸长	结构简单,尺寸最紧凑,避免了双螺母形位误差的影响,使用中不能随时调整	结构简单,尺寸紧凑,不需任何附加预紧机构。装配困难,预紧力大时钢珠直径需要中不能随时调整
调整方法	当需重新调整预紧力时,脱开差齿圈,相对于螺母上的齿在圆周上错位,然后复位	改变垫片的厚度尺寸,可使双螺母重新获得所需预紧力	旋转预紧螺母使双螺母产生相对轴向位移,预紧后需锁紧螺母	拆下滚珠螺母,精确测量原装钢珠直径,然后根据预紧力需要,重新更换装入大若干微米的钢球	拆下滚珠螺母,精确测量原装钢珠直径,然后根据预紧力需要,重新更换装入大若干微米的钢球
适用场合	要求获得准确的预紧力的精密定位系统	高刚度、重载荷的传动定位系统。目前用得较普遍	不要求得到准确的预紧力,但希望随时调节预紧力大小的场合	中等载荷,又不经常调节预紧力的场合	
备注				我国目前刚开始发展的结构	双圆弧形钢球四点接触,摩擦力矩较大

(5) 滚珠丝杠副的标注方法

滚珠丝杠副的型号根据其结构、规格、精度和螺纹旋向等特征按图7-19所列格式编写。

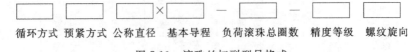

图7-19 滚珠丝杠副型号格式

循环方式代号如见表7-1所示，预紧方式代号如表7-2所示。

负荷滚珠总圈数为1.5,2,2.5,3,3.5,4,4.5,5,代号分别为1.5,2,2.5,3,3.5,4,4.5,5。

螺旋旋向为左、右旋，只标左旋代号为LH，右旋不标。

滚珠螺纹的代号用GQ表示，标注在公称直径前，如GQ50×8—3。

例如，CTC63×10—3.5—3.5/2000×1600表示插管突出式外循环(CT)，双螺母齿差预紧(C)的滚珠丝杠副，公称直径63mm，基本导程10mm，负荷滚珠总圈数3.5圈，精度等级3.5级，螺纹旋向为右旋，丝杠全长为2000mm，螺纹长度为1600mm。

滚珠丝杠及螺母零件图上螺纹尺寸的标注方法如图7-20所示。"GQ"为滚珠丝杠螺纹的代号，"50"为公称直径(φ50mm)，"8"表示基本导程为8mm，"2"为精度等级，左旋螺纹应在最后标"LH"字，右旋不标。

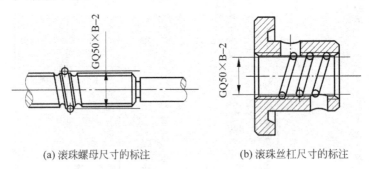

(a) 滚珠螺母尺寸的标注　　(b) 滚珠丝杠尺寸的标注

图7-20 滚珠丝杠副尺寸的标注

(6) 滚珠丝杠副的润滑与密封

滚珠丝杠副也可用润滑剂来提高耐磨性及传动效率。润滑剂分为润滑油及润滑脂两大类。润滑油为一般机油或90～180号透平油或140号主轴油。润滑脂可采用锂基油脂。润滑脂加在螺纹滚道和安装螺母的壳体空间内，润滑油则经过壳体上的油孔注入螺母的空间。滚珠丝杠副常用防尘密封圈和防护罩。

① 密封圈

密封圈装在滚珠螺母的两端。接触式的弹性密封圈用耐油橡皮或尼龙等材料制成，其内孔制成与丝杠螺纹滚道相配合的形状。接触式密封圈的防尘效果好，但因有接触压力，使摩擦力矩略有增加。

非接触式的密封圈用聚氯乙烯等塑料制成，其内孔形状与丝杠螺纹滚道相反，并略有间隙。非接触式密封圈又称迷宫式密封圈。

② 防护罩

防护罩能防止尘土及硬性杂质等进入滚珠丝杠。防护罩的形式有锥形套管、伸缩套管，也有折叠式(手风琴式)的塑料或人造革防护罩，也有用螺旋式弹簧钢带制成的防护罩连接在滚珠丝杠的支承座及滚珠螺母的端部。防护罩的材料必须具有防腐蚀及耐油的性能。

（7）制动装置

由于滚珠丝杠副的传动效率高，无自锁作用（特别是滚珠丝杠处于垂直传动时），故必须装有制动装置。

图 7-21 所示为数控卧式铣镗床主轴箱进给丝杠的制动装置示意图。当机床工作时，电磁铁线圈通常吸住压簧，打开摩擦离合器。此时，步进电机接收控制机的指令脉冲后，将旋转运动通过液压扭矩放大器及减速齿轮传动，带动滚珠丝杠副转换为主轴箱的立向（垂直）移动。当步进电机停止转动时，电磁铁线圈同时断电，在弹簧作用下摩擦离合器压紧，使得滚珠丝杠不能自由转动，主轴箱就不会因自重而下沉了。

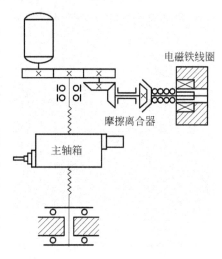

图 7-21 数控卧式铣镗主轴箱进给丝杠的制动装置示意图

超越离合器有时也用作滚珠丝杠的制动装置。

7.4 数控机床的自动换刀系统

7.4.1 自动换刀装置的形式

1. 回转刀架换刀

数控车床上使用的回转刀架是一种最简单的自动换刀装置，根据不同加工对象，可以设计成四方刀架和六角刀架等多种形式。回转刀架上分别安装着四把、六把或更多的刀具，并按数控装置的指令换刀。

回转刀架在结构上应具有良好的强度和刚性，以承受粗加工时的切削抗力。由于车削加工精度在很大程度上取决于刀尖位置，对于数控车床来说，加工过程中刀尖位置不进行人工调整，因此更有必要选择可靠的定位方案和合理的定位结构，以保证回转刀架在每一次转位之后，具有尽可能高的重复定位精度（一般为 0.001~0.005）。

数控车床回转刀架动作的要求是：刀架抬起、刀架转位、刀架定位和夹紧刀架。为完成上述动作要求，要有相应的机构来实现。下面以 WZD4 型刀架（如图 7-22 所示）为例说明其具体结构。

该刀架可以安装四把不同的刀具，转位信号由加工程序指定。当换刀指令发出后，小型电机 1 启动正转，通过平键套筒联轴器 2 使蜗杆轴 3 转动，从而带动蜗轮 4 转动。刀架体 7 内孔加工有螺纹，与丝杠连接，蜗轮与丝杠为整体结构。当蜗轮开始转动时，由于刀架底座 5 和刀架体 7 上的端面齿处在啮合状态，且蜗轮丝杠轴向固定，这时刀架体 7 抬起。当刀架体抬至一定距离后，端面齿脱开。转位套 9 用销钉与蜗轮丝杠 4 连接，随蜗轮丝杠一同转

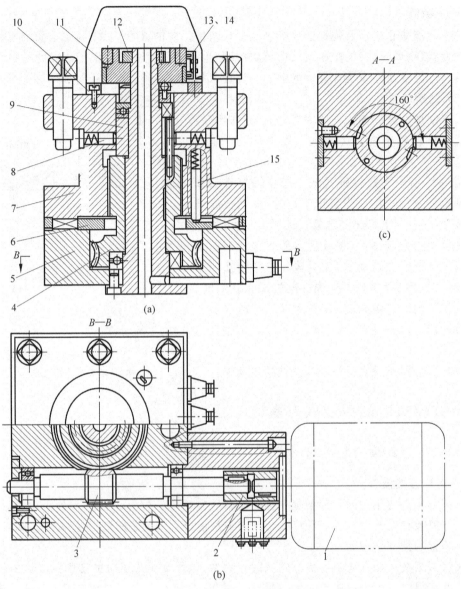

1—电机；2—联轴器；3—蜗杆轴；4—蜗轮丝杠；5—刀架底座；6—粗定位盘；7—刀架体
8—球头销；9—转位套；10—电刷座；11—发信体；12—螺母；13,14—电刷；15—粗定位销

图 7-22　数控车床方刀架结构

动,当端面齿完全脱开时,转位套正好转过 160°(如图 7-22A—A 剖视图所示),球头销 8 在弹簧力的作用下进入转位套 9 的槽中,带动刀架体转位。刀架体 7 转动时带着电刷座 10 转动,当转到程序指定的刀号时,定位销 15 在弹簧的作用下进入粗定位盘 6 的槽中进行粗定位,同时电刷 13 接触导体使电机 1 反转。由于粗定位槽的限制,刀架体 7 不能转动,使其在该位置垂直落下,刀架体 7 和刀架底座 5 上的端面齿啮合实现精确定位。电机继续反转,此时蜗轮停止转动,蜗杆轴 3 自身转动。当两端面齿增加到一定夹紧力时,电机 1 停止转动。

译码装置由发信体 11、电刷 13、14 组成,电刷 13 负责发信,电刷 14 负责位置判断。当刀架定位出现过位或不到位时,可松开螺母12,调好发信体11与电刷14的相对位置。

这种刀架在经济型数控车床及卧式车床的数控化改造中得到广泛的应用。回转刀架一般采用液压缸驱动转位和定位销定位,也有采用电动机—马氏机构转位和鼠盘定位,以及其他转位和定位机构。

2. 转塔头式换刀装置

一般数控机床常采用转塔头式换刀装置,如数控车床的转塔刀架,数控钻镗床的多轴转塔头等。在转塔的各个主轴头上,预先安装有各工序所需要的旋转刀具;当发出换刀指令时,各种主轴头依次地转到加工位置,并接通主运动,使相应的主轴带动刀具旋转,而其他处于不同加工位置的主轴都与主运动脱开。转塔头式换刀方式的主要优点在于省去了自动松夹、卸刀、装刀、夹紧以及刀具搬运等一系列复杂的操作,缩短了换刀时间,提高了换刀可靠性。它适用于工序较少,精度要求不高的数控机床。

图7-23所示为卧式八轴转塔头。转塔头上径向分布着八根结构完全相同的主轴1,主轴的回转运动由齿轮15输入。当数控装置发出换刀指令时,通过液压拨叉(图中未示出)将移动齿轮6与齿轮15脱离啮合,同时在中心液压缸13的上腔通压力油。由于活塞杆和活塞口固定在底座上,因此中心液压缸13带着有两个止推轴承9和11支承的转塔刀架10抬起,鼠齿盘7和8脱离啮合。然后,压力油进入转位液压缸,推动活塞齿条,再经过中间齿轮使大齿轮5与转塔刀架体10一起回转45°,将下一工序的主轴转到工作位置。转位结束后,压力油进入中心液压缸13的下腔,使转塔头下降,鼠齿盘7和8重新啮合,实现了精确的定位。在压力油的作用下,转塔头被压紧,转位液压缸退回原位。最后通过液压拨叉拨动移动齿轮6,使它与新换上的主轴齿轮15啮合。

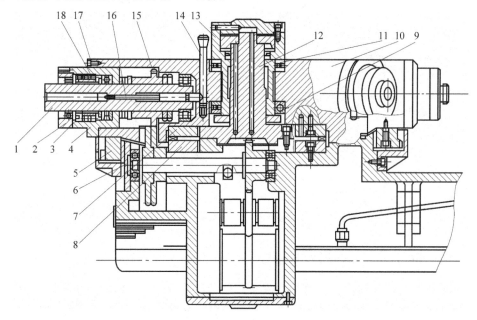

1—主轴;2—端盖;3—螺母;4—套筒;5,6,15—齿轮;7,8—鼠齿盘;9,11—推力轴承
10—转塔刀架体;12—活塞;13—中心液压缸;14—操纵杆;16—顶杆;17—螺钉;18—轴承

图7-23 卧式八轴转塔头

为了改善主轴结构的装配工艺性,整个主轴部件装在套筒 4 内,只要卸去螺钉 17,就可以将整个部件抽出。主轴前轴承 18 采用锥孔双列圆柱滚子轴承,调整时先卸下端盖 2,然后拧动螺母 3,使内环作轴向移动,以便消除轴承的径向间隙。

为了便于卸出主轴锥孔内的刀具,每根主轴都有操纵杆 14。只要按压操纵杆,就能通过斜面推动顶出刀具。

转塔主轴头的转位、定位和压紧方式与鼠齿盘式分度工作台极为相似。但因为在转塔上分布着许多回转主轴部件,使结构更为复杂。由于空间位置的限制,主轴部件的结构不可能设计得十分坚固,因而影响了主轴系统的刚度。为了保证主轴的刚度,主轴的数目必须加以限制,否则会使尺寸大为增加。

3. 车削中心用动力刀架

图 7-24(a)所示为意大利 Baruffaldi 公司生产的适用于全功能数控车及车削中心的动力转塔刀架。刀盘上既可以安装各种非动力辅助刀夹(车刀夹、镗刀夹、弹簧夹头、莫氏刀柄),夹持刀具进行加工,还可安装动力刀夹进行主动切削,配合主机完成车、铣、钻、镗等各种复杂工序,实现加工程序自动化、高效化。

图 7-24(b)所示为该转塔刀架的传动示意图。刀架采用端齿盘作为分度定位元件,刀架转位由三相异步电机驱动,电机内部带有制动机构,刀位由二进制绝对编码器识别,并可双向转位和任意刀位就近选刀。动力刀具由交流伺服电机驱动,通过同步齿形带、传动轴、传动齿轮、端面齿离合器将动力传递到动力刀夹,再通过刀夹内部的齿轮传动、刀具回转,实现主动切削。

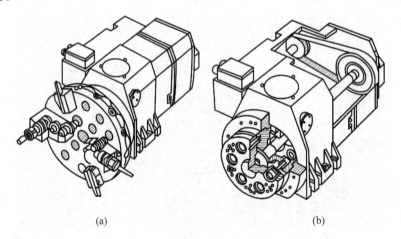

图 7-24　动力刀架

7.4.2　带刀库的自动换刀系统

由于回转刀架、转塔头式换刀装置容纳的刀具数量不能太多,因此满足不了复杂零件的加工需要。自动换刀数控机床多采用刀库式自动换刀装置。带刀库的自动换刀系统由刀库和刀具交换机构组成,它是多工序数控机床上应用最广泛的换刀方法。整个换刀过程较为复杂,首先把加工过程中需要使用的全部刀具分别安装在标准的刀柄上,在机外进行尺寸预调整之后,按一定的方式放入刀库;换刀时,先在刀库中选刀,并由刀具交换装置从刀库和主轴上取出刀具。刀具交换之后,将新刀具装入主轴,把旧刀具放入刀库。存放刀具的刀库具有较大的容量,它既可安装在主轴箱的侧面或上方,也可作为单独部件安装到机床以外。常见的刀库形式有三种:盘形刀库、链式刀库和格子箱刀库。

带刀库的自动换刀装置的数控机床主轴箱内只有一个主轴,设计主轴部件时就有可能充分增强它的刚度,因而能够满足精密加工的要求。另外,刀库可以存放数量很大的刀具(可以多达100把以上),因而能够进行复杂零件的多工序加工,明显提高了机床的适应性和加工效率。所以,带刀库的自动换刀装置特别适用于数控钻床、数控镗铣床和加工中心,其换刀形式很多,以下介绍几种典型换刀方式。

1. 直接在刀库与主轴(或刀架)之间换刀的自动换刀装置

这种换刀装置只具备一个刀库,刀库中存储着加工过程中需使用的各种刀具,利用机床本身与刀库的运动实现换刀过程。例如,图 7-25 所示为自动换刀数控立式车床的示意图,刀库 7 固定在横梁 4 的右端,它可作回转以及上、下方向的插刀和拔刀运动。机床自动换刀的过程如下:

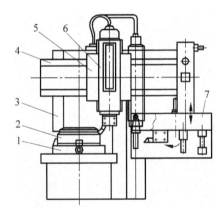

1—工作台;2—工件;3—立柱;4—横梁;5—刀架滑座;6—刀架滑枕;7—刀库
图 7-25 自动换刀数控立式车床示意图

(1)刀架快速右移,使其上的装刀孔轴线与刀库上空刀座的轴线重合,然后刀架滑枕向下移动,把用过的刀具插入空刀座。

(2)刀库下降,将用过的刀具从刀架中拔出。

(3)刀库回转,将下一工步所需使用的新刀具轴线对准刀架上的装刀孔轴线。

(4)刀库上升,将新刀具插入刀架装刀孔,接着由刀架中的自动夹紧装置将其夹紧在刀架上。

(5)刀架带着换上的新刀具离开刀库,快速移向加工位置。

2. 用机械手在刀库与主轴之间换刀的自动换刀装置

这是目前用得最普遍的一种自动换刀装置,其布局结构多种多样,JCS-013 型自动换刀数控卧式镗铣床所用换刀装置即为一例。四排链式刀库分置机床的左侧,由装在刀库与主轴之间的单臂往复交叉双机械手进行换刀。换刀过程可用图 7-26 中的图(a)~图(i)所示实例来说明。

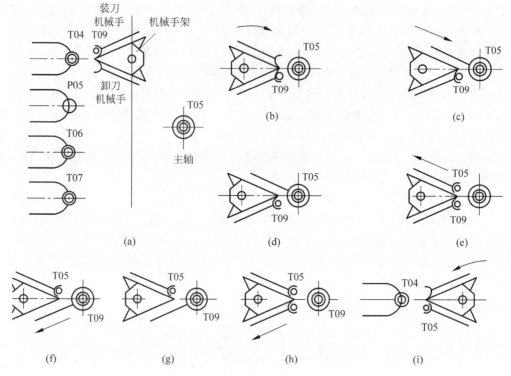

图 7-26　JCS-013 型自动换刀机床的自动换刀过程

(1) 开始换刀前状态：主轴正在用 T05 号刀具进行加工，装刀机械手已抓住下一工步需用的 T09 号刀具，机械手架处于最高位置，为换刀做好了准备。

(2) 上一工步结束，机床立柱后退，主轴箱上升，使主轴处于换刀位置。接着，下一工步开始，其第一个指令是换刀，机械手架回转 180°，转向主轴。

(3) 卸刀机械手前伸，抓住主轴上已用过的 T05 号刀具。

(4) 机械手架由滑座带动，沿刀具轴线前移，将 T05 号刀具从主轴上拔出。

(5) 卸刀机械手缩回原位。

(6) 装刀机械手前伸，使 T09 号刀具对准主轴。

(7) 机械手架后移，将 T09 号刀具插入主轴。

(8) 装刀机械手缩回原位。

(9) 机械手架回转 180°，使装刀、卸刀机械手转向刀库。

(10) 机械手架由横梁带动下降，找第二排刀套链。卸刀机械手将 T05 号刀具插回 P05 号刀套中。

(11) 刀套链转动，把在下一个工步需用的 T46 号刀具送到换刀位置；机械手架下降，找第三排刀链，由装刀机械手将 T46 号刀具取出。

(12) 刀套链反转，把 P09 号刀套送到换刀位置，同时机械手架上升至最高位置，为再下面一个工步的换刀做好准备。

3. 用机械手和转塔头配合刀库进行换刀的自动换刀装置

这种自动换刀装置实际是转塔头式换刀装置和刀库换刀装置的结合，其工作原理如

图 7-27 所示。转塔头 5 上有两个刀具主轴 3 和 4。当用一个刀具主轴上的刀具进行加工时,可由机械手 2 将下一工步需用的刀具换至不工作的主轴上。待上一工步加工完毕后,转塔头回转 180°,即完成了换刀工作。因此,所需换刀时间很短。

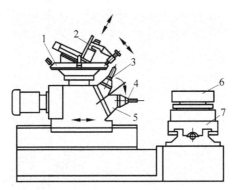

1—刀库;2—换刀机械手;3、4—刀具主轴;5—转塔头;6—工件;7—工作台

图 7-27 机械手和转塔头配合刀库换刀的自动换刀过程

7.4.3 刀具交换装置

在数控机床的自动换刀装置中,实现刀库与机床主轴之间传递和装卸刀具的装置称为刀具交换装置。刀具的交换方式通常分为由刀库与机床主轴的相对运动实现刀具交换和采用机械手交换刀具两类。刀具的交换方式及其具体结构对机床生产率和工作可靠性有着直接的影响。

1. 利用刀库与机床主轴的相对运动实现刀具交换的装置

此装置在换刀时必须首先将用过的刀具送回刀库,然后再从刀库中取出新刀具。这两个动作不可能同时进行,因此换刀时间较长。图 7-28 所示的数控立式镗铣床就是采用这类刀具交换方式的实例。由图可见,该机床的格子式刀库的结构极为简单,然而换刀过程较为复杂。它的选刀和换刀由三个坐标轴的数控定位系统来完成,因而每交换一次刀具,工作台和主轴箱就必须沿着三个坐标轴作两次来回的运动,因而增加了换刀时间。另外,由于刀库置于工作台上,减少了工作台的有效使用面积。

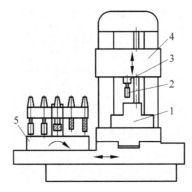

1—工件;2—刀具;3—主轴;4—主轴箱;5—刀库

图 7-28 利用刀库及机床本身运动进行自动换刀的数控机床

2. 刀库—机械手的刀具交换装置

采用机械手进行刀具交换的方式应用得最为广泛,这是因为机械手换刀有很大的灵活性,而且可以减少换刀时间。在各种类型的机械手中,双臂机械手集中地体现了以上优点。在刀库远离机床主轴的换刀装置中,除了机械手以外,还带有中间搬运装置。

双臂机械手中最常用的几种结构如图 7-29 所示,它们分别是钩手(如图 7-29(a)所示)、抱手(如图 7-29(b)所示)、伸缩手(如图 7-29(c)所示)和叉手(如图 7-29(d)所示)。这几种机械手能够完成抓刀、拔刀、回转、插刀以及返回等全部动作。为了防止刀具掉落,各机械手的活动爪都必须带有自锁机构。由于双臂回转机械手的动作比较简单,而且能够同时抓取和装卸机床主轴和刀库中的刀具,因此换刀时间可以进一步缩短。

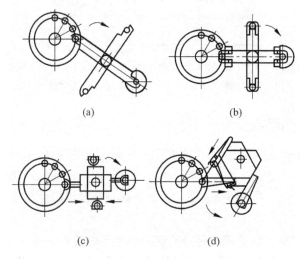

图 7-29　双臂机械手常用机构

图 7-30 所示是双刀库机械手换刀装置,其特点是用两个刀库和两个单臂机械手进行工作,因而机械手的工作行程大为缩短,有效地节省了换刀时间;还由于刀库分设两处,使布局较为合理。

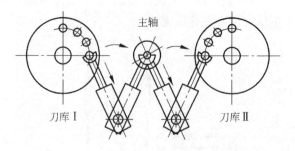

图 7-30　双刀库机械手换刀装置

7.4.4　机械手

在自动换刀数控机床中,机械手的形式多种多样,常见的有如图 7-31 中所示的几种形式。

1. 单臂单爪回转式机械手

这种机械手的手臂可以回转不同的角度,进行自动换刀,手臂上只有一个卡爪,不论在刀库上或是在主轴上,均靠这一个卡爪来装刀及卸刀,因此换刀时间较长,如图7-31(a)所示。

2. 单臂双爪回转式机械手

这种机械手的手臂上有两个卡爪,且各有分工。一个卡爪只执行从主轴上取下"旧刀"送回刀库的任务,另一个卡爪则执行由刀库取出"新刀"送到主轴的任务。其换刀时间较上述单爪回转式机械手要少,如图7-31(b)所示。

3. 双臂回转式机械手

这种机械手的两臂各有一个卡爪,两个卡爪可同时抓取刀库及主轴上的刀具,回转180°后同时将刀具放回刀库及装入主轴。其换刀时间较以上两种单臂机械手均短,是最常用的一种形式。图7-31(c)右边的一种机械手在抓取或将刀具送入刀库及主轴时,两臂可伸缩。

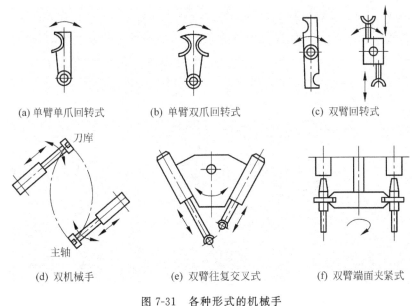

图 7-31 各种形式的机械手

4. 双机械手

这种机械手相当于两个单臂单爪机械手互相配合起来进行自动换刀。其中一个机械手从主轴上取下"旧刀"送回刀库,另一个机械手由刀库取出"新刀"装入机床主轴,如图7-31(d)所示。

5. 双臂往复交叉式机械手

这种机械手的两手臂可以往复运动,并交叉成一定角度。一个手臂从主轴上取下"旧刀"送回刀库,另一个手臂由刀库取出"新刀"装入机床主轴。整个机械手可沿某导轨直线移动或绕某个转轴回转,以实现刀库与主轴间的运刀工作,如图7-31(e)所示。

6. 双臂端面夹紧式机械手

这种机械手只是在夹紧部位上与前几种不同。前几种机械手均靠夹紧刀柄的外圆表面以抓取刀具,这种机械手则夹紧刀柄的两个端面,如图7-31(f)所示。

7.5 数控机床的辅助装置

7.5.1 数控回转工作台

数控回转工作台的功用有两个：一是使工作台进行圆周进给运动，二是工作台进行分度运动。它按照控制系统的指令，在需要时分别完成上述运动。

数控回转工作台从外形上看和通用机床的分度工作台没有多大差别，但在结构上具有一系列特点。用于开环系统中的数控回转工作台是由传动系统、间隙消除装置及蜗轮夹紧装置等组成。当接到控制系统的回转指令后，首先要把蜗轮松开，然后开动电液脉冲马达，按照指令脉冲来确定工作台回转的方向、速度、角度大小以及回转过程中速度的变化等参数。当工作台回转完毕后，再把蜗轮夹紧。

数控回转工作台的定位精度完全由控制系统决定。因此，对于开环系统的数控回转工作台，要求它的传动系统中没有间隙，否则在反向回转时会产生传动误差，影响定位精度。现以 JCS-013 型自动换刀数控卧式镗铣床的数控回转工作台为例介绍如下，如图 7-32 所示。

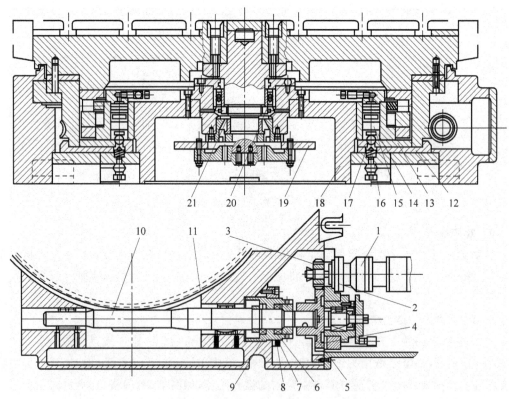

1—电液脉冲马达；2—偏心环；3—主动齿轮；4—从动齿轮；5—销钉；6—锁紧瓦；7—套筒；
8—螺钉；9—丝杠；10—蜗杆；11—蜗轮；12,13—夹紧瓦；14—液压缸；15—活塞；16—弹簧；
17—钢球；18—底座；19—光栅；20,21—轴承

图 7-32　数控回转工作台

数控回转工作台由电液脉冲马达1驱动,在它的轴上装有主动齿轮3($z_1=22$),它与从动齿轮4($z_2=66$)相啮合,齿的侧隙靠调整偏心环2来消除。从动齿轮4与蜗杆10用楔形的拉紧销钉5来连接,这种连接方式能消除轴与套的配合间隙。蜗杆10系双螺距式,即相邻齿的厚度不同。因此,可用轴向移动蜗杆的方法来消除蜗杆10和蜗轮11的齿侧间隙。调整时,先松开壳体螺母套筒7上的锁紧螺钉8,使锁紧瓦6把丝杠9放松,然后转动丝杠9,它便和蜗杆10同时在壳体螺母套筒7中作轴向移动,消除齿向间隙。调整完毕后,再拧紧锁紧螺钉8,把锁紧瓦6压紧在丝杠9上,使其不能再转动。

蜗杆10的两端装有双列滚针轴承作径向支承。右端装有两只止推轴承承受轴向力;左端可以自由伸缩,保证运转平稳。蜗轮11下部的内、外两面均装有加紧瓦12和13。当蜗轮11不回转时,回转工作台的底座18内均布有8个液压缸14,其上腔进压力油时,活塞15下行,通过钢球17,撑开加紧瓦12和13,把蜗轮11夹紧。当回转工作台需要回转时,控制系统发出指令,使液压缸上腔油液流回油箱。由于弹簧16恢复力的作用,把钢球17抬起,加紧瓦12和13就不夹紧蜗轮11,然后由电液脉冲马达1通过传动装置,使蜗轮11和回转工作台一起按照控制指令作回转运动。回转工作台的导轨面由大型滚柱轴承支承,并由圆锥滚子轴承21和双列圆柱滚子轴承20保持准确的回转中心。

数控回转工作台设有零点,当它作返零控制时,先用挡块碰撞限位开关(图中未示出),使工作台由快速变为慢速回转,然后在无触点开关的作用下,使工作台准确的停在零位。数控回转工作台可作任意角度的回转或分度,由光栅19进行读数控制。光栅19沿其圆周上有21600条刻线,通过6倍频线路,刻度的分辨能力为10s。

这种数控回转工作台的驱动系统采用开环系统,其定位精度主要取决于蜗杆蜗轮副的运动精度,虽然采用高精度的五级蜗杆蜗轮副,并用双螺距蜗杆实现无间隙传动,但还不能满足机床的定位精度(±10s)。因此,需要在实际测量工作台静态定位误差之后,确定需要补偿的角度位置和补偿脉冲的符号(正向或反向),并记忆在补偿回路中,由数控装置进行误差补偿。

7.5.2 分度工作台

数控机床(主要是钻床、镗床和铣镗床)的分度工作台与数控回转工作台不同,它只能完成分度运动而不能实现圆周进给。由于结构上的原因,通常分度工作台的分度运动只限于某些规定的角度(如90°、60°或45°等)。而对于机床上的分度传动机构,它本身很难保证工作台分度的高精度要求,因此常需要定位机构和分度机构结合在一起,并由夹紧装置保证机床工作时的安全、可靠。

1. 定位销式分度工作台

这种工作台的定位分度主要靠定位销和定位孔来实现。定位销之间的分布角度为45°,因此工作台只能作二、四、八等分的分度运动。这种分度方式的分度精度主要由定位销和定位孔的尺寸精度及位置精度决定,最高可达±5″。定位销和定位孔衬套的制造精度和装配精度都要求很高,且均需具有很高的硬度,以提高耐磨性,保证足够的使用寿命。

图7-33所示为THK6380型自动换刀数控卧式铣镗床的分度工作台结构。

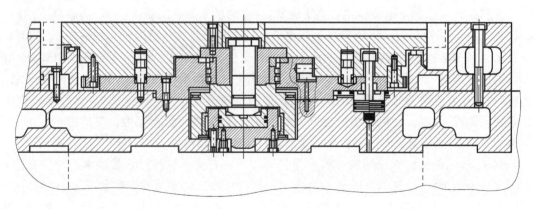

图 7-33　定位销式分度工作台

2．齿盘式分度工作台

齿盘式分度工作台是数控机床和其他加工设备中应用很广的一种分度装置。它既可以作为机床的标准附件，用"T"形螺钉紧固在机床工作台上使用，也可以和数控机床的工作台设计成一个整体。齿盘分度机构的向心多齿啮合应用了误差平均原理，因而能够获得较高的分度精度和定心精度（分度精度为±0.5～±3s）。

齿盘式分度工作台主要由工作台、底座、压紧液压缸、分度液压缸和一对齿盘等零件组成。齿盘是保证分度精度的关键零件，每个齿盘的端面均加工有数目相同的三角形齿（$z=120$ 或 180），两个齿盘啮合时，能自动确定周向和径向的相对位置。

齿盘式分度工作台（如图 7-34 所示）分度运动时，其工作过程分为四个步骤：

(1) 分度工作台上升，齿盘脱离啮合。当需要分度时，数控装置发出分度指令（也可用手压按钮进行手动分度）。这时，二位三通电磁换向阀 A 的电磁铁通电，分度工作台 1 中央的差动式压紧液压缸下腔 13 从管道 4 进压力油，于是活塞 3 向上移动，液压缸上腔 14 的油液经管道 2、电磁阀 A 再进入液压缸下腔 13，形成差动。活塞 3 上移时，通过推力轴承 5 使分度工作台 1 也向上抬起，齿盘 6 和 7 脱离啮合（上齿盘 6 固定在工作台 1 上，下齿盘 7 固定在底座上）。同时，固定在工作台回转轴下端的推力轴承 10 和内齿轮 11 也向上与外齿轮 12 啮合，完成了分度前的准备。

(2) 工作台回转分度。当分度工作台 1 向上抬起时，推杆 8 在弹簧作用下同时抬起，推杆 9 向右移动，于是微动开关 D 的触头松开，使二位四通电磁换向阀的电磁铁通电，压力油从管道 15 进入分度液压缸左腔 16，于是齿条活塞 17 向右移动，右腔 19 中的油液经管道 18、节流阀流回油箱。当齿条活塞 17 向右移动时，与它啮合的外齿轮 12 作逆时针方向回转。由于外齿轮 12 与内齿轮 11 已经啮合，分度工作台随着一起回转相应的角度。分度运动的速度可由回油管道 18 中的节流阀控制。当外齿轮 12 开始回转时，其上的挡块 21 离开推杆 22，微动开关 C 的触头松开，通过互锁电路，使电磁阀的电磁铁不准通电，始终保持工作台处于抬升状态。按设计要求，当齿条活塞 17 移动 113mm 时，工作台回转 90°，回转角度的近似值由微动开关和挡铁 20 控制。

(3) 分度工作台下降，并定位压紧。当工作台回转 90°位置附近，其上的挡铁 20 压推杆 23，微动开关 E 的触头被压紧，使电磁阀 A 的电磁铁断电，压紧液压缸上腔 14 从管道 2 进

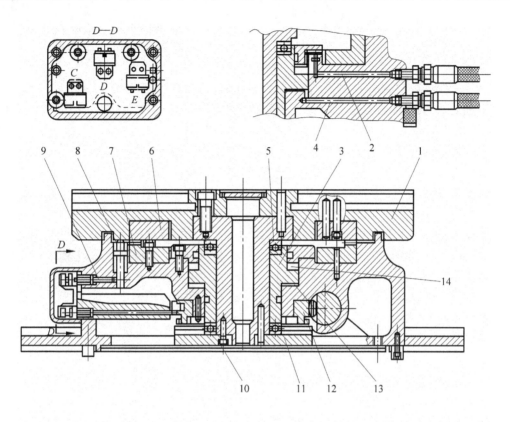

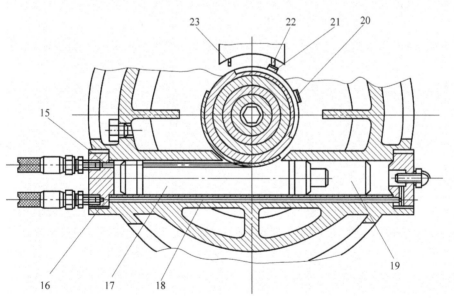

1—分度工作台；2,4,15,18—管道；3,17—活塞；5,10—轴承；6,7—齿盘；8,9,22,23—推杆
11—内齿轮；12—外齿轮；13—下腔；14—上腔；16—左腔；19—右腔；20—挡铁；21—挡块

图 7-34 齿盘式分度工作台

压力油,下腔 13 中的油从管道 4 经节流阀回油箱,活塞 3 带动分度工作台下降,上、下齿盘在新的位置重新啮合,并定位夹紧。管道 4 中的节流阀用来限制工作台的下降速度,保护齿面不受冲击。

(4) 分度齿条活塞退回。当分度工作台下降时,推杆 8 受压,使推杆 9 左移,于是微动开关 D 的触头被压紧,使电磁换向阀 B 的电磁铁断电,压力油从管道 18 进入分度液压缸右腔 19,齿条活塞 17 左移,左腔 16 的油液从管道 15 流回油箱。齿条活塞 17 左移时,带动外齿轮 12 作顺时针回转,但因工作台下降时,内齿轮 11 同时下降与外齿轮 12 脱开,故工作台保持静止状态。外齿轮 12 作顺时针回转 90°时,其上挡块 21 又压推杆 22,微动开关 C 的触头又被压紧,外齿轮 12 停止转动而回到原始位置。而挡铁 20 离开推杆 23,微动开关 E 的触头又被松开,通过自保电路保证电磁换向阀 A 的电磁铁断电,工作台始终处于压紧状态。

齿盘式分度工作台和其他分度工作台相比,具有重复定位精度高、定位刚性好和结构简单等优点。齿盘接触面大、磨损小和寿命长,而且随着使用时间的延续,定位精度还有进一步提高的趋势。因此,齿盘式分度工作台目前除广泛用于数控机床外,还用在各种加工和测量装置中。它的缺点是齿盘的制造精度要求很高,需要某些专用加工设备,尤其是最后一道两齿盘的齿面对研工序,通常要花费数十小时。此外,它不能进行任意角度的分度运动。

7.5.3 排屑装置

1. 排屑装置在数控机床上的作用

数控机床的出现和发展,使机械加工的效率大大提高,在单位时间内数控机床的金属切削量大大高于普通机床,而工件上的多余金属在变成切屑后所占的空间将成倍加大。这些切屑堆占加工区域,如果不及时排除,必将会覆盖或缠绕在工件和刀具上,使自动加工无法继续进行。此外,灼热的切屑向机床或工件散发的热量,会使机床或工件产生变形,影响加工精度。因此,迅速而有效地排除切屑,对数控机床加工而言是十分重要的。排屑装置正是完成这项工作的一种数控机床的必备附属装置。排屑装置的主要工作是将切屑从加工区域排出数控机床之外。在数控车床和磨床上的切屑中往往混合着切削液,排屑装置从其中分离出切屑,并将它们送入切屑收集箱(车)内,切削液被回收到冷却液箱。数控铣床、加工中心和数控镗铣床的工件安装在工作台上,切屑不能直接落入排屑装置,往往需要采用大流量冷却液冲刷,或采用压缩空气吹扫等方法使切屑进入排屑槽,然后再回收切削液并排出切屑。

排屑装置是一种具有独立功能的部件,它的工作可靠性和自动化程度,随着数控机床技术的发展而不断提高,并逐步趋向标准化和系列化,由专业工厂生产。数控机床排屑装置的结构和工作形式应根据机床的种类、规格、加工工艺特点、工件的材质和使用的冷却液种类等来选择。

2. 典型排屑装置

排屑装置的种类繁多,图 7-35 所示为其中的几种。排屑装置的安装位置一般都尽可能靠近刀具切削区域。如车床的排屑装置装在旋转工件下方,铣床和加工中心的排屑装置装在床身的回水槽上或工作台边侧位置,以利于简化机床和排屑装置结构,减小机床占地面积,提高排屑效率。排出的切屑一般都落入切屑收集箱或小车中,有的则直接排入车间排屑系统。

下面对几种常见排屑装置作简要介绍。

(1) 平板链式排屑装置(如图 7-35(a)所示):该装置以滚动链轮牵引钢质平板链带在封闭箱中运转,加工中的切屑落到链带上被带出机床。这种装置能排除各种形状的切屑,适应性强,各类机床都能采用。在车床上使用时,多与机床冷却液箱合为一体,以简化机床结构。

(2) 刮板式排屑装置(如图 7-35(b)所示):该装置的传动原理与平板链式基本相同,只是链板不同,它带有刮板链板。这种装置常用于输送各种材料的短小切屑,排屑能力较强。因负载大,需采用较大功率的驱动电机。

(3) 螺旋式排屑装置(如图 7-35(c)所示):该装置是利用电机经减速装置驱动安装在沟槽中的一根长螺旋杆进行工作的。螺旋杆转动时,沟槽中的切屑由螺旋杆推动连续向前运动,最终排入切屑收集箱。螺旋杆有两种结构型式,一种是用扁型钢条卷成螺旋弹簧状;另一种是在轴上焊有螺旋形钢板。这种装置占据空间小,适于安装在机床与立柱间空隙狭小的位置上。螺旋式排屑结构简单,排屑性能良好,但只适合沿水平或小角度倾斜的直线方向排运切屑,不能大角度倾斜、提升或转向排屑。

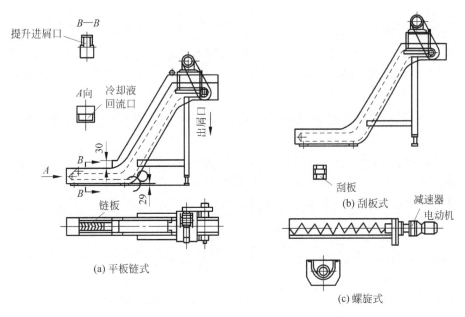

图 7-35 排屑装置

7.6 数控机床开机调试

数控机床是一种技术含量很高的机电仪一体化的机床。用户买到一台数控机床后,是否正确地、安全地开机、调试是很关键的一步。这一步的正确与否在很大程度上决定了这台数控机床能否发挥正常的经济效益以及它本身的使用寿命,这对数控机床的生产厂和用户厂都是事关重大的课题。数控机床开机、调试应按下列步骤进行。

1. 通电前的外观检查

主要是机床电气检查　打开机床电控箱,检查继电器,接触器,熔断器,伺服电机速度控制单元插座,主轴电机速度控制单元插座等有无松动。如有松动,应恢复正常状态;有锁紧机构的接插件,一定要锁紧;有转接盒的机床,一定要检查转接盒上的插座,接线有无松动;有锁紧机构的,一定要锁紧。

2. CNC 电箱检查

打开 CNC 电箱门,检查各类接口插座,伺服电机反馈线插座,主轴脉冲发生器插座,手摇脉冲发生器插座,CRT 插座等。如有松动,要重新插好;有锁紧机构的,一定要锁紧。按照说明书检查各个印制线路板上的短路端子的设置情况,一定要符合机床生产厂设定的状态,确实有误的应重新设置。一般情况下无需重新设置,但用户一定要对短路端子的设置状态做好原始记录。

3. 接线质量检查

检查所有的接线端子,包括强、弱电部分在装配时机床生产厂自行接线的端子及各电机电源线的接线端子,每个端子都要用旋具紧固一次,直到用旋具拧不动为止,各电机插座一定要拧紧。

4. 电磁阀检查

所有电磁阀都要用手推动数次,以防止长时间不通电造成动作不良,如发现异常,应做好记录,以备通电后确认修理或更换。

5. 限位开关检查

检查所有限位开关动作的灵活性及固定性,看是否牢固,发现动作不良或固定不牢的应立即处理。

6. 按钮及开关检查

指操作面板上按钮及开关检查,应检查操作面板上所有按钮,开关,指示灯的接线,发现有误应立即处理,检查 CRT 单元上的插座及接线。

7. 地线检查

要求有良好的地线。测量机床地线,接地电阻不能大于 1Ω。

8. 电源相序检查

用相序表检查输入电源的相序,确认输入电源的相序与机床上各处标定的电源相序绝对一致。有二次接线的设备,如电源变压器等,必须确认二次接线的相序的一致性。要保证各处相序的绝对正确。此时,应测量电源电压,做好记录。

9. 机床总电压的接通

接通机床总电源,检查 CNC 电箱,主轴电机冷却风扇,机床电器箱冷却风扇的转向是否正确,润滑、液压等处的油标志指示以及机床照明灯是否正常,各熔断器有无损坏。如有异常,应立即停电检修;无异常,可以继续进行。测量强电各部分的电压,特别是供 CNC 及伺服单元用的电源变压器的初次级电压,并做好记录。观察有无漏油,特别是供转塔转位、卡紧、主轴换挡以及卡盘卡紧等处的液压缸和电磁阀。如有漏油,应立即停电修理或更换。

10. CNC 电箱通电

按 CNC 电源通电按钮,接通 CNC 电源,观察 CRT 显示,直到出现正常画面为止。如

第7章 数控机床的机械结构

果出现 ALARM 显示,应该寻找故障并排除,此时应重新送电检查。打开 CNC 电源,根据有关资料给出的测试端子的位置测量各级电压,有偏差的应调整到给定值,并做好记录。将状态开关置于适当的位置,如日本 FANUC 系统应放置在 MDI 状态,然后选择到参数页面,逐条逐位地核对参数。这些参数应与随机所带参数表符合。如发现有不一致的参数,应搞清各个参数的意义后再决定是否修改,如齿隙补偿的数值可能与参数表不一致,这在进行实际加工后可随时修改。将状态选择开关放置在 JOG 位置,将点动速度放在最低挡,分别进行各坐标正、反方向的点动操作,同时用手按与点动方向相对应的超程保护开关,验证其保护作用的可靠性。然后,进行慢速超程试验,验证超程撞块安装的正确性。将状态开关置于回零位置,完成回零操作,参考点返回的动作不完成,就不能进行其他操作。因此,遇此情况应首先进行本项操作,再进行第 4 项操作。将状态开关置于 JOG 位置或 MDI 位置,进行手动变挡试验,验证后将主轴调速开关放在最低位置,进行各挡的主轴正、反转试验,观察主轴运转的情况和速度显示的正确性;然后逐渐升速到最高转速,观察主轴运转的稳定性。进行手动导轨润滑试验,使导轨有良好的润滑,再逐渐变化、快移超调开关和进给倍率开关,随意点动刀架,观察速度变化的正确性。

11. MDI 试验

(1) 测量主轴实际转速

将机床锁住开关放在接通位置,用手动数据输入指令,进行主轴任意变挡、变速试验,测量主轴实际转速,并观察主轴速度显示值,调整其误差限定在 5% 之内。

(2) 进行转塔或刀座的选刀试验

其目的是检查刀座或正、反转和定位精度的正确性。

(3) 功能试验

根据订货情况不同,功能也不同,可根据具体情况对各个功能进行试验。为防止意外情况发生,最好先将机床锁住,然后再放开机床进行试验。

(4) EDIT 功能试验

将状态选择开关置于 EDIT 位置,然后自行编制一段简单程序,尽可能多地包括各种功能指令和辅助功能指令。移动尺寸以机床最大行程为限,同时增加、删除和修改程序。

(5) 自动状态试验

将机床锁住,用编制的程序进行空运转试验,验证程序的正确性。然后放开机床,分别变化进给倍率开关、快速超调开关、主轴速度超调开关,使机床在上述各开关的多种变化的情况下充分地运行;再将各超调开关置于 100% 处,使机床充分运行,观察整机的工作情况是否正常。

7.7 数控系统的维护与维修

7.7.1 维修工作人员的基本条件

维修工作开展得好坏,首先取决于人员条件。维修工作人员必须具备以下素质:
(1) 高度的责任心与良好的职业道德;

（2）知识面广，掌握计算机技术、模拟与数字电路基础、自动控制与电机拖动、检测技术及机械加工工艺方面的基础知识，并有一定的外语水平。

（3）经过良好的技术培训，掌握有关数控、驱动及 PLC 的工作原理，懂得 CNC 编程和编程语言。

（4）熟悉结构，具有实验技能和较强的动手操作能力。

（5）掌握各种常用（尤其是现场）的测试仪器、仪表和各种工具的用法。

7.7.2 在维修手段方面应具备的条件

（1）准备好常用备品、配件。

（2）随时可以得到微电子元器件的实际支援或供应。

（3）必要的维修工具、仪器、仪表、接线、微机。最好有小型编程系统或编程器，用以支援设备调试。

（4）完整的资料、手册、线路图、维修说明书（包括 CNC 操作说明书）以及接口、调整与诊断、驱动说明书，PLC 说明书（包括 PLC 用户程序单），元器件表格等。

7.7.3 维修前的准备

接到用户的直接要求后，应尽可能直接与用户联系，以便尽快地获取现场信息、现场情况及故障信息，如数控机床的进给予主轴驱动型号、报警指示或故障现象、用户现场有无备件等。据此预先分析可能出现的故障原因与部位，在出发到现场之前，准备好有关的技术资料与维修服务工具、仪器备件等，做到有备而去。

7.7.4 现场维修

现场维修是指对数控机床出现的故障（主要是数控部分）进行诊断，找出故障部位，以相应的正常备件更换，使机床恢复正常运行。这个过程的关键是诊断，即对系统或外围线路进行检测，确定有无故障，并对故障定位，指出故障的确切位置。从整机定位到插线板，在某些场合下甚至定位到元器件。这是整个维修工作的主要部分。

7.7.5 数控系统的故障诊断方法

1. 初步判别

通常在资料较全时，可通过资料分析判断故障所在，或采取接口信号法根据故障现象判别可能发生故障的部位，再按照故障与这一部位的具体特点，逐个部位检查，初步判别。在实际应用中，可能用一种方法即可查到故障并排除，有时需要多种方法并用。对各种判别故障点的方法的掌握程度主要取决于对故障设备原理与结构掌握的深度。

2. 报警处理

① 系统报警的处理：数控系统发生故障时，一般在显示屏或操作面板上给出故障信号和相应的信息。通常系统的操作手册或调整手册中都有详细的报警号、报警内容和处理方法。由于系统的报警设置单一、齐全、严密、明确，维修人员可根据每一警报后面给出的信息与处理办法自行处理。

② 机床报警和操作信息的处理：机床制造厂根据机床的电气特点，应用PLC程序，将一些能反映机床接口电气控制方面的故障或操作信息以特定的标志，通过显示器给出，并可通过特定键，看到更详尽的报警说明。这类报警可以根据机床厂提供的排除故障手册进行处理，也可以利用操作面板或编程器，根据电路图和PLC程序，查出相应的信号状态，再按逻辑关系找出故障点进行处理。

③ 无报警或无法报警的故障处理

当系统的PLC无法运行，系统已停机或系统没有报警但工作不正常时，需要根据故障发生前、后的系统状态信息，运用已掌握的理论基础进行分析，做出正确的判断。下面阐述这种故障诊断和排除的办法。

3．故障诊断方法

（1）常规检查法

① 目测：目测故障板，仔细检查有无保险丝烧断，元器件烧焦、烟熏、开裂现象，有无异物断路现象。以此判断板内有无过流、过压、短路等问题。

② 手摸：用手摸并轻摇元器件，尤其是阻容、半导体器件有无松动之感，以此检查出一些断脚、虚焊等问题。

③ 通电：首先用万用表检查各种电源之间有无断路，如无即可接入相应的电源；目测有无冒烟、打火等现象；手摸元器件有无异常发热，以此发现一些较为明显的故障，而缩小检修范围。

例如，在哈尔滨某工厂排除故障时，机床的数控系统和PLC运行正常，但机床的液压系统无法启动，用编程器检查PLC程序运行正常，各所需信号状态均满足开机条件。进一步检查中发现，PLC信号状态与图纸和设备上的标记不一致，停机拔出电路板检查，发现PLC两块输出板编址不对，与另两块位置搞错。经交换后，机床正常运转。对于发生这个故障的机床所采用的SIMATIC S5-150K可编程控制器，只要编址正确，无论将线路板的位置怎样排列，系统均能正常运转。但相应地，执行元件和信号源必须正确地对应，一旦对应错误，就会发生故障，甚至毁坏机床。另外，根据用户提供的故障现象，结合自己的现场观察，运用系统工作原理亦可迅速做出正确判断。

（2）仪器测量法

当系统发生故障后，采用常规电工检测仪器、工具，按系统电路图及机床电路图对故障部分的电压、电源、脉冲信号等进行实测，判断故障所在。如电源的输入电压超限，引起电源监控，可用电压表测网络电压，或用电压测试仪实时监控以排除其他原因。如发生位置控制环故障，可用示波器检查测量回路的信号状态，或用示波器观察其信号输出是否缺相，有无干扰。例如，上海某厂在排除故障中，系统报警，位置环硬件故障，用示波器检查发现有干扰信号。于是在电路中用接电容的方法将其滤掉，使系统工作正常。如出现系统无法回基准点的情况，可用示波器检查是否有零标记脉冲。若没有，可考虑是测量系统损坏。

① 用可编程控制器进行PLC中断状态分析：可编程序控制器发生故障时，其中断原因以中断堆栈的方式记忆。使用编程器可以在系统停止状态下，调出中断堆栈和块堆栈，按其所指示的原因，查明故障所在。在可编程序控制器的维修中，这是最常用有效和快速的办法。

② 接口信号检查：通过用可编程序控制器检查机床控制系统的接口信号，并与接口手

册的正确信号相对比,亦可查出相应的故障点。

(3) 诊断备件替换法

现代数控系统大都采用模块化设计,按功能不同划分不同模块。随着现代技术的发展,电路的集成规模越来越大,技术越来越复杂,按常规方法,很难把故障定位到一个很小的区域,而一旦系统发生故障,为了缩短停机时间,可以根据模块的功能与故障现象,初步判断出可能的故障模块,用诊断备件将其替换,以迅速判断出有故障的模块。在没有诊断备件的情况下,可以采用现场相同或相容的模块进行替换检查。对于现代数控的维修,越来越多的情况采用这种方法进行诊断,用备件替换损坏模块,使系统正常工作,尽最大可能缩短故障停机时间。使用这种方法操作时,注意一定要在停电状态下进行,还要仔细检查线路板的版本、型号、各种标记、跨接是否相同。对于有关的机床数据和电位计的位置,应做好记录,拆线时应做好标志。

(4) 利用系统的自诊断功能判断

现代数控系统尤其是全功能数控具有很强的自诊断能力,通过实施时监控系统各部分的工作,及时判断故障,给出报警信息,并做出相应的动作,避免事故发生。然而,有时当硬件发生故障时,无法报警,有的数控系统可通过发光管不同的闪烁频率或不同的组合做出相应的指示,这些指示配合使用可帮助我们准确地诊断出故障模板的位置。如根据 SINUMERIK 8 系统 MS100 CPU 板上四个指示灯和操作面板上的 FAULT 灯的亮灭组合就可判断出故障位置。

上述诊断方法在实际应用时并无严格的界限,可能用一种方法就能排除故障,亦可能需要多种方法同时运用。其效果主要取决于对系统原理与结构的理解与掌握的深度,以及维修人员经验的多少。

7.7.6 数控系统的常见故障分析

根据数控系统的构成、工作原理和特点,并结合在维修中的经验,常见故障部位及故障现象分析如下。

1. 常见故障位置

(1) 位置环

这是数控系统发出控制指令,并与位置检测系统的反馈值相比较,进一步完成控制任务的关键环节。它具有很高的工作频度,并与外设相连接,所以容易发生故障。

(2) 电源部分

电源是维持系统正常工作的能源支持部分,它失效或故障的直接结果是造成系统的停机或毁坏整个系统。一般在欧美国家,这类问题比较少,在设计上这方面的因素考虑得不多。但在中国,由于电源波动较大,质量差,还隐藏有如高频脉冲这一类的干扰,加上人为的因素(如突然拉闸断电等),可造成电源故障监控或损坏。另外,数控系统部分运行数据,设定数据以及加工程序等一般存储在 RAM 存储器内,系统断电后,靠电源的后备蓄电池或锂电池来保持。因而,停机时间比较长,拔插电源或存储器都可能造成数据丢失,使系统不能运行。

(3) 可编程序控制器逻辑接口

数控系统的逻辑控制,如刀库管理、液压启动等,主要由 PLC 来实现。要完成这些控制,必须采集各控制点的状态信息,如断电器、伺服阀、指示灯等。因而它与外界种类繁多的各种信号源和执行元件相连接,变化频繁,所以发生故障的可能性比较大,而且故障类型千变万化。

(4) 其他

由于环境条件,如干扰、温度、湿度超过允许范围,操作不当,参数设定不当,亦可能造成停机或故障。有一工厂的数控设备,开机后不久便失去数控准备好信号,系统无法工作,经检查发现机体温度很高,原因是通气过滤网已堵死,引起温度传感器动作。更换滤网后,系统正常工作。不按操作规程拔插线路板,或无静电防护措施等,都可能造成停机故障,甚至毁坏系统。一般在数控系统的设计、使用和维修中,必须考虑对经常出现故障的部位给予报警,报警电路工作后,一方面在屏幕或操作面板上给出报警信息,另一方面发出保护性中断指令,使系统停止工作,以便查清故障和进行维修。

2. 故障排除方法

(1) 初始化复位法

一般情况下,由于瞬时故障引起的系统报警,可用硬件复位或开关系统电源依次来清除故障。若系统工作存储区由于掉电、拔插线路板或电池欠压造成混乱,必须对系统进行初始化清除。清除前应注意作好数据备份记录,若初始化后故障仍无法排除,则进行硬件诊断。

(2) 参数更改,程序更正法

系统参数是确定系统功能的依据,参数设定错误可能造成系统故障或某功能无效。例如,在哈尔滨某厂转子铣床上采用了测量循环系统,这一功能要求有一个背景存储器。调试时发现这一功能无法实现。检查发现,确定背景存储器存在的数据位没有设定,经设定后,该功能正常。有时由于用户程序错误亦可造成故障停机,对此可以采用系统的块搜索功能进行检查,改正所有错误,以确保其正常运行。

(3) 调节,最佳化调整法

调节是一种最简单易行的办法。通过对电位计的调节,修正系统故障。如某军工厂在维修设备的过程中,其系统显示器画面混乱,经调节后正常。在山东某厂,主轴在启动和制动时发生皮带打滑,原因是主轴负载转矩大,而驱动装置的斜升时间设定过小,经调节后正常。

最佳化调整是系统地对伺服驱动系统与被拖动的机械系统实现最佳匹配的综合调节方法。

用一台多线记录仪或具有存储功能的双踪示波器分别观察指令和速度反馈或电流反馈的响应关系。通过调节速度调节器的比例系数和积分时间,来使伺服系统达到既有较高的动态响应特性,又不振荡的最佳工作状态。在现场没有示波器或记录仪的情况下,根据经验调节,使电机起振,然后向反向慢慢调节,直到消除振荡。

(4) 备件替换法

是指用好的备件替换诊断出的坏的线路板,并做相应的初始化启动,使机床迅速投入正常运转,然后将坏板修理或返修。这是目前最常用的排故办法。

(5) 改善电源质量法

目前一般采用稳压电源来改善电源波动。对于高频干扰,可以采用电容滤波法。通过预防性措施来减少电源板的故障。

(6) 维修信息跟踪法

一些大的制造公司根据实际工作中由于设计缺陷造成的偶然故障,不断修改和完善系统软件或硬件。这些修改以维修信息的形式不断提供给维修人员,以此作为故障排除的依据,正确、彻底地排除故障。

3. 维修中应注意的事项

从整机上取出某块线路板时,应注意记录其相对应的位置及连接的电缆号。对于固定安装的线路板,还应按顺序后取下相应的压接部件及螺钉并作记录。拆卸下的压件及螺钉应放在专门的盒内,以免丢失。装配后,盒内的东西应全部用上,否则装配不完整。电烙铁应放在顺手的前方,远离维修线路板。烙铁头应作适当的修整,以适应集成电路的焊接,并避免焊接时碰伤别的元器件。测量线路间的阻值时,应切断电源;测阻值时,应红、黑表笔互换测量两次,以阻值大的为参考值。线路板上大多刷有阻焊膜,因此测量时应找到相应的焊点作为测试点,不要铲除焊膜;有的板子全部刷有绝缘层,则只在焊点处用刀片刮开绝缘层,不应随意切断印刷线路。有的维修人员具有一定的家电维修经验,习惯断线检查,但数控设备上的线路板大多是双面金属孔板或多层孔化板,印刷线路细而密,一旦切断,不易焊接,且切线时易切断相邻的线;对于有的点,在切断某一根线时,并不能使其和线路脱离,需要同时切断几根线才行。不应随意拆换元器件,有的维修人员在没有确定故障元件的情况下只凭感觉哪一个元件坏了,就立即拆换,这样误判率较高,拆下的元件人为损坏率也较高。拆卸元件时,应使用吸锡器及吸锡绳,切忌硬取。同一焊盘不应长时间加热及重复拆卸,以免损坏。焊接、更换新的器件,其引脚应作适当的处理,焊接中不应使用酸性焊油。记录线路上的开关、跳线位置,不应随意改变。进行两级以上的对照检查时,或互换元器件时,注意标记各板上的元件,以免错乱,致使好板亦不能工作。查清线路板的电源配置及种类,根据检查的需要,可分别供电或全部供电。应注意高压,有的线路板直接接入高压,或板内有高压发生器,需适当绝缘,操作时应特别注意。

7.8 思考与练习

1. 数控机床对主传动系统的要求有哪些?
2. 数控机床对进给传动系统的要求有哪些?
3. 同步齿形带传动有哪些工作特点?
4. 自动换刀装置有哪几种形式?各有何特点?

第8章 柔性制造系统

8.1 概述

柔性制造系统是由统一的信息控制系统、物料储运系统和一组数字控制加工设备组成，能适应加工对象变换的自动化机械制造系统(Flexible Manufacturing System)，英文缩写为FMS。FMS兼有加工制造和部分生产管理两种功能，因此能综合地提高生产效益。

柔性制造系统应具备以下特点：

1. 从硬件的形式上看，柔性制造系统由加工、物流、信息流3个子系统组成

(1) 两台以上的数控机床或加工中心及其他加工设备，包括测量机、清洗机、动平衡机、各种特种加工设备等。

(2) 一套能自动装卸的运储系统，包括刀具的运储和工件原材料的运储。具体结构可采用传送机、运输小车、搬运机器人、上下料托盘、交换工作站等。

(3) 一套计算机控制系统。

2. 从软件内容看，主要包括以下3点

(1) 柔性制造系统的运行控制。

(2) 柔性制造系统的质量保证。

(3) 柔性制造系统的数据管理和通信网络。

3. 从功能上看，它必须具备以下功能

(1) 能自动进行零件的批量生产。

(2) 简单地改变软件，便能制造出某一零件组的任何零件。

(3) 物料的运输和储存必须是自动的(包括刀具工装和工件)。

(4) 能解决多机条件下零件的混合比，且无需额外增加费用。

8.1.1 FMS的产生与发展

1. FMS的产生

市场的发展变化促使传统生产方式变革，20世纪初，为了应对大批量、少品种生产，刚性自动线(固定自动化加工方式，fixed automation)出现了。图8-1所示为加工箱体类零件的组合机床自动线。

刚性自动线的特点是：设备和加工工艺固定，不灵活，只能加工一个零件或几个相互类似的零件，即具有刚性。

20世纪六七十年代，为适应多品种、中小批量的产品生产，柔性制造系统(FMS)产生。图8-2所示为丰田公司的FMS柔性系统。

2. FMS的发展历史

早期的柔性系统主要是对刚性自动线改造而形成的，主要特点是：柔性差，适合大批

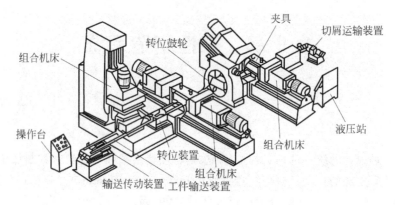

图 8-1 加工箱体类零件的组合机床自动线

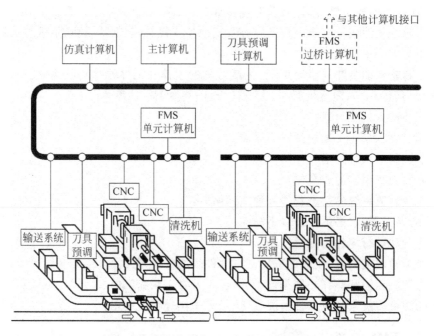

图 8-2 丰田公司的 FMS 柔性系统的产生

量、少品种生产,生产效率高;改造费时费力费钱。到了数控机床(20 世纪 50 年代 NC,20 世纪 70 年代 CNC)出现后,其特点是柔性好,只适合小批量、多品种生产,生产率低。

(1) 最早的 FMS 是 Molins System <24 系统>(20 世纪 60 年代由英国 Molins 公司的 David Williamsm 发明,如图 8-3 所示),其特点如下:

① 计算机控制整个系统,可加工一系列不同的零件。

② 类似加工中心的数控机床。

③ 自动为机床提供工件和工艺装备。

④ 每天工作 24 小时(中班和晚班的 16 小时内进行无人化加工)。

(2) Allis Chalmers 系统(20 世纪 60 年代后期,美国,如图 8-4 所示),其特点如下:

图 8-3　Molins System

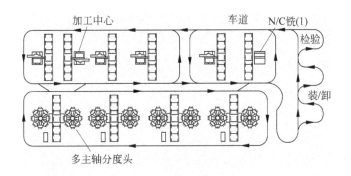

Allis Chalmers系统平面布置

图 8-4　Allis Chalmers 系统

① 6 台加工中心，4 台双分度头机床。

② 自动牵引车工件搬运系统。

(3) 20 世纪 70 年代，FMS 没有受到足够重视，但是从 20 世纪 80 年代以后，由于其显著的经济效益，各国竞相花大价钱进行科研和开发，取得了很大的成绩。

8.1.2　FMS 的分类

柔性制造系统分为以下几种类型：

1. 按零件加工顺序配置机床的系统

根据被加工零件的加工顺序选择机床，并用一个物料储运系统将机床连接起来，机床间在加工内容方面相互补充。工件借助一个装卸站送入系统，并由此开始，在计算机控制下，由一个加工站送至另一个加工站，连续完成各加工工序。通常，工件在系统中的输送路径是固定的，但是不同的机床能加工不同的工件。

2. 机床可相互替换的系统

这类柔性制造系统在设备出现故障时,能用替换机床保持整个系统继续工作。在一个由几台加工中心、一个存储系统和一个穿梭式物料输送线组成的柔性制造系统中,工件可以送至任何一台加工中心,它们都有相应的刀具来加工零件。计算机具有记忆每台机床的状态,并能在机床空闲时分配工件去加工的能力。每台机床都配有能根据指令选用刀具的换刀机械手,能完成部分或全部加工工序。该系统中还具有机床刀库的更换和存储系统,以保证为加工多种零件所需的刀具量。这类柔性制造系统的最大优点是设备发生故障时,只有部分系统停工,工件的班产量有所降低,但不会造成停产。

3. 混合型系统

实际生产中常常采用既按工序选择,又具有替换机床的柔性制造系统,这就是混合型系统。系统内的同类机床间具有相互替换的能力。

4. 具有集中式刀具储运系统的柔性制造系统

这种集中式储刀装置可以是与机载刀库交换的备用刀库,也可以是与机床多轴主轴箱交换的备用主轴箱。系统中的刀具都按工件的加工要求集中布置在若干个储刀装置中。当所加工任务确定后,控制系统选出相应的多轴箱或备用刀库送至机床,来完成工序的加工要求。

8.1.3 FMS 的特点

FMS 与 FMC 目前还没有一致公认的定义。两者在主要功能和结构方面有许多相似点,不易严格区分。比较一致的看法是认为 FMS 与 FMC 的主要区别在于以下几点:

(1) FMS 的规模比 FMC 大,机床大多为 4~10 台,也有 2 台的。但机床为 2~3 台时,物流系统的利用率不高。

(2) FMC 只具有单元内部的工件运储系统。FMS 则具有结构单元外部的物流系统,可实现各单元间、加工单元与仓库、装卸站、清洗站、检查站之间的物料输送和存储;搬运对象除了工件,还包括刀具、废屑、切削液等。

(3) FMS 的信息量大,各个子系统和单元都有各自的信息流系统。为统一协调和管理,系统采用比 FMC 层次更高的多级计算机控制。

(4) FMS 具有比 FMC 更多、更完善的功能,如优化作业计划、自动加工调度以及容忍故障的柔性功能等。

8.1.4 FMS 的柔性

FMS 的柔性主要体现在以下几个方面:

(1) 设备柔性:指制造系统中能加工不同类型的零件所具备的转换能力,其中包括刀具转换、夹具转换等。机床出现故障时,可自动安排其他机床代替,工件运输系统会相应调整工件的运输路线,使系统继续运行。

(2) 工艺柔性:能以多种工艺方法加工某一零件组的能力,如镗、铣、钻、铰、攻螺纹等加工。

(3) 工序柔性:能自动改变零件加工工序的能力。

(4) 路径柔性：能自动变更零件加工路径的能力。如遇到系统中某台设备的故障,能自动将工件转换到另一台设备上加工。可以根据负荷,自动改变加工路线,提高利用率,减少等待时间。

(5) 产品柔性：产品改变时,能经济、迅速地转产。

(6) 批量柔性：在不同批量下运行都能获取经济效益。

(7) 扩展柔性：能根据生产的需要组建和扩展生产能力。

(8) 工作和生产能力的柔性：系统实际上可以在无人照管的情况下运行,因而各项工作可在时间上灵活地安排。例如,工件的安装和系统的维护工作可全部集中安排在白天进行,而加工作业根据需要安排在第一、二或三班进行。

8.2 FMS 能量流

典型的 FMS 一般由 3 个子系统组成,它们是加工系统、物流系统和控制与管理系统。各子系统的构成框图及功能特征如图 8-5 所示。

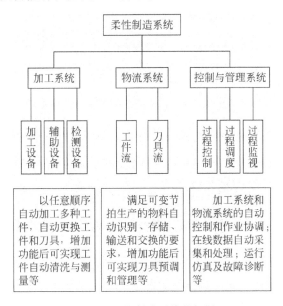

图 8-5 柔性制造系统的框图

3 个子系统的有机结合,构成了一个制造系统的能量流(通过制造工艺改变工件的形状和尺寸)、物料流(主要指工件流和刀具流)和信息流(制造过程的信息和数据处理)。加工系统在 FMS 中是实际完成改变物性任务的执行系统。加工系统主要由数控机床、加工中心等加工设备构成,系统中的加工设备在工件、刀具和控制 3 个方面都具有可与其他子系统相连接的标准接口。从柔性制造系统的各项柔性含义中可知,加工系统的性能直接影响着 FMS 的性能,且加工系统在 FMS 中是耗资最多的部分,因此恰当地选用加工系统是 FMS 成功与否的关键。

8.2.1 加工系统的配置与要求

目前金属切削 FMS 的加工对象主要有两类工件：棱柱体类（包括箱体形、平板形）和回转体类（长轴形、盘套形）。对加工系统而言，通常用于加工棱柱体类工件的 FMS 由立、卧式加工中心，数控组合机床（数控专用机床、可换主轴箱机床、模块化多动力头数控机床等）和托盘交换器等构成；用于加工回转体类工件的 FMS 由数控车床、车削中心、数控组合机床和上下料机械手或机器人及棒料输送装置等构成。小型 FMS 的加工系统多由 4~6 台机床构成，这些数控加工设备在 FMS 中的配置有互替形式（并联）、互补形式（串联）和混合形式（并串联）3 种，如表 8-1 所示。

表 8-1 FMS 配置形式与特点

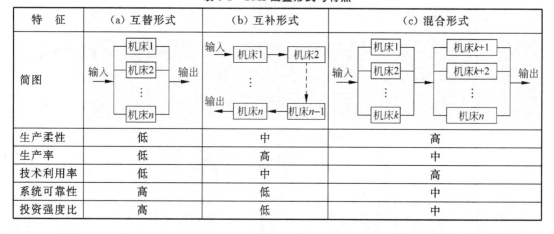

特征	(a) 互替形式	(b) 互补形式	(c) 混合形式
简图			
生产柔性	低	中	高
生产率	低	高	中
技术利用率	低	中	高
系统可靠性	高	低	中
投资强度比	高	低	中

FMS 的加工系统原则上应是可靠的、自动化的、高效的、易控制的，其实用性、匹配性和工艺性好，能满足加工对象的尺寸范围、精度、材质等要求。因此，在选用时应考虑以下几点：

（1）工序集中，如选用多功能机床、加工中心等，以减少工位数和减轻物流负担，保证加工质量。

（2）控制功能强、扩展性好，如选用模块化结构，外部通信功能和内部管理功能强，有内装可编程序控制器，有用户宏程序的数控系统，以易于与上下料、检测等辅助装置连接和增加各种辅助功能，方便系统调整与扩展，以及减轻通信网络和上级控制器的负载。

（3）高刚度、高精度、高速度，选用切削功能强，加工质量稳定，生产效率高的机床。

（4）使用经济性好，如导轨油可回收，断、排屑处理快速、彻底等，以延长刀具使用寿命。节省系统运行费用，保证系统能安全、稳定、长时间无人值守而自动运行。

（5）操作性、可靠性、维修性好，机床的操作、保养与维修方便，使用寿命长。

（6）自保护性、自维护性好。如设有切削力过载保护、功率过载保护、行程与工作区域限制等。导轨和各相对运动件等无需润滑或能自动润滑，有故障诊断和预警功能。

（7）对环境的适应性与保护性好，对工作环境的温度、湿度、噪声、粉尘等要求不高，各种密封件性能可靠、无渗漏，冷却液不外溅，能及时排除烟雾、异味、噪声、震动小，能保持良好的生产环境。

(8) 其他，如技术资料齐全，机床上的各种显示、标记等清楚，机床外形、颜色美观且与系统协调。

8.2.2 加工系统中常用加工设备介绍

(1) 加工中心

加工中心是一种备有刀库并能按预定程序自动更换刀具，对工件进行多工序加工的高效数控机床。其最大特点是工序集中和自动化程度高，可减少工件装夹次数，避免工件多次定位所产生的累积误差，节省辅助时间，实现高质、高效加工。在实际应用中，以加工棱柱体类工件为主的镗铣加工中心和以加工回转体类工件为主的车削加工中心最为多见。

加工中心的刀库有链式、盘式和转塔式等基本类型。链式刀库的特点是存刀量多、扩展性好、在加工中心上的配置位置灵活，但结构复杂。盘式和转塔式刀库的特点是构造简单，适当选择刀库位置还可省略换刀机械手，但刀库容量有限。根据用途，加工中心刀库的存刀量可为几把到数百把，最常见的是 20~80 把。加工中心的自动换刀装置常采用公用换刀机械手。公用换刀机械手有单臂式、双臂式、回转式和轨道式等。由于双臂式机械手换刀时，可在一只手臂从刀库中取刀的同时，另一只手臂从机床主轴上拔下已用过的刀具，这样既可缩短换刀时间，又有利于使机械手保持平衡，所以被广泛采用。常用双臂式机械手的手爪结构形式有钩手、抱手、伸缩手和叉手。除上述公用机械手换刀方式外，还有多机械手换刀方式，即刀库中每把刀有一个机械手。此外，还有不用机械手的直接换刀方式。

加工中心中最为常见的换料装置是托盘交换器（Automatic Pallet Changer，APC），它不仅是加工系统与物流系统间的工件输送接口，也起到物流系统工件缓冲站的作用。托盘交换器按其运动方式有回转式和往复式两种，如图 8-6 所示。

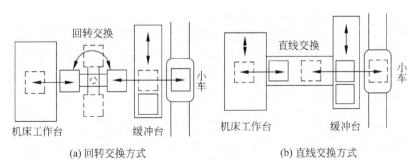

(a) 回转交换方式　　　　　　(b) 直线交换方式

图 8-6　托盘交换器运动方式

托盘交换器在机床单机运行时是加工中心的一个辅件，但在 FMS 的整体功能分析上，它完成或协助完成物料（工件）的装卸与交换，并起缓冲作用。因此，从系统分析出发，又把它划为物流系统。通常托盘交换器、刀库及换刀机械手都由加工设备数控系统的可编程序控制器控制，驱动源有液压、气压和电能。交换托盘、选刀和换刀应允许手动操作，以适应维修和调整使用。

(2) 车削加工中心

车削加工中心简称车削中心（Turning Center），是在数控车床的基础上为扩大其工艺范围而逐步发展起来的。车削中心目前尚无比较权威性的明确定义,但一般都认为车削中心应具有的特征是带刀库和自动换刀装置,带动力回转刀具,并且联动轴数大于2。由于有这些特征,车削中心在一次装夹下除能完成车削加工外,还能完成钻削、攻螺纹、铣削等加工。车削中心的工件交换装置多采用机械手或行走式机器人。随着机床功能的扩展,多轴、多刀架及带机内工件交换器和带棒料自动输送装置的车削中心在FMS中发展较快,这类车削中心也被称为车削FMM。如对置式双主轴箱、双刀架的车削中心可实现自动翻转工件,在一次装夹下完成回转体工件的全部加工。

(3) 数控组合机床

数控组合机床是指数控专用机床、可换主轴箱数控机床、模块化多动力头数控机床等加工设备。这类机床是介于加工中心和组合机床之间的中间机型,兼有加工中心的柔性和组合机床的高生产率的特点,适用于中、大批量制造的柔性生产线(FML或FTL)。这类机床可根据加工工件的需求,自动或手动更换装在主轴驱动单元上的单轴、多轴或多轴头,或更换具有驱动单元的主轴头本身。

8.2.3 加工系统中的刀具与夹具

FMS的加工系统要完成它的加工任务,必须配备相应的刀具、夹具和辅具。

(1) 刀具系统

从数控加工的立场看,刀具系统是数控加工中工具系统下的子系统,包括刀具配置、刀具准备及加工程序中的刀具管理等。刀具系统是指从以机床主轴孔连接的刀具柄部开始至切削刃部为止的与切削有关的硬件总成。选择刀具系统的内容是:根据工艺要求选择适当的刀具类型,根据刀具类型与使用机床的规格与性能决定刀具系统的组合与配置,根据被切削材料的材质、切削条件、加工要求等选用合适的刃部。

FMS加工系统中所用的刀具,除满足一般的切削原理、切削性能、刀具结构等方面的要求之外,还应具有耐用度好,断屑与排屑可靠,在FMS中的通用性、互换性和管理性好,能实现快速更换(如换刀片、刀头、刀具等)和线外预调等特点。

(2) 夹具系统

机床夹具是在机床上用以装夹工件的一种装置,其作用是使工件相对于机床或刀具有一个正确的位置,并在加工过程中保持这个位置不变。为此,它需要有定位、导向、夹紧、连接等功能。由于FMS的加工过程是自动的,除对夹具的常规要求外,它的加工系统还要求夹具有统一的基准,以便依靠机床精度和数控程序自动保证工件的位置精度,同时要求夹具的"敞开性"好,以便在一次安装中尽可能加工较多的面。在FMS的加工系统中,通常对于不复杂的回转体类工件的夹具,可选用通用夹具,如高速动力卡盘等。对于棱柱体类工件,原则上当工件底面可定位时,可用压板、螺钉等将其直接安装在托盘上;当工件品种多、形状变化较大,或需在一个托盘上同时安装多个工件加工时,可选用组合夹具;当工件形状复杂、不易安装,且批量较大时,可考虑设计专用夹具。

(3) 托盘

托盘是FMS加工系统中的重要配套件。对于棱柱体类工件,通常是在FMS中用夹具将工件安装在托盘上,进行存储、搬运、加工、清洗和检验等。因此,在物料(工件)流动过程中,托盘不仅是一个载体,也是各单元间的接口。对加工系统来说,工件被装夹在托盘上,由托盘交换器送给机床并自动在机床支撑座上定位、夹紧,这时托盘相当于一个可移动的工作台。又由于工件在加工系统中移动时,托盘及其夹具跟随着一起移动,故托盘连同其安装在托盘上的夹具一起被称为随行夹具。加工系统对托盘的要求有以下几点:

① 在加工设备、托盘交换器及其他存储设备中能够通用。

② 机械结构合理,材料性能稳定,有足够的刚度,能在大切削力的作用下不变形或变形量微小,使用寿命长。

③ 工件在托盘上装夹方便,速度快,精度高,且都是自动地进行。

④ 在加工循环中不需要人工的任何干预。

⑤ 能在加工过程中的苛刻环境(如切削热、湿气、震动、高压切削液等)下可靠工作。

⑥ 定位、夹紧和排屑等,不影响工件的精度和已加工完的工件表面质量。

⑦ 便于控制与管理,保证在安装工件、输送及加工中不混乱和不出差错。

为了保证托盘能在不同厂家生产的加工设备、运储设备上共用,国际标准化组织制定了公称尺寸小于或等于800mm的托盘标准(ISO/DIS8526—1)和公称尺寸大于800mm的托盘标准(ISO/DIS8526—2),规定了与工件安装直接有关的托盘顶面结构尺寸和与自动化运储有关的底面结构尺寸。托盘的公称尺寸是指安装工件的托盘顶面的宽度,其尺寸系列有320,400,500,630,800,1000,1250和1600mm共8级。托盘的代号依次由下列部分组成:①ISO号;②宽×长;③顶面形式号;④槽距或孔距;⑤工件的定位方式;⑥托盘的定位方式。如 ISO85-2-1000×1250-1-100-a-b,表示是 ISO8526-2 的矩形托盘,顶面尺寸为 1000×1250,带螺孔系的顶面,螺孔的中心距为100,工件用侧定位块定位,托盘用两个锥孔和支撑件上的两个圆锥销定位。ISO托盘基本形状如图8-7所示。

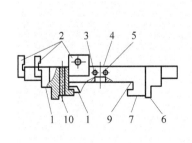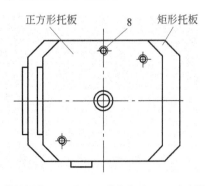

1—托盘导向面;2—侧面定位块;3—安装锁定机构的螺孔;4—顶面(工件安装面);5—中央孔;6—托盘搁置面;7—底面(托盘支撑面);8—工件(或夹具);9—托盘夹紧面;10—托盘定位面

图 8-7 ISO 托盘基本形状

(4) 组合夹具

组合夹具由一套完全标准化的元件组合而成,能根据工件的加工要求,像搭积木似地利用各种不同元件,通过不同的拼装和连接,构成不同结构和用途的夹具。组合夹具的基本元件有8大类,即基础件、支撑件、定位件、导向件、压紧件、紧固件、合件及其他件。组合夹具的特点是灵活多变,万能性强;可大大缩短生产准备周期;元件可重复使用,制造、管理方便,长期经济性好;易于实现计算机辅助工艺设计。目前使用的组合夹具有两种基本类型,即槽系组合夹具和孔系组合夹具。槽系组合夹具元件间靠键和槽定位,孔系组合夹具则靠孔与销定位。由于孔系组合夹具与槽系组合夹具相比具有精度高、刚性好、易组装,可方便地提供数控编程原点(工件坐标系原点),在 FMS 中应用广泛。

8.2.4 加工系统的监控

FMS 加工系统的工作过程都是在无人操作和无人监视的环境下高速进行,为保证系统的正常运行,防止事故,保证产品质量,必须对系统工作状态进行监控。通常加工系统的监控内容如表 8-2 所示。

表 8-2 加工系统的监控

监控功能	设备运行状态		通信及接口、数据采集与交换、与系统内各设备间的协调、与系统外的协调 NC 控制、PLC 控制、调动作、加工时间、生产业绩、故障诊断、故障预警、故障档案、过程决策与处理等
	切削加工状态	机床	主轴转动、主轴负载、进给驱动、切削力、震动、噪声、切削热等
		夹具	安装、精度、夹紧力等
		刀具	识别、交换、损伤、磨损、寿命、补偿等
		工件	识别、交换、装夹等
		其他	切屑、切削液、温度、油压、气压、电压、火灾等
	产品质量状态		形状精度、尺寸精度、表面粗糙度、合格率等

1. 设备运行状态监控

设备运行状态监控与检测技术一般可分为以下几个部分(如图 8-8 所示):

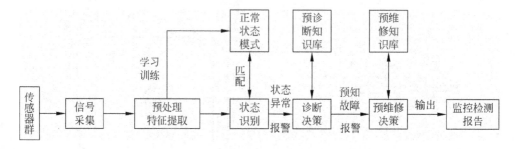

图 8-8 设备运行状态的监控与检测原理

(1) 信号采集。利用各种检测传感器,其中包括信号基本转换、放大电路、运算电路、滤波电路及采样电路等,采集能反映系统状态的各种信息。

(2) 特征分析。将采集到的信息进行处理和分析,如 FFT(快速傅里叶变换)、各种谱分析、时序模型参数计算和特征量、特征实时模型提取。这些信号处理与分析可以是独立的信号处理装置,也可以是系统监控计算机中的信号处理模块。

(3) 状态匹配和识别。其任务是把实时提取的特征量和特征模型与表征设备正常运行的阈值、阈值函数、正常状态模型进行比较与匹配运算、分析,根据结果做出运行状态判别决策和状态预报。

(4) 故障预测、预报。如果匹配后做出异常预报,则需对异常状态特征进行分析、归类,借助于状态预诊断知识库和专家系统,做出设备状态的精确估计和预报。

(5) 预维修决策。根据故障预报结果,借助于维修知识库做出预维修决策,并报告上级控制系统做出相应的调度决策。

(6) 监控检测报告。根据监控和检测的结果和决策结论,对系统做相应的调整。

2. 加工过程监控

FMS 加工系统在切削加工过程中,对刀具切削状态提出了很高的要求。这是因为在切削加工过程中,刀具出现磨损、破损的频率最高,若不及时发现,会导致一系列加工故障,引起工件报废,甚至损坏机床,或使整个 FMS 不能正常运行。加工系统的刀具监控分加工前、加工中、加工后 3 个时间段,如表 8-3 所示。加工前和加工后的监控通常采用离线直接测量法。加工中的监控主要采用在线间接测量法,因而要求检测方法快速、准确、稳定、可靠。加工中刀具破损的主要监测方法如表 8-4 所示。在这些监测方法中,除少数方法外,大多数监测方法还处在实验研究阶段。功率电流法、声发射法、扭矩法等已开始用于生产,但监测效果不尽令人满意。

表 8-3 加工过程监控

监控时段	监控项目	监控手段
加工前的监控	在刀具预测仪上测量刀具尺寸 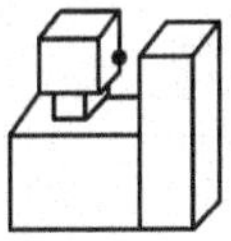	用摄像机测量刀具尺寸 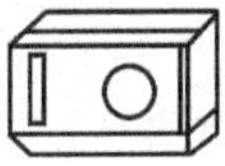
加工中的监控	主电动机功率测刀具磨损	声发射监控刀具磨损 力传感器测刀具磨损
加工后的监控	用测量头检查刀具长度和破损 用反射光束监测刀具破损	用摄像机监视刀具磨损和切削缠结 间接用测量头测量工件

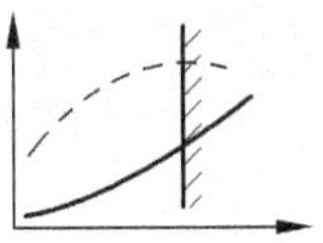

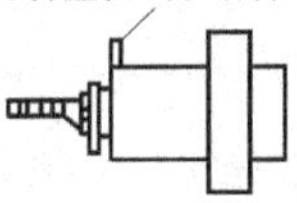

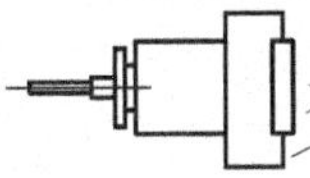

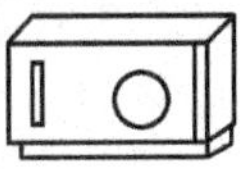

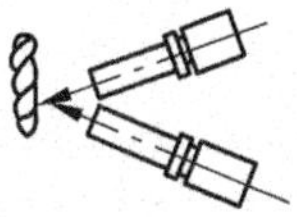

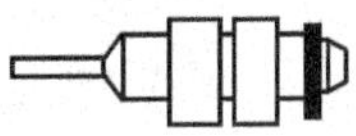

表 8-4 刀具破损监控方法

	传感参数	传感原理	传感器	主要特征
直接法	光学图像	光反射、折射,傅里叶传递函数变换,TV摄像	光敏、激光、光纤、光学传感器,CCD或摄像管	可提供直观图像,结果较精确,受切削条件影响,不易实现实时监视,正在进行实用开发
	接触	电阻变化 开关量 磁力线变化	电阻片、印制电阻电路、开关电路、磁间隙传感器	简便,受切削温度、切削力和切屑变化影响,不能实时监视,尚待解决可靠性问题
间接法	切削力	切削力变化量 切削分力比率	应变片,动态应变仪,力传感器	灵敏,但动态应变仪表难装于机床上,简便,有商品供应,识别的主要障碍是阈值的确定
	扭矩	主电动机、主轴或进给系统扭矩	应变片,电流表等	成本低,易使用,已实用,对大钻头破损(折断)探割有效,灵敏度不高
	功率	主电动机或进给电动机功率消耗	功率传感器	成本低,易使用,灵敏度不高,有商品供应
	震动	切削过程震动及其变化	加速度计,震动传感器	灵敏,有应用前途和工业使用潜力
	超声波	接收主动发射超声波的反射波	超声波换能器与接收器	可实现扭矩限制,但受切削震动变化的影响,处于研究阶段
	噪声	切削区环境噪声探测分析	拾声器	尚处于研究阶段
	声发射(AE)	刀具破损时发射的AE信号特征分析	声发射传感器	灵敏,实时,使用方便,成本适中,是最有希望的刀具破损探割方法,小量供应市场,有较广泛的工业应用潜力

FMS加工状态检测系统的应用例子如图 8-9 所示。该系统的主要特点有以下几个方面:

(1) 是一个独立于机床之外的监测系统。

(2) 一个监测系统可同时监测多台机床。

(3) 该系统的目的不是监测机床设备内部的故障,而是监测工件的装夹状态、刀具的异常等机床和外界界面的异常。

(4) 能自动适应工序的变化,可方便地适应新工件和新刀具。使用该监测系统的FMS,其加工系统由 3 台机床、一台检查装置和集中切屑处理装置构成,物流系统由有轨小车、工件存储、工件识别、工件准备站等装置构成。毛坯根据生产计划在准备站从几个到几十个为一批装在一个料箱内,然后通过有轨小车送往各加工设备。加工状态监测主要采用图像处理和声发射方法,之所以如此,是因为要求在加工过程中实现在线监测。声发射方法是在线监测刀具磨损的有效方法,传感器的输出含有多种信息,可在较大范围内检测多种异常。一旦工件变化,不改变传感器,只改变信号处理方法就可适应。因此,监测什么、怎样监测,均可自由设定或变换。该监测系统用图像处理法监测刀具损伤、工件装夹异常、切屑缠绕等造成的障碍,用声发射法监测刀具的磨损。监测系统的构成如图 8-10 所示,有 4 个功能单元。各单元可并行工作,其软件可多任务工作,能同时监测多台机床。

第8章 柔性制造系统

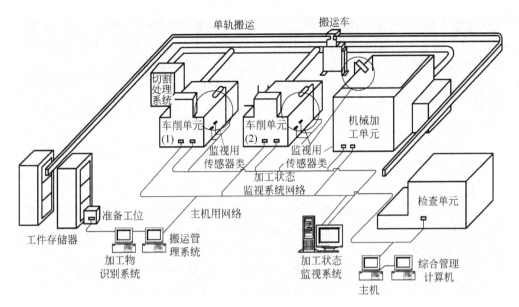

图 8-9 FMS 加工状态检测系统

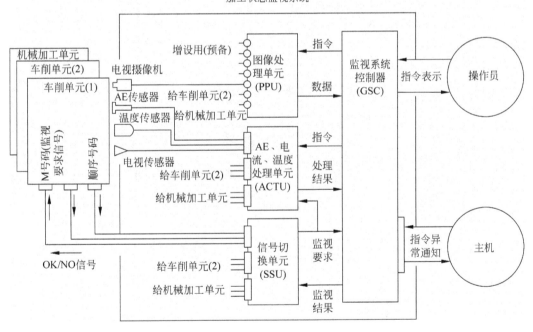

图 8-10 加工状态监测系统

8.3 FMS 中的物流

物流是 FMS 中物料流动的总称。在 FMS 中流动的物料主要有工件、刀具、夹具、切屑及切削液。物流系统是从 FMS 的进口到出口,实现对这些物料自动识别、存储、分配、输送、交换和管理功能的系统。因为工件和刀具的流动问题最为突出,通常认为 FMS 的物流系统由工件流系统和刀具流系统两大部分组成。另外,因为很多 FMS 的刀具是通过手工介入,只在加工设备或加工单元内部流动,在系统内没有形成完整的刀具流系统,所以有时物流系统也狭义地指工件流系统。刀具流系统和工件流系统的很多技术和设备在其原理和功能上基本相似,我们将不对物料的具体内容加以区别。物流系统主要由输送装置、交换装置、缓冲装置和存储装置等组成。

8.3.1 物流系统的输送装置

FMS 物流系统对输送装置的要求有以下几点:

(1) 通用性:能适合一定范围内不同输送对象的要求,与物料存储装置、缓冲站和加工设备等的关联性好,物料交接的可控制性和匹配性(如形状、尺寸、重量和姿势等)好。

(2) 变更性:能快速地、经济地变更运行轨迹,尽量增大系统的柔性。

(3) 扩展性:能方便地根据系统规模扩大输送范围和输送量。

(4) 灵活性:能接收系统的指令,并根据实际加工情况完成不同路径、不同节拍、不同数量的输送工作。

(5) 可靠性:平均无故障时间长。

(6) 安全性:定位精度高,定位速度快。

输送装置依照 FMS 控制与管理系统的指令,将 FMS 内的物料从某一指定点送往另一指定点。输送装置在 FMS 中的工作路径有 3 种常见方式,即直线运行、环线运行和网线运行,如表 8-5 所示。

表 8-5 输送装置系统路线

			说明
直线运行	单向运行		主要依靠机床的数控功能实现柔性,输送装置多为输送带,主要用于 FML 或自动装配线
	双向运行		系统柔性低,容错性差,常需另设缓冲站,输送装置采用双向输送带、有轨小车或移动式机器人,主要用于小型 FMS
环线运行	单向运行		利用直线单向运行的组合,形成封闭循环实现柔性,提高输送设备的利用率
	双向运行		利用直线双向运行的组合,形成封闭循环,提高柔性和设备利用率
网线运行	双向运行		全为双向运行,有很大柔性,输送设备的利用率和容错性高,但控制与调度复杂,主要采用无轨小车,用于较大规模的 FMS

常见的物流系统主要有输送带、自动小车、机器人等。

（1）输送带

输送带结构简单，输送量大，多为单向运行，受刚性生产线的影响，在早期的FMS中用得较多。输送带分为动力型和无动力型；从结构方式上有辊式、链式、带式之分；从空间位置和输送物料的方式上又有台式和悬挂式之分。用于FMS中的输送带通常采用有动力型的电力驱动方式，电动机经减速后带动输送带运行。利用输送带输送物料的物流系统柔性差，一旦某一环节出现故障，会影响整个系统的工作，因而除输送量较大的FML或FTL外，目前已很少使用。

（2）自动小车

自动小车分为有轨和无轨两种。所谓有轨，是指有地面或空间的机械式导向轨道。地面有轨小车结构牢固，承载力大，造价低廉，技术成熟，可靠性好，定位精度高。地面有轨小车多采用直线或环线双向运行，广泛应用于中小规模的箱体类工件FMS中。高架有轨小车（空间导轨）相对于地面有轨小车，车间利用率高，结构紧凑，速度高，有利于把人和输送装置的活动范围分开，安全性好，但承载力小。高架有轨小车较多地用于回转体工件或刀具的输送，以及有人工介入的工件安装和产品装配的输送系统中。有轨小车由于需要机械式导轨，其系统的变更性、扩展性和灵活性不够理想。

无轨小车是一种利用微机控制的，能按照一定的程序自动沿规定的引导路径行驶，并具有停车选择装置、安全保护装置及各种移载装置的输送小车。因为其没有固定式机械轨道而被称为无轨小车，也叫自动导引小车（Automatic Guided Vehicle，AGV）。无轨小车由于其控制性能好，使FMS很容易按其需要改变作业计划，灵活地调度小车的运行，且没有机械轨道，可方便地重新布置或扩大预定运行路径和运行范围及增减运行的车辆数量，有极好的柔性，在各种FMS中得到了广泛应用。有径引导方式是指在地面上铺设导线、磁带或反光带制定小车的路径，小车通过电磁信号或光信号检测出自己的所在位置，通过自动修正而保证沿指定路径行驶。在无径引导自主导向方式中，其地图导向方式是在无轨小车的计算机中预存距离表（地图），通过与测距法所得的方位信息比较，小车自动算出从某一参考点出发到目的点的行驶方向。这种引导方式非常灵活，但精度低。惯性导向方式是在无轨小车中装设陀螺仪，用陀螺仪所测得的小车加速度值来修正行驶方向。无径引导地面援助方式是利用电磁波、超声波、激光、无线电遥控等，依靠地面预设的参考点或通过地面指挥，修正小车的路径。

（3）机器人

机器人有两种形式：固定式机器人和行走机器人。固定式机器人适用于搬运距离短，工件或连同夹具重量较轻的FMC。行走机器人实际是带机械手的自动输送车，也分为有轨和无轨两类。轨道可设置在地面，也可以设置在龙门高架上。机器人除了物料的自动输送功能外，还具有自动拿起和交换功能，可实现物料的运输和自动上下料的复合功能，提高了物流系统的自动化程度，但技术更复杂，适合于搬运对象较小，重量较轻，运输有一定距离的系统。

8.3.2 物流系统的物料装卸与交换装置

物流系统中的物料装卸与交换装置负责 FMS 中物料在不同设备之间或不同工位之间的交换或装卸。常见的装卸与交换装置有箱体类零件的托盘交换器、加工中心的换刀机械手、自动仓库的堆垛机、输送系统与工件装卸站的装卸设备等。有些交换装置已包含在相应的设备或装置之中,如托盘交换器已作为加工中心的一个辅件或辅助功能。这里仅以自动小车为例介绍 FMS 中常见的物料交换方法。常见自动小车的装卸方式分为被动装卸和主动装卸两种。被动装卸方式的小车自己不具有完整的装卸功能,而是采用助卸方式,即配合装卸站或接收物料方的装卸装置自动装卸。常见的助卸方式有滚柱式台面和升降式台面。这类小车成本较低,常用于装卸位置少的系统。主动装卸方式是指自动小车自己具有装卸功能。常见的主动装卸方式有单面推拉式、双面推拉式、叉车式、机器人式。主动装卸方式常用于车少、装卸工位多的系统。其中,采用机器人式主动装卸方式的自动小车相当于一个有脚的机器人,也叫行走机器人。机器人式主动装卸方式常用于无轨小车或高架有轨小车中,由此构成的行走机器人灵活性好,适用范围广,被认为是一种很有发展前途的输送、交换复合装置。行走机器人目前在轻型工件、回转体工件和刀具的输送、交换方面应用较多。

8.3.3 物流系统的物料存储装置

FMS 对物料存储装置的要求有:
(1) 其自动化机构与整个系统中的物料流动过程的可衔接性;
(2) 存放物料的尺寸、重量、数量和姿势与系统的匹配性;
(3) 物料的自动识别、检索方法和计算机控制方法与系统的兼容性;
(4) 放置方位,占地面积、高度与车间布局的协调性。
目前用于 FMS 的物料存储装置基本上有以下 4 种(如图 8-11 所示):
① 立体仓库(在计算机的控制和管理下,采用堆垛机等自动存取物料的高层料架);
② 水平回转型自动料架;
③ 垂直回转型自动料架;
④ 缓冲料架。

8.3.4 物流系统的监控

物流系统的监控主要具备以下功能:
(1) 采集物流系统的状态数据,包括物流系统各设备控制器和各监测传感器传回的当前任务完成情况、当前运行状况等状态数据。
(2) 监视物流系统状态:对收到的数据进行分类、整理,在计算机屏幕上用图形显示物料流动状态和各设备工作状态。
(3) 处理异常情况:检查、判别物流系统状态数据中的不正常信息,根据不同情况提出处理方案。
(4) 人机交互:供操作人员查询当前系统状态数据(毛坯数、产品数、在制品数、设备状

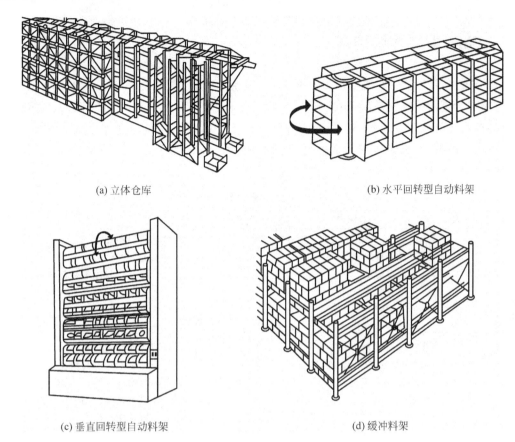

(a) 立体仓库　　(b) 水平回转型自动料架
(c) 垂直回转型自动料架　　(d) 缓冲料架

图 8-11　常见物料储存系统

态、生产状况等),人工干预系统的运行,以处理异常情况。

(5) 接收上级控制与管理系统下发的计划和任务,并控制执行机构去完成。物流系统的监控与管理一般有集中式和分布式两种方案。集中式方案由一台主控计算机完成物流系统的监控与管理功能,存储所有物料信息及物流设备信息,并分别向物流系统的所有设备发送指令。集中式方案有结构简单、便于集成的优点,但不易扩展,且一旦局部发生故障,将严重影响整体运行。分布式方案是将物流系统划分为若干功能单元或子系统,每一功能单元独立监控几台设备,单元之间相互平等和独立。每一单元都可以向另一单元申请服务,同时接收其他单元的申请并为之服务。分布式方案的优点是扩展性好,可方便地增加新的单元,当某一单元发故障时,不会影响其他单元的正常运行;缺点是网络传输的数据量大,单元软件设计及相互协调比较复杂。

在 FMS 中,物流系统的运行受上级控制器的控制。上级管理系统下发计划、指令,物流系统接收这些计划和指令,并上报执行情况和设备状态。这些下发和上报的信息和数据实时性要求很高,必须采用传输速度较快的网络报文形式,因此需要设计网络报文通信接口和规定大量的报文协议。物流系统与底层设备的控制器(或控制机)之间可以通过标准的通信接口(如 RS-232、RS-462 等)通信。对不同的控制器(控制机),其通信操作方式及协议等都不相同,因此需要编制多种不同的通信接口程序满足各自的需要。

8.4 FMS 中的质量控制

FMS 的控制与管理系统实质上是实现 FMS 加工过程、物料流动过程的控制、协调、调度、监测和管理的信息流系统，由计算机、工业控制机、可编程序控制器、通信网络、数据库和相应的控制与管理软件等组成，是 FMS 的神经中枢和命脉，也是各子系统之间的联系纽带。常见功能模块（也称功能子系统）如表 8-6 所示。当然，这些功能模块并非完全相互独立，而是相对独立、相互关联的。

表 8-6 FMS 控制与管理系统

名称	功能	工作内容	名称	功能	工作内容
生产管理子系统	生产调度作业优化运行仿真	制造日程计划 制造资源分配 生产作业管理 产值利润管理 设备运行程序仿真 物料交换过程仿真 物料（刀具、托盘等）需求仿真 动态调度仿真 生产日程仿真	运行控制子系统	物料流动控制与协调 设备运行控制与协调	系统启停控制 现场调度 设备运行程序的分配与传送 加工控制与协调 检测控制与协调 清洗控制与协调 装配控制与协调 物料存储控制与协调 物料输送控制与协调 物料交换控制与协调 故障维修与恢复
数据管理子系统	物料数据管理 基本数据管理 工艺数据管理 资源维护管理	毛坯在库管理 成品在库管理 在制品在位管理 设备运行程序管理 刀具预调与刀具补偿管理 工件坐标管理 设备与刀、夹、量、辅具基本参数管理 设备与刀、夹、量、辅具使用时间管理 设备与刀、夹、量、辅具精度管理 故障历程管理 设备日常保养管理 系统耗材管理	质量保证子系统	质量监控、物料识别、故障诊断、质量管理	系统运行状态监控 设备生产状态监控 系统运行环境监控 设备与工具使用时间监控 物料识别与跟踪 物料中转时间监控 故障诊断和处理监视 检验指标与检验程序 生产质量在线检验控制 检验结果判定 质量分析与统计

8.5 FMS 实例

我国发展与应用 FMC、FMS 系统均较晚，我国从 20 世纪 80 年代初期开始 FMS 的研究工作，主要成果有：

(1) 华东工学院机械制造系首先从英国引进了 Denford 教学实验 FMS 系统。

(2) 湘潭江麓机器厂和郑州纺织机械厂于 1986 年先后从德国引进 FFS-500 和 FFS-1500

柔性制造系统。

(3) 1990年10月,由华东工学院和机电部研究所、58研究所联合设计制造的FMS在长春通过了鉴定并投入运行。这条FMS是由中国科技人员独立设计和开发的,并在某些技术性能上有所创新,总体技术水平达到了当代国际水平。

(4) 北京机床研究所、大连组合机床研究所等单位在FMS的研究与开发上取得了许多成果。

这些成果对于缩短中国和世界发达国家在这一领域内的差距具有重要的实际意义。

下面以上海交通大学的教学用FMS系统为例简要介绍FMS的总体结构。

从总体结构上来分,柔性制造系统主要由加工系统、物流系统、检测系统和控制系统组成。系统结构如图8-12所示,实物如图8-13所示。

1. 控制系统

该系统由中央计算机、可编程逻辑控制器、各工作站计算机以及各控制软件组成。

2. 物流系统

由一台工业机器人、自动传输站及立体仓库站组成,在加工等设备和仓库之间完成物料的搬运。

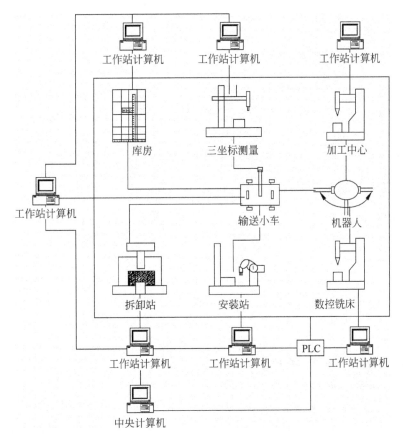

图8-12 上海交大FMS教学系统结构框图

3. 检测系统

由一台三坐标测量机和测量软件组成三坐标测量站,对工件进行测量。

4. 加工系统

该系统由一台加工站、一台数控铣床、安装站以及拆卸站组成。

图 8-13　上海交大 FMS 实物

8.6　计算机集成制造系统

　　计算机集成制造(CIM)是随着计算机技术在制造领域中广泛应用而产生的一种生产模式。CIM 是一种概念、一种哲理,而计算机集成制造系统(CIMS)是指在 CIM 思想指导下,逐步实现的企业全过程计算机化的综合系统。CIM 和 CIMS 在国内外都经历了一定的发展过程,在实践过程中,随着技术的进步,人们的认识也在不断地深化。

8.6.1　CIM 概念的发展

1. CIM 的初始概念

　　20 世纪 50 年代出现了数字计算机及与其相关的新技术,并将之初步应用于制造业,导致数控机床的产生;接着,陆续出现各种计算机辅助技术,如 CAD、CAM 等。20 世纪 60 年代早期,随着制造业系统方法、概念的萌生,人们认识到计算机不仅可以使整个系统的每个生产环节实现颇具柔性的自动化,还具有把制造过程(产品设计、生产计划与控制、生产过程等等)的每一步集成为一个系统的潜力,以及对整个系统的运行加以优化。这样,在 20 世纪 60 年代后期,制造业的系统方法概念上升为计算机集成制造(CIM)概念。1969 年,CIM 系统的初始概念以模型来描述,如图 8-14 所示。

2. 以人和管理为核心的 CIM 概念的发展

　　从 20 世纪 70 年代开始,直至 20 世纪 90 年代初期,工业发达国家付出极大努力,将制造业的系统观点与 CIM 系统的概念与技术加以发展,并付诸实践,以期获得 CIM 的潜在效益。然而,世界上只有少数几个公司在实施中取得示范性的潜在效益,大多数公司都失败了。人们逐渐认识到,制造企业缺乏足够的合格的工程师;并进一步发现,CIMS 技术对于

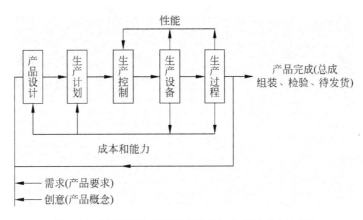

图 8-14　计算机集成制造系统的初始概念(1969 年)

忽视人力资源要素造成的影响特别敏感。

ISO 标准(TC184/SC5/WG1,1992 年)提出:CIM 是把人及其经营知识和能力与信息技术、制造技术综合应用,以提高制造企业的生产率和灵活性。由此,将一个企业所有的人员、功能、信息和组织方面集成为一个整体。显然,ISO 标准关于 CIM 的定义,将人及其能力与技术并重。

人力资源要素对于制造企业实施 CIMS 技术的成败起着关键作用,这一认识导致人们对初始的 CIM 系统概念的再思考,需要将主要在一个公司内进行技术运作的 CIM 系统概念,扩展到作为集成制造企业的公司,不仅进行技术的运作,也进行管理运作,特别强调面向人力资源的管理运作。扩展的 CIM 系统概念由 CASA/SME 公布的"制造企业轮图"(如图 8-15 所示)来描述。该图共分六层,中心第一层为顾客;第二层为人、小组和组织,这表明企业的全部活动围绕顾客的需要来进行,而完成这一目标的关键要素是人、小组和组织,这体现了现代企业管理思想的重大变化。

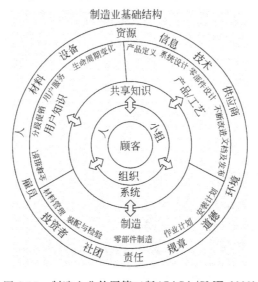

图 8-15　制造企业轮图第三版(CASA/SME,1993)

8.6.2 CIMS 的实施效果

如上节所述,在 20 世纪 70 年代和 20 世纪 80 年代早期,工业发达国家付出极大努力实践 CIM 的概念和技术,但世界上只有少数几个公司在实施中取得示范性的潜在效益,表现在以下几个方面:

(1) 降低成本;
(2) 提高生产力;
(3) 提高柔性(灵捷性);
(4) 提高产品可制造性;
(5) 提高产品质量;
(6) 减少生产准备时间;
(7) 增加员工满足感;
(8) 增加用户满意度。

然而,在世界范围,多数公司都不很成功,并没有获得像少数公司获得的那样大的经济效益。

为跟踪国外这一先进技术,我国在 1987 年开始实施"863 高技术计划"的 CIMS 主题。在这一时期,国外正强调 CIMS 的核心是"集成系统体系结构",我国在实施中不可避免地受其影响,经过十年多的努力,有成绩、有教训。取得的主要成绩概括如下:

(1) 以少量的科技投入,鼓励院校科技人员与企业结合,在企业中推广高技术(CIMS 及有关单元技术),使企业具有了应用高技术、提高综合竞争能力的意识。

(2) 通过 CIMS 计划的实施,推动了企业应用信息技术,提高了生产率和经营管理水平。

(3) 为探索在我国条件下发展高技术及其产业化的道路,提供了可借鉴的经验和教训。

(4) 通过 CIMS 计划的实施,有的企业取得了明显的经济效益。

(5) 在高校、企业培养了大批掌握 CIMS 技术及相关技术的人才。

(6) 开发建立了若干具有自主版权,且已初步形成商品的软件产品。

(7) 建立了 CIMS 工程技术研究中心、一批实验网点和培训中心,为 CIMS 技术的研究、试验、人员培训打下了基础。

(8) 设在清华大学的 CIMS 工程中心获得美国 SME1994 年度"大学领先奖";北京第一机床厂作为实施 CIMS 试点单位,获得美国 SME1995 年度"工业领先奖",为国家赢得了荣誉。

8.6.3 在我国推行 CIMS 技术的思考

由于经济原因,在我国科技投入不足的情况下,能够把 CIMS 列入"863 主题",无疑对计算机与信息技术在制造业的推广应用起到了极大的推动作用,并提高了制造业的技术水平。我国实施 CIMS 确实取得了不小的成绩,不可否认,也存在若干值得思考的问题。

(1) 确定基础与提高

如上所述,在 20 世纪 80 年代末 20 世纪 90 年代初,对我国大多数企业而言,更迫切的是打基础。1990年开始,由国家科委主持的CAD推广工作适合于我国国情,是以普及为目的,并取得了很大的成绩。执行国家科委制定的"863计划"CIMS主题的目标是为了追赶世界先进水平,是为了提高,对于我国也是完全必要的。

(2) 做好CIMS的试点与推广

从CIMS概念的产生和发展可以看出,CIMS本身属于多学科、多专业知识的高度综合,也是管理科学与技术科学的高度综合,因此,实施CIMS的企业需要具有相当好的技术基础与管理基础,需要有高的经济效益。另外,CIMS的实现需要高投入,而我国由于历史原因,绝大多数企业不具备这些条件。因此,为跟踪国外先进技术,逐渐缩小与国外的差距,开展CIMS的研究与试点工作是必要的,但大面积的推广尚需要认真研究。

美国调查了不同规模的165家企业应用与计算机相关的制造技术的情况(如图8-16所示)。从调查结果来看,应用最多的技术依次为:CAD(93.3%)、MRPII(80.0%)、CAE(67.3%)、CAM(61.2%)、CNC(58.8%);用得较少的是那些高度自动化技术:自动引导小车(15.8%)、自动化物料搬运技术(26.7%)、群控技术(27.3%)、自动化装配技术(29.1%)、机器人技术(37.6%)。由此看出,工业高度发达的美国也并非普遍采用CIMS所必需的制造技术。

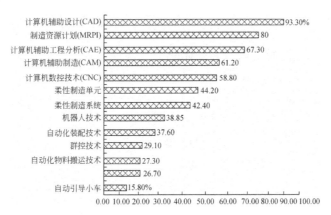

图8-16 美国制造企业应用CIMS单项技术的分布情况

我国的情况更是如此,前五项技术在国外应用已较普遍,而我国正处于推广之中,如CAD技术和MRPII。由原国家科委主持的CAD推广工作取得了很大成绩,MRPII引入我国虽然近20年,但应用效果并不理想。1997年机械科学研究院首次组织了对国内150家制造企业进行MRPII应用现状的调查,被调查企业的71.21%应用MRPII,应用效果不尽如人意,应用成功的企业较少。为分析实施MRPII的关键成功因素,研究人员选定了13个指标,经由被调查企业评定,按指标的重要性,前五项依次为"高层领导的支持"、"明确的目标和方向"、"数据的准确性和完整性"、"各部门的相互合作"、"人员的教育与培训"。这些的确反映了实际情况,特别是数据与人员问题不仅制约了MRPII的有效实施,也制约了CIMS技术的有效实施。从被调查企业的回答尤能说明问题,调查结果表明:56.4%的企业在实施初期,数据收集非常困难;56.4%的企业在系统运行中,仍不能按时获取必要的准确数据。调查结果还表明,71.8%的企业在实施过程中遇到的最大问题是对MRPII的基本原理缺乏了解,即企业缺乏既懂计算机又懂生产管理的复合型人才。这些调查结果表明,我国多数企业基础较差,尤其是管理水平低,造成基础数据收集很困难,不仅使 MRPII 的推行难以进行,也必然使以信息集成为特征的 CIMS 技术难于推进。

(3) 处理好局部集成与企业整体集成的关系

在实施 CIMS 的企业中,凡是计算机应用基础好,并根据企业实际需要,以 CIM 为指导思想,将 CIMS 的单项技术进行局部集成的企业,都得到了较好的经济效果。忽视企业原有基础,过分强调整体集成的企业,均遇到了挫折与失败。当然,实施 CIMS 失败的企业,并非完全归于技术本身,还有市场分析失误、宏观环境等多种因素所致。

(4) CIMS 与 CIM 概念仍在发展

CIMS 作为计算机及信息技术在制造业中的一种综合应用,将会继续存在、发展;CIM 概念同样在继续发展,并演变为新的概念。原来的 CIM 概念限定在一个企业之内;随着虚拟企业以及网络化制造等新概念的出现,CIM 的概念由一个企业扩展到跨企业,甚至跨地域。对此,学术界有不同的看法,但一个概念总应限定在一定的范围内,不可能无限制地扩展。

8.7 思考与练习

1. 柔性制造系统的组成和特点是怎样的?
2. 什么是柔性制造系统的能量流?
3. FMS 如何进行加工系统的监测?
4. 简述物流系统的输送装置有哪些要求。
5. 简述 FMS 物流系统存储装置有哪些要求。

参考文献

[1] 陈吉红,杨克冲.数控机床实验指南.华中科技大学出版社,2003.
[2] 杨克冲,陈吉红,郑小年.数控机床电气控制.华中科技大学出版社,2005.
[3] 张宝林等编.数控技术.北京:机械工业出版社,1997.
[4] 刘又午等编.数字控制机床.北京:机械工业出版社,1997.
[5] 任玉田等编著.机床计算机数控技术.北京:北京理工大学出版社,1996.
[6] 吴祖育等编.数控机床.上海:上海科学技术出版社,2000.
[7] 邵俊鹏,董玉红.机床数控技术.哈尔滨:哈尔滨工业大学出版社,1996.
[8] 毕毓杰.机床数控技术.北京:机械工业出版社,1996.